[SI 接頭語]

倍　数	接頭語	記　号	倍　数	接頭語	記　号
10^{18}	エクサ	E	10^{-1}	デ　シ	d
10^{15}	ペ　タ	P	10^{-2}	センチ	c
10^{12}	テ　ラ	T	10^{-3}	ミ　リ	m
10^{9}	ギ　ガ	G	10^{-6}	マイクロ	μ
10^{6}	メ　ガ	M	10^{-9}	ナ　ノ	n
10^{3}	キ　ロ	k	10^{-12}	ピ　コ	p
10^{2}	ヘクト	h	10^{-15}	フェムト	f
10	デ　カ	da	10^{-18}	ア　ト	a

[本書で使用している数学記号の代表例]

事　項	表　記
ベクトル	$\boldsymbol{A}$, $\boldsymbol{a}$, (A_x, A_y, A_z)
内積	$\boldsymbol{A}\cdot\boldsymbol{B}$
外積	$\boldsymbol{A}\times\boldsymbol{B}$
常微分	$\frac{d}{dx}$, $\frac{d^2}{dx^2}$, $\frac{d}{dx}\frac{d}{dy}$
偏微分	$\frac{\partial}{\partial x}$, $\frac{\partial^2}{\partial x^2}$, $\frac{\partial}{\partial x}\frac{\partial}{\partial y}$
積分	$\int f(x)\,dx$
重積分	$\iint f(x, y)\,dxdy$
三重積分	$\iiint f(x, y, z)\,dxdydz$
線積分	$\int \boldsymbol{A}\cdot d\boldsymbol{l}$
周回積分	$\oint \boldsymbol{A}\cdot d\boldsymbol{l}$
面積分	$\iint \boldsymbol{A}\cdot d\boldsymbol{a}$
体積積分	$\iiint \rho dv$
勾配 (gradient)	grad, ∇
発散 (divergence)	div, $\nabla\cdot$
回転 (rotation)	rot, $\nabla\times$
ラプラシアン	∇^2, Δ

教えて？ わかった！

電磁気学

大木義路・田中康寛・若尾真治
共著

Ohmsha

はしがき

2011 年 3 月，日本を未曾有の大地震が襲い，その影響で電力不足となり，多くの人が大変な不便を感じましたね．このことは，改めて現代社会がいかに電気に頼っているかを人々に痛感させることになりました．

この電気を記述する最も基礎的な理論が，諸君がこれから学ぼうとしている電磁気学です．電力設備や電子部品については，誰もが電気を使っていると思うでしょう．でも，3 章や 7 章で学ぶように磁界や磁力というのも広い意味の電気現象です．最後の 11 章では電磁波が出てきます．光は電磁波ですね．ですから，光情報通信も携帯電話も，その一番の基礎は，やはり電磁気学なのです．そればかりではなく，心電図からわかるように，生命活動すら，その根本は電磁気学なのです．

別の面から電磁気学を見ると，自然科学の多くの学問体系の中でも，電磁気学は，最も華麗に数学によって記述できるといわれています．ですので，数学のあまり得意でない学生さんは，電磁気学を難しいと感じてしまうかも知れません．でも，たとえば，grad，div，rot といったベクトルの微分などは，数学として理解しようと努めるよりも，具体的に電荷と電位や電界などとの関係を通じて理解する方がはるかにわかりやすいのです．

この教科書では，さらに「わかりやすさ」を感じてもらえるように，各節の始まりを先生と学生さんの会話という形式で始めてみました．また，文章も，あたかも教室で諸君が実際に先生から教わっているように感じられるような言い回しを心がけました．セメスタ制も考え，前半の 1 章から 4 章で，ベクトル演算，電界，磁界，電磁誘導といった「基礎の基礎」を終えられるようにして，後半の 5 章～11 章には，物質中の電磁気学，エネルギーと力，そして電磁波といった，やや応用の話や，抵抗，コンデンサ，コイルについて学べるようにしました．電気系ではない学科では前半だけでも済むかもしれませんが，電気系学科の諸君には是非頑張って全章を学んで欲しいと思っています．

この本は，電磁気学を長年教えてきた 3 人が，どうしたら学生さんに本当に親しんでもらえる教科書を作れるかを真剣に考え，オーム社と何度も協議しながら完成させました．この本によって，君たちが，電磁気学を好きになってくれたら嬉しく思います．

出版においては，秘書さんやオーム社出版局の方など多くの方々に大変お世話になりました．お礼申し上げます．

2011 年 3 月 21 日

執筆者を代表して

大木　義路

目　　次

教えて?わかった!電磁気学　章目次

1　1　理系では単位が大切だ！

～接頭辞と単位～

(1) 接 頭 辞

学生  電磁気学って，教科書をみてもいろんな単位が出てくるし，μ（マイクロ）だとかp（ピコ）なんかも出てくるからちょっと混乱しちゃうなー．

先 生 電気の世界ではわれわれの身の回りのものよりもはるかに小さなものを扱うから，小さなけたが出てくるのは仕方がないね．でも電磁気学に限らず工学では実際に理論に基づいたものをつくったりしなければならないから，数値や単位は正しく使わなければだめだよ．いわば理系の「お作法」みたいなものだからね．特にけた（桁）の計算は大切だよ．

学 生 でもテストでは，けたが間違っていても計算した数値が合っていたら，部分点ぐらいつけてほしいなー．

先 生 そうかな．例えば君がアルバイトをして，1万円もらえるところを10円しかもらえなかったら，笑って許すかい？

学 生 絶対怒りますよ！

先 生 でも，Aと mAの違いはそれと一緒だよ．君たちがそんな間違いをすれば，僕だって怒るさ．

学 生 （しぶしぶと）わかりましたー．

先 生 さっき，君が言ったμやpは**接頭辞**（接頭語）と呼ばれるものだけれども，基本的な接頭辞（SI接頭辞）は3けた刻みで名前があるから比較的覚えやすい．でもこれは理系の人間にとって常識だから，絶対覚えていなければならないよ．もちろんこの表に記載していない10^{15}（P：ペタ）とか10^{-15}（f：フェムト）なども大切だけど，とりあえず**表1·1**に示した10^{-12}～10^{12}まではきちんと覚えておくこと．また，工学では慣用的に10^{-2}（c：センチ），10^{1}（d：デシ），10^{2}（h：ヘクト）を使う場合もある．例えば，cm（センチメートル），dB（デシベル），hPa（ヘクトパスカル），ha（ヘクタール）などは常識的に知っておく必要があるね．

(2) SI 単 位

学 生 先生，電気っていろいろ単位がありますよね．何か面倒くさいなー．

先 生 君は面倒くさがってばかりいるね．単位も重要だよ．

表 1・1 主な接頭辞

桁	記号	読み方	例
10^{12}	T	テラ	ハードディスクの記憶容量 TB（テラバイト）
10^{9}	G	ギガ	衛星放送のキャリヤ周波数 GHz（ギガヘルツ）
10^{6}	M	メガ	FM 放送のキャリヤ周波数 MHz（メガヘルツ）
10^{3}	k	キロ	km，kg，kV，kW など
10^{2}	h	ヘクト	圧力 hPa（ヘクトパスカル），面積 ha（ヘクタール）など
10^{-1}	d	デシ	増幅の単位 dB（デシベル）など
10^{-2}	c	センチ	長さ cm（センチメートル）など
10^{-3}	m	ミリ	mm，mg，mV，mA など
10^{-6}	μ	マイクロ	髪の毛の太さ約 100 μm（ミクロン）など
10^{-9}	n	ナノ	分子，原子レベルの長さ nm（ナノメートル）など
10^{-12}	p	ピコ	コンデンサの容量 pF（ピコファラッド）

学 生 でも，これだけ覚えていれば十分っていう単位だけ覚えたいなー．

先 生 そんな都合のいい単位はないよ．ただ，**SI 単位系**というものがあって，アカデミックな社会では，国際的にこの単位を基準にすることになっているから，まずそれを覚えなければいけないね．**表 1·2** に示すように，長さ m（メートル），時間 s（秒），質量 kg（キログラム），温度 K（ケルビン），電流 A（アンペア），物質量 mol（モル），光度 cd（カンデラ）が基本単位と呼ばれる SI 単位だよ．これらの単位が何からつくられたかを知っておけば，その単位がどのくらいのものを表すことか実感できる（**図 1·1～1·4** 参照）．例えば，長さの m（メートル）は，もともと地球の円周から決められた．地球を完全な球形として，極点から赤道までの長さを 1/10 000 000 にした長さを 1 m とし

表 1・2 SI 基本単位

量	名 称	記号
長さ	メートル	m
質量	キログラム	kg
時間	秒	s
電流	アンペア	A
温度	ケルビン	K
物質量	モル	mol
光度	カンデラ	cd

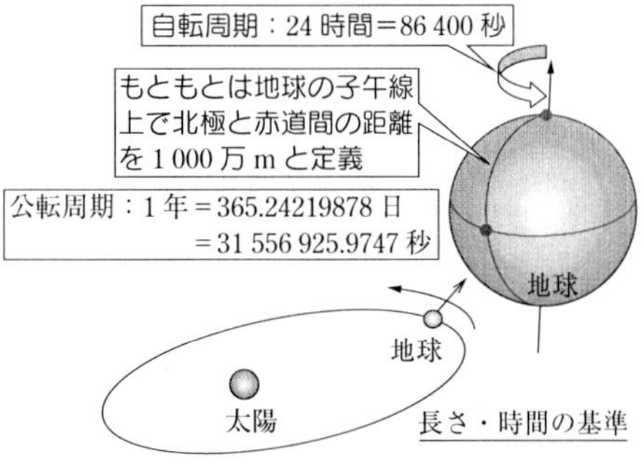

図 1・1 地球と単位の関係

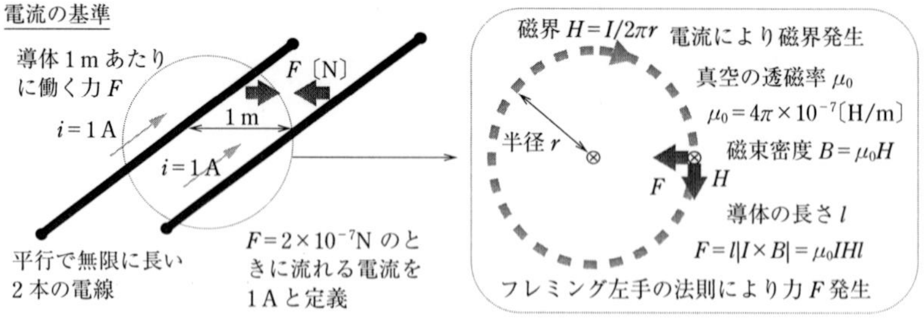

図 1・2　電流の単位の定義

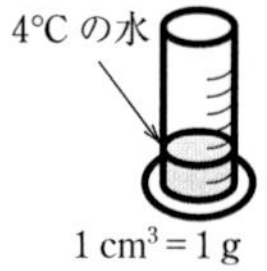

図 1・3　重さの基準

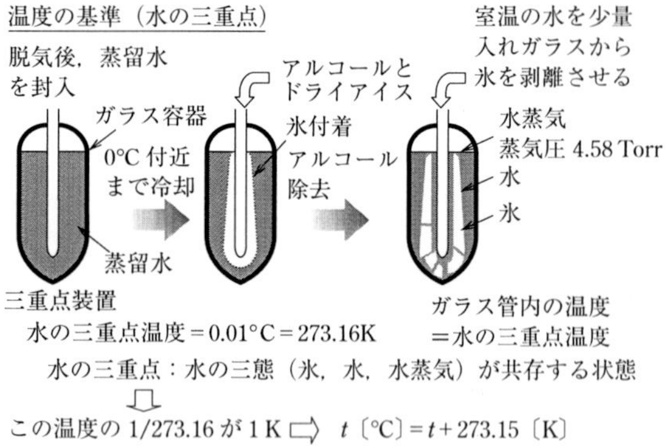

図 1・4　温度の基準

て決めたんだ．だから，地球の円周は，ふつう 40 000 000 m（4 万 km）として計算する．また，重さの kg のもとになっている g は，水 1 cm^3 の重さが基準になって決められている．だから，水の密度は 1 g/cm^3 だよ．時間の s（秒）は地球の自転周期から決められた．1 日 24 時間で，1 時間が 60 分，1 分が 60 秒だから，地球の自転周期の 1/86 400 が 1 s に相当する．温度は水の凝固点から沸点までを 100 分割したものが基準になっている．もともと水の凝固点，すなわち氷の温度を 0℃ としていたんだけれども，いわゆる絶対零度（−273.15℃）が発見されてからは，絶対零度を 0 K とした K（ケルビン）が用いられるようになった．ただし，その間隔は ℃ と変わらないので，例えば温度差 100℃ は 100 K の温度差と等しい．なお，これから本書で使われる電気に関する単位は，前見返しに記載されているので，きちんと確認しておくこと．

例　題

〔1〕 電荷密度 1 μC/cm^3 を，〔C/m^3〕を使って表しなさい．

【解説】〔μC〕$=1\times10^{-6}$C．〔cm〕$=10^{-2}$ m だから，〔1/cm^3〕$=1/(10^{-2})^3$〔1/m^3〕．したがって，1μC/cm$^3=1\times10^{-6}/(10^{-6})$ C/m$^3=1$ C/m^3 となる．

〔2〕 光は1秒間に地球を7周半回る速度だといわれている．地球を円周 40 000 km の完全な球体とみなし，上記の表現が正しいとして，赤色のレーザ光の波長 $\lambda=633$ nm とすると，このレーザ光の振動数 ν を求めなさい．なお，求めた値の単位には適当な接頭辞を用いて表すこと．

【解説】 光は波動なので，波の速度を v〔m/s〕，周波数を f〔Hz〕，波長を λ〔m〕とした場合の波の式 $v=f\lambda$ が適用できる（振動数＝周波数）．光の速度は $4\times10^4\times10^3\times7.5$ m/s だから，この式の f に相当する $\nu=v/\lambda=4\times7.5\times10^7/(633\times10^{-9})\fallingdotseq4.74\times10^{14}=474\times10^{12}$．したがって，約 474 THz となる．

〔3〕 力の単位〔N〕とエネルギーの単位〔J〕をSI単位系を使って表しなさい．

【解説】 質量 m〔kg〕に力 F〔N〕を加えると，加速度 a〔m/s^2〕で運動する（$F=ma$）ので，〔N〕＝〔kg〕×〔m/s^2〕＝〔kg·m/s^2〕となる．また力 F を距離 x〔m〕にわたって加えたときの仕事量（エネルギー）W は $W=\boldsymbol{F}\cdot\boldsymbol{x}$ だから，〔J〕＝〔N〕×〔m〕＝〔kg·m^2/s^2〕となる．

上記の例題のように，物理の基本的な法則を理解することと，単位系を理解することは「セット」なので，今後，新しい定理や法則の式が出てきた場合は，単位系をきちんと確認して，式と一緒に理解しておくことが大切だ．

1-2 偏微分って何だ？ ～スカラ関数の偏微分～

(1) 三次元空間における曲面

先生，電磁気学の教科書では，やたらと偏微分の記号“∂”が出てきますが，正直言って偏微分が何なのか，よくわかりません．

先生 例えば，$\dfrac{\partial f(x, y)}{\partial x}$ は $f(x, y)$ に関して x 方向にのみ微小変位した際の，変化の傾きを表すことは，以下の定義より明らかだよね．

$$\frac{\partial f(x, y)}{\partial x}=\lim_{\Delta x\to 0}\frac{f(x+\Delta x, y)-f(x, y)}{\Delta x}$$

ただ，これが具体的に何を表し，どう使うのかということを理解しておくことが，電磁気学では重要だね．高校までに学んできた数学と違って，電磁気学では，二次元，三次元の関数を扱うということをまず理解しなければならない．そこでまず，三次元空間の曲面について考えてみよう．以下の式がどんな曲面を表すかわかるかな？

$$z=f(x, y)=x^2+y^2 \qquad (1\cdot 1)$$

学生 まず zx 平面への射影を考えてみると，zx 平面は $y=0$ の面だから $z=x^2$ となり放物線だ．yz 平面への射影は，$x=0$ として，$z=y^2$ になって，これも放物線だ．

先生 そうだね．じゃあ，xy 平面に平行で $z=4$ の断面図は？

学生 $x^2+y^2=4$ となるから，中心が原点で，半径 2 の円だな．ということは，曲面は**図 1・5** のような曲面になると思います．

先生 そうだね．じゃあ，以下の式が表す曲面はどうなると思う？

$$z=f(x, y)=(x-2)^2+(y-2)^2+1 \qquad (1\cdot 2)$$

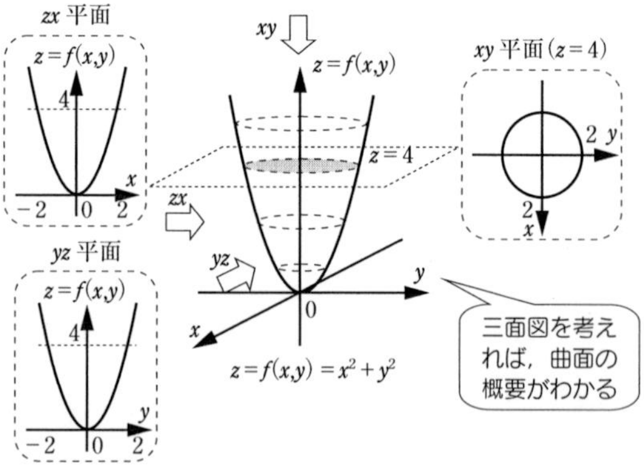

図 1・5 曲面と断面図

学 生 $y=x^2$ を x 軸方向に 2 だけずらしたら $y=(x-2)^2$ になるから，これはさっきの曲面を x 方向に 2，y 方向に 2，z 方向に 1 ずらした曲面になるんじゃないかな．

先 生 そうだね．だから，**図 1･6** のようになる．このように三面図をみれば，曲面の形状が想像できる．

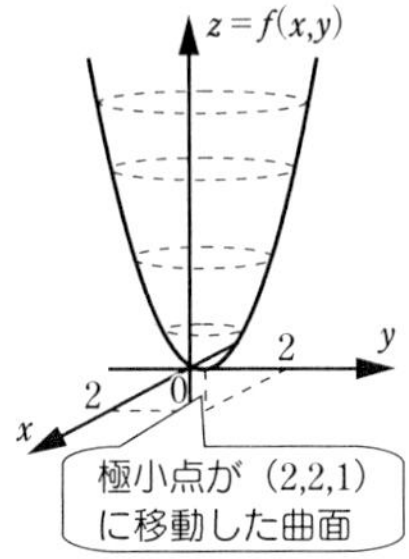

図 1・6　曲面

〔2〕　三次元空間の曲面と偏微分

先 生 次に式（1･2）の曲面で，$y=3$ での断面の曲線の式はどうなるかな？

学 生 $z-2=(x-2)^2$ となりますから，点（2, 3, 2）を頂点とする放物線です．

先 生 その式を微分すると $z=2x-4$ となるけれど，これが何を表すかわかるかな．

学 生 断面の曲線の接線の傾きを表します．

先 生 では，$y=3$ ではなく，ある定数 y_0 について，$y=y_0$ の平面で切った断面の曲線の接線の傾きはどうやって計算できるかな？

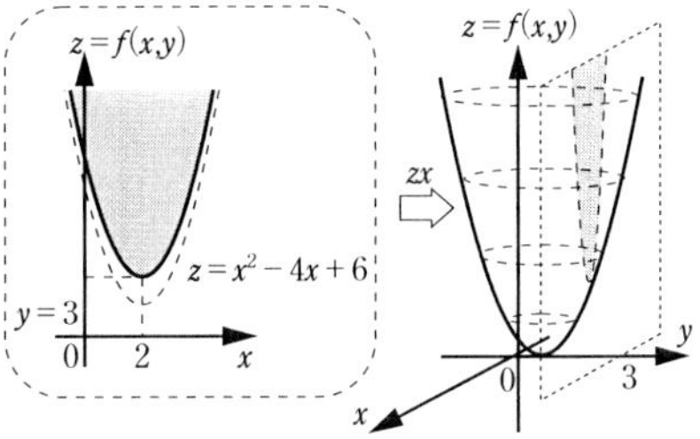

図 1・7　$y=3$ の断面図

学 生 式（1･2）で $y=y_0$ を代入して x について微分すればいいや．やはり $z=2x-4$ になります．

先 生 じゃあ，式（1･2）の x に関する偏微分を計算してごらん．

学 生 x に関する**偏微分**では，偏微分する変数 x 以外を定数と考えて，x についてのみ微分すればいいんだな．そうすると

$$\frac{\partial f(x,y)}{\partial x}=\frac{\partial\{(x-2)^2+(y-2)^2+1\}}{\partial x}$$
$$=2x-4$$

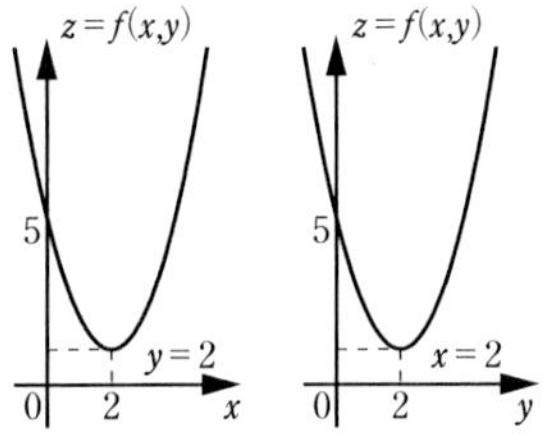

図 1・8　$\dfrac{\partial f(x,y)}{\partial x}=\dfrac{\partial f(x,y)}{\partial y}=0$ の断面

これは上と同じ結果だな．すると偏微分は，ある定数 y について x に関する微分をするということで，曲面でいえば y での断面における曲線の接線の傾きだ．でもこれは何の役に立つのかな？

先　生 例えば $\dfrac{\partial f(x,y)}{\partial x}=0$ かつ $\dfrac{\partial f(x,y)}{\partial y}=0$ となる点はどんな点になると思う？

学　生 計算すると点（2,2）になります．これは y 方向の断面でも x 方向の断面でも，接線の傾きが0になる点だから……．なるほど，$f(x,y)$ の極小となる点だ．

先　生 そうだね．つまり上記の条件は2変数関数の極値を求める条件だね．例えばこの曲面を地形だと考えて，質点をこの曲面に置いたとすると，極小値の点にとどまることがわかる．言い換えれば，位置エネルギーの安定点の条件になる．

〔3〕 偏微分と全微分

学　生 先生，曲面の極値を求めるほかにも偏微分が役に立つことはありますか？

先　生 山ほどあるけど，ここではもう一つ大事なことを説明しよう．例えば，曲面のある点について，曲面の傾きを求めてみる．しかし，いきなり曲面を考えるのは難しいから，**図1･9**のように x 方向の傾きが k_x，y 方向の傾きが k_y である平面状の斜面について，ある点の傾きを求めてみよう．

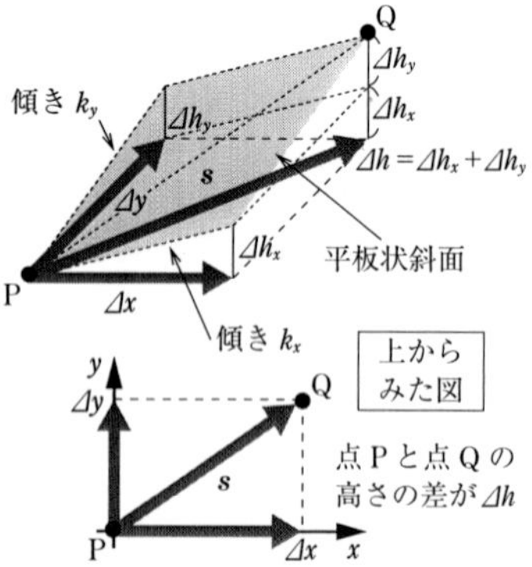

図 1･9　平面状斜面の変位 s による変化量 Δh

学　生 先生，斜面の傾きといっても，方向によって傾斜が変わるんじゃないですか？ 斜面に立ってみると，傾きが正の方向もあるし，負の方向もありますよね．

先　生 そのとおり．だから，ある方向を仮定して考える必要がある．いま x 方向には Δx，y 方向には Δy だけ変位する方向を考え，この向きの傾きがどう表されるのかを考えよう．x 方向の傾きが k_x だから x 方向のみに Δx 移動した場合の高さの変化 Δh_x は，$\Delta h_x=k_x\Delta x$ となり，y 方向にのみ Δy 移動した場合の高さの変化 Δh_y は，$\Delta h_y=k_y\Delta_y$ となる．一方，x 方向に Δx，y 方向に Δy に移動した場合の高さの変化 Δh は，$\Delta h=\Delta h_x+\Delta h_y$ になっていることが図1･9からわかる．すなわち，$\Delta h=\Delta h_x+\Delta h_y=k_x\Delta x+k_y\Delta y$ となる．

次に，$f(x,y)$ で表される曲面のある点についての傾きについて考えてみよう．曲面といっても，微小な面を考えれば，図1·9と同じように平面とみなせる．この微小面において，x 方向に dx，y 方向に dy だけ変化する方向を考えた場合，上の平面の k_x，k_y に相当するのは，それぞれ x 方向のみ，および y 方向のみに微小距離移動したときの傾きだから，$\dfrac{\partial f(x, y)}{\partial x}$，$\dfrac{\partial f(x, y)}{\partial y}$ と表される．したがって，上記と同様に，x 方向に dx，y 方向に dy だけ変位した場合の高さの変化を $df(x, y)$ とすると，$df(x, y)$ は以下で表される．

$$df(x, y)=\frac{\partial f(x, y)}{\partial x}dx+\frac{\partial f(x, y)}{\partial y}dy \qquad (1 \cdot 3)$$

この $df(x, y)$ を全微分と呼ぶ．つまり，x と y を同時に微小変化させた場合の変化量 $df(x, y)$ は，x 方向に微小変化させたときの変化量と，y 方向に微小変化させたときの変化量の和になっていることを示している．

これは，2変数の関数だけではなく，3変数以上の関数についても成り立つ関係だ．例えば，三次元空間のある点 $P(x, y, z)$ の温度 $T(x, y, z)$ を考えたとしよう．点Pから x，y，z 方向にそれぞれ微小距離 dx，dy，dz 移動させた点Q $(x+dx, y+dy, z+dz)$ における温度 $T(x+dx, y+dy, z+dz)$ を考えると，点Pと点Qの温度差 $dT(x, y, z)$ は以下の式で表される．

$$dT=\frac{\partial T(x, y, z)}{\partial x}dx+\frac{\partial T(x, y, z)}{\partial y}dy+\frac{\partial T(x, y, z)}{\partial z}dz$$

また，このことはさまざまな関数にもあてはまる．例えばある量 f が温度 T と電圧 V で決まる場合，f は T と V の関数 $f(T, V)$ で表される．この $f(T, V)$ の特性を実験により求めるとき，ある温度，ある電圧で f を測定したとして，次に温度と電圧を同時に変化させて f を測定しても，$f(T, V)$ の特性はわからない．このような場合は，一定温度における V の変化に伴う $f(T, V)$ の変化（つまり V についての偏微分）を調べた後，今度は一定電圧における T の変化に伴う $f(T, V)$ の変化（つまり T に関する偏微分）を測定するのが実験の鉄則である．つまり，「**実験は偏微分が基本**」である．

このように偏微分は複数の変数の関数について，非常に重要な情報を与える要素だ．

3 ～スカラ関数の線積分と重積分～

〔1〕 線 積 分

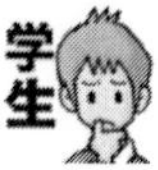

先生，変数が二つになると微分もややこしくなりましたが，積分もややこしくなりますよね．例えば，「経路 C に沿って」とか言われても，意味がよくわからないんですが．

先 生 線積分のことだね．例えばこれまで学んだ積分では，一つの変数 x で決まる関数 $f(x)$ についての積分を計算したね．その意味は，**図 1·10** に示すように x 方向の微小距離 dx について $f(x)\cdot dx$ を積算するということで，dx が極めて小さくなると，図 1·10 に示すように積分範囲の面積になる．では，**図 1·11** に示すような $f(x, y)$ で表される曲面について同じような積分を考えてみよう．ただし積分する経路は，図 1·10 の場合と違って，x 方向だけではなく，xy 平面上のあらゆる経路について計算ができる．ここでは例えば，図 1·11 に示すように点 P(2, 0) と点 Q(0, 2) を結ぶ直線を経路 C とする．この際，線分 PQ 上の微小距離を dl とおくとすると，以下の式は図 1·11 に示した断面の面積 S になる．

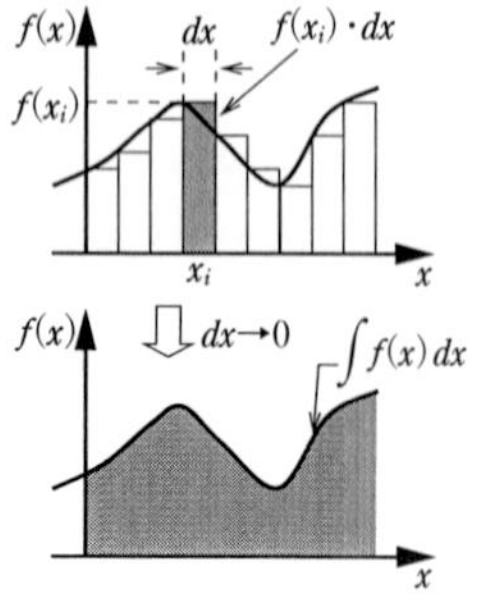

図 1・10 1変数関数の積分

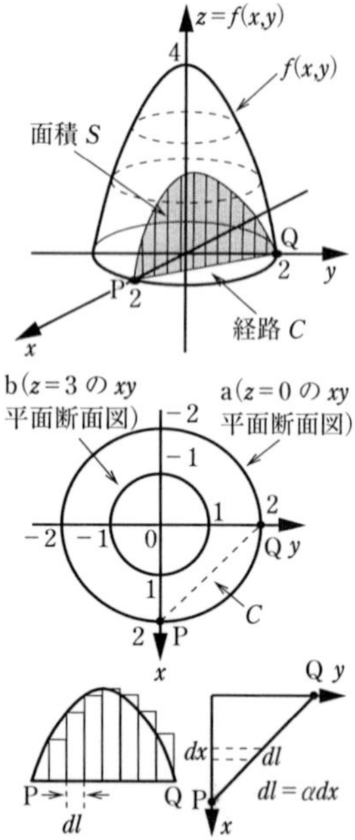

図 1・11 曲面と線積分

$$S=\int_C f(x, y)\,dl$$

これを，経路 C に沿った**線積分**と呼ぶ．

学 生 実際にはどうやって計算するんですか？

先 生 この場合は，経路 C 上では x と y の関係 $(y=2-x)$ は決まっているし，dl を dx で表すこともできるので $(dl=\sqrt{2}\,dx)$，x に関する積分に変換すれば，簡単に計算できる．

〔2〕 重 積 分

学 生 先生，他にも積分記号が二つとか三つとか重なった積分もありますよね．

先 生 重積分のことだね．これは一つの変数ではなく，複数の変数について積分することを意味している．ここでは，最も簡単な例として，**図 1·12** に示す球について考えてみよう．ただし，ここでは，あとで説明する極座標という座標系を使うことにする．この場合，r は原点からの距離，θ は xy 面上での x 軸からの角度，φ は z 軸からの角度を示している．半径 r の球面上の点は，r，θ，φ が決まれば一意的に決まるので，関数 $f(r, \theta, \varphi)$ で表される．ここで，球面上の微小面積を考えよう．ただし，この面は図 1·12 に示すように，中心の角度が $d\theta$，$d\varphi$ で見込まれる面だとする．すると，この微小面の面積 ds は以下の式で表される．

$$ds = rd\varphi \cdot r\sin\varphi d\theta$$

この微小面を変数 θ について 0 から 2π まで積分し，さらに変数 φ について 0 から π まで積分することで，球の表面積 S が求められる．

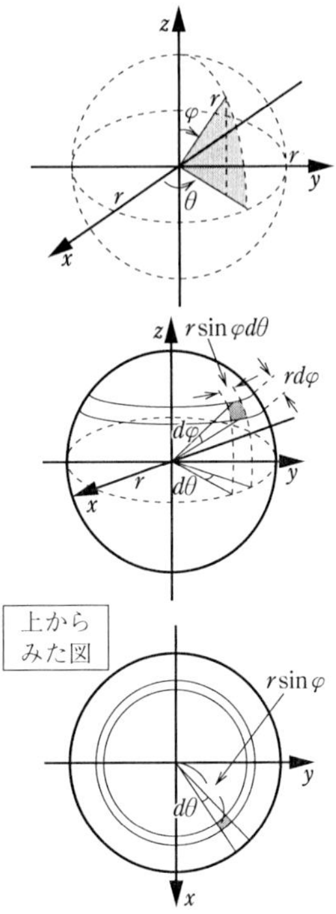

図 1·12　球面の重積分

$$S = \iint_S dS = \int_0^{2\pi}\int_0^{\pi}(r^2\sin\varphi d\varphi)\,d\theta$$

この積分を実行する場合，まず内側の積分記号 $d\varphi$ について計算すると

$$\int_0^{\pi} r^2\sin\varphi d\varphi = -r^2[\cos\varphi]_0^{\pi} = 2r^2$$

さらにこれを外側の積分記号 $d\theta$ について計算すると以下のようになる．

$$\int_0^{2\pi} 2r^2 d\theta = 2r^2[\theta]_0^{2\pi} = 4\pi r^2$$

このように 2 変数以上について積分することを**重積分**と呼ぶ．またこの計算で，先に θ に関する積分を行った後，φ に関する積分を行っても，同じ結果が得られることより，重積分では積分順序を入れ換えることができることがわかる．

p. 11 の図 1·12 と p. 36 の図 1·47 において，極座標系で出てくる 2 つの角度を表すのに用いている文字記号が違っているが，いずれの流儀も見受けられるので注意すること．

1 何でベクトル？
4 ～ベクトルの基礎～

〔1〕 ベクトル解析の必要性とベクトルの表現方法

先生 電磁気学を学ぶうえでは，ベクトル解析が必要になるけれど，ベクトル解析の基本的な事項は理解できているかな？

学生 自信がないなー．なぜベクトル解析が必要なんですか？

先生 電磁気学では三次元空間における力などを計算しなくてはならないからだよ．力は方向をもった量，すなわちベクトル量だから方向を示さなければいけなくなるけれど，三次元で力の方向などを表すときいちいち図を書いていたら面倒くさいし，三次元の図を描くこと自体が難しいよね．だからベクトル解析学では式や記号を使って三次元のベクトルを簡単に理解できるように工夫されているんだ．ただし，その背景には三次元空間における方向の関係が含まれていることを忘れてはだめだよ．また，電磁気学がわからないという人の多くは，ベクトル解析がわからない場合が多いので，しっかりマスターしておく必要があるね．

まず，**ベクトル**（vector）**量**は大きさと向きをもつ量であり，**スカラ**（scalar）**量**は大きさのみで表される量だということは知っているね．下に示した例のように，力や速度は向きと大きさをもち，質量や電荷は大きさのみの量であることからその区別はわかる．現在考えている量がベクトルなのかスカラなのかを，常に意識する必要がある．ベクトル量とスカラ量を区別するために，ベクトル量は一般に矢印や太字を使って表記する．例えば変位のベクトル（距離のベクトル）を図で表す場合，**図1･13**のように始点（図1･13中の点A）から終点

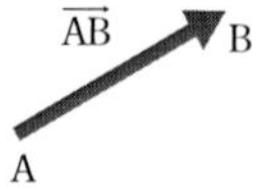

図 1・13 ベクトルの表現

重さ〔kg 重〕は万有引力により地球の中心方向にひきつけられる力を表すベクトル量であり，質量〔kg〕は物質固有のスカラー量である．例えば，同じ物質でも，地球上と月面上では，重さは違うが，質量は同じである．

［ベクトル量の例］

力（force）	$\boldsymbol{F}$	〔N〕
速度（velocity）	$\boldsymbol{v}$	〔m/s〕
電界（electric field）	$\boldsymbol{E}$	〔V/m〕

［スカラー量の例］

質量（mass）	m	〔kg〕
電荷量（charge）	q	〔C〕
温度（temperature）	T	〔K〕

（図1・13中の点B）へのベクトルは，AからBへ向かう矢印で表し，記号としては $\overrightarrow{\mathrm{AB}}$ のように表す．また，そのベクトルの大きさは $\overline{\mathrm{AB}}$ もしくは，$|\overrightarrow{\mathrm{AB}}|$ のように表す．ここで，三次元座標における原点をO(0, 0, 0)，点Aの座標を（A_x, A_y, A_z）とすると，特に原点Oから点Aへのベクトルを点Aの位置ベクトルと呼び，太字で $\boldsymbol{A}$ と表す．すなわち，$\boldsymbol{A}=\overrightarrow{\mathrm{OA}}$ である．また，ベクトルを以下のように x，y，z の各成分で表すことがある（**図1・14** 参照）．

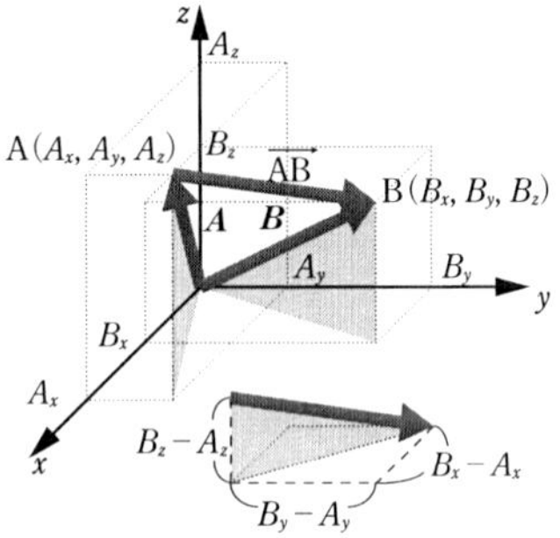

図 1・14 ベクトルの成分

$$\boldsymbol{A}=\overrightarrow{\mathrm{OA}}=(A_x, A_y, A_z) \qquad (1\cdot4)$$

さらに，点Bの座標を（B_x, B_y, B_z）とし，図1・14に示したように点Aから点Bへのベクトルを成分表示すると，以下のようになる．

$$\overrightarrow{\mathrm{AB}}=\overrightarrow{\mathrm{OB}}-\overrightarrow{\mathrm{OA}}=\boldsymbol{B}-\boldsymbol{A}=(B_x-A_x, B_y-A_y, B_z-A_z) \qquad (1\cdot5)$$

式（1・5）は，$\overrightarrow{\mathrm{OA}}+\overrightarrow{\mathrm{AB}}=\overrightarrow{\mathrm{OB}}$ の関係からも明らかだ．

〔2〕 ベクトルの大きさと基本ベクトル

先生 ベクトルの成分と大きさの関係については知っているね？

学生 二次元のベクトルならピタゴラスの定理から $|\boldsymbol{A}|=\sqrt{A_x{}^2+A_y{}^2}$ になります．

先生 三次元でも同じだよ．図を描いてやってみてごらん（**図1・15**）．

$$|\boldsymbol{A}|=\sqrt{A_x{}^2+A_y{}^2+A_z{}^2} \qquad (1\cdot6)$$

できたかな？ つまり，$\boldsymbol{A}$ の大きさは，$\boldsymbol{A}$ の各成分の二乗和の平方根で求められるので，$\overrightarrow{\mathrm{AB}}$ の大きさも，各成分の二乗和の平方根，すなわち以下の式で表される．

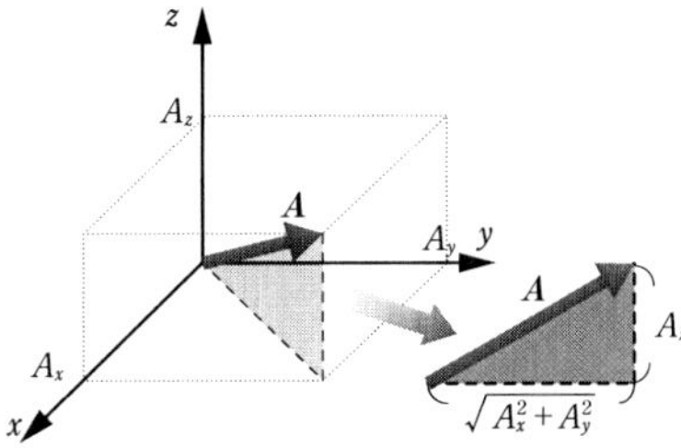

図 1・15 ベクトルの大きさ

$$|\overrightarrow{\mathrm{AB}}|=\sqrt{(B_x-A_x)^2+(B_y-A_y)^2+(B_z-A_z)^2} \qquad (1\cdot7)$$

学生 先生，ベクトルをいちいち（ ）や矢印を使って表すのは，面倒ですね．

先生 「基本ベクトル」を使って表すと楽になるよ．以下の $\boldsymbol{i}$，$\boldsymbol{j}$，$\boldsymbol{k}$ の各ベクトルは，それぞれ向きが x 軸，y 軸，z 軸の正方向で，大きさが1のベクトルを

大きさのないベクトル**0**のみ，太字でない0も用いることができる．

表し，**基本ベクトル**と呼ばれる．

$$\boldsymbol{i}=(1,0,0),\quad \boldsymbol{j}=(0,1,0),\quad \boldsymbol{k}=(0,0,1)$$

$$|\boldsymbol{i}|=|\boldsymbol{j}|=|\boldsymbol{k}|=1 \qquad (1\cdot 8)$$

基本ベクトルとベクトルの成分を用いて，**図1・16**に示すように，すべてのベクトルを基本ベクトルの実数倍の和として表せる．

$$\boldsymbol{A}=A_x\boldsymbol{i}+A_y\boldsymbol{j}+A_z\boldsymbol{k} \qquad (1\cdot 9)$$

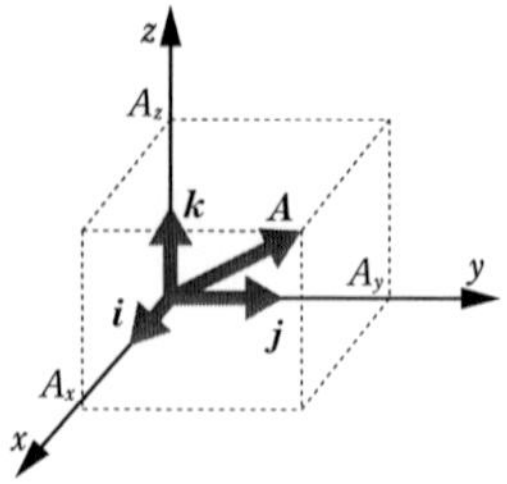

図 1・16　基本ベクトルと成分

ベクトルを計算する際，成分表示（A_x, A_y, A_z）を用いるよりも基本ベクトルを使った表現の方が便利な場合が多い．例えば位置ベクトル $\boldsymbol{A}$ と $\boldsymbol{B}$ の和と差は簡単になる．

$$\begin{aligned}\boldsymbol{A}+\boldsymbol{B}&=A_x\boldsymbol{i}+A_y\boldsymbol{j}+A_z\boldsymbol{k}+B_x\boldsymbol{i}+B_y\boldsymbol{j}+B_z\boldsymbol{k}\\&=(A_x+B_x)\,\boldsymbol{i}+(A_y+B_y)\,\boldsymbol{j}+(A_z+B_z)\,\boldsymbol{k}\\\boldsymbol{A}-\boldsymbol{B}&=(A_x\boldsymbol{i}+A_y\boldsymbol{j}+A_z\boldsymbol{k})-(B_x\boldsymbol{i}+B_y\boldsymbol{j}+B_z\boldsymbol{k})\\&=(A_x-B_x)\,\boldsymbol{i}+(A_y-B_y)\,\boldsymbol{j}+(A_z-B_z)\,\boldsymbol{k}\end{aligned}$$

〔3〕 スカラ積（内積）

先　生 ベクトルを足し引きする方法はわかったと思うけど，ベクトルの積についてはわかるかな？

学　生 内積というのは習いました．

先　生 二つのベクトルの積からスカラ量が得られる演算を**内積**（inner product）と呼び，別名**スカラ積**というんだよ．じゃあ，二つのベクトルの積からベクトルが得られる演算，すなわち「**ベクトル積**」というのは聞いたことがないかな？　これは，内積に対して**外積**（outer product）と呼ばれる演算だよ．内積と外積について，詳しく説明しよう．特に，外積のイメージをきちんともっておくことが大切だ．

ベクトル $\boldsymbol{A}$，$\boldsymbol{B}$ があり，$A=|\boldsymbol{A}|$，$B=|\boldsymbol{B}|$，$\boldsymbol{A}$ と $\boldsymbol{B}$ のなす角を θ とすると，スカラ積は A と B の積に $\cos\theta$ をかけたものになる．スカラ積は“・”もしくは“(　)”を用いて以下のように表される．

$$\boldsymbol{A}\cdot\boldsymbol{B}=\boldsymbol{B}\cdot\boldsymbol{A}=(\boldsymbol{A},\boldsymbol{B})=(\boldsymbol{B},\boldsymbol{A})=AB\cos\theta \qquad (1\cdot 10)$$

スカラ積を，図を使って表すと，**図 1·17** のような関係になる．このスカラ積を使った身近な計算の例として，仕事量の算出がある．**図 1·18** のように力 $\boldsymbol{F}$〔N〕により距離 $\boldsymbol{x}$〔m〕だけ移動したときの仕事量（エネルギー）を W〔J〕（スカラ量）とすると，W は以下の式で表される．

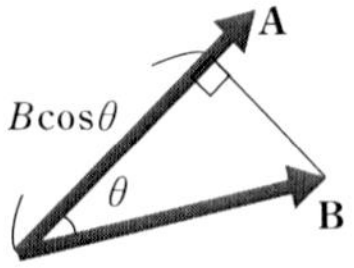

図 1・17 スカラー積（内積）

$$W = \boldsymbol{F}\cdot\boldsymbol{x}$$

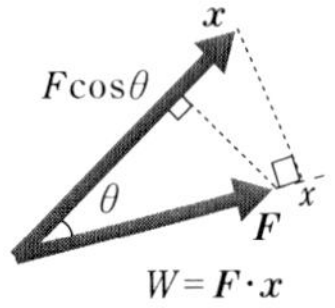

図 1・18 仕事量

力と変位の向きが一致しない場合，W は $\boldsymbol{F}$ と $\boldsymbol{x}$ のなす角 θ を考慮して算出される．すなわち，力 F の方向に移動した距離は $x\cos\theta$ となり，W は F と $x\cos\theta$ の積で求められる．また別の考え方として，移動した方向に対する力 $\boldsymbol{F}$ の成分は $F\cos\theta$ で表されるので，W はこの $F\cos\theta$ と x の積で求められる．いずれも同様の計算となるが，この計算は以下のように，変位ベクトル $\boldsymbol{x}$ と力のベクトル $\boldsymbol{F}$ のスカラ積により表されることがわかる．

$$W = \boldsymbol{F}\cdot\boldsymbol{x} = \boldsymbol{x}\cdot\boldsymbol{F} = F(x\cos\theta) = (F\cos\theta)x$$

スカラ積を使えば，二つのベクトルが垂直である条件を表現することができる．すなわち，**図 1·19** のように，$\boldsymbol{A}\perp\boldsymbol{B}$ ならば $\boldsymbol{A}\cdot\boldsymbol{B}=0$ なので，以下のような関係が成り立つ．

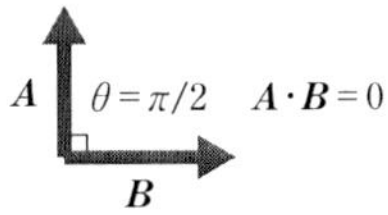

図 1・19 垂直なベクトルの内積

$$\boldsymbol{A}\neq\boldsymbol{0},\ \boldsymbol{B}\neq\boldsymbol{0} \text{ で } \boldsymbol{A}\cdot\boldsymbol{B}=0 \text{ ならば } \boldsymbol{A}\perp\boldsymbol{B} \qquad (1\cdot 11)$$

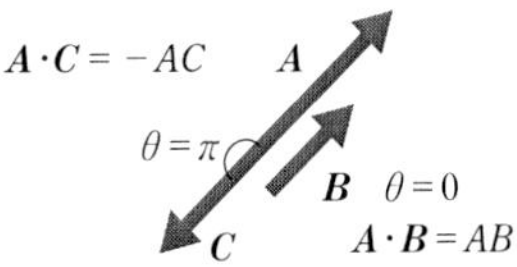

図 1・20 平行なベクトルの内積

また，**図 1·20** に示すように二つのベクトルが平行な場合，以下の関係が成り立つ．

$$\boldsymbol{A}/\!/\boldsymbol{B} \text{ で } \theta=0 \text{ ならば } \boldsymbol{A}\cdot\boldsymbol{B}=|\boldsymbol{A}||\boldsymbol{B}|=AB$$
$$\boldsymbol{A}/\!/\boldsymbol{C} \text{ で } \theta=\pi \text{ ならば } \boldsymbol{A}\cdot\boldsymbol{C}=-|\boldsymbol{A}||\boldsymbol{C}|=-AC \qquad (1\cdot 12)$$

基本ベクトル $\boldsymbol{i}$，$\boldsymbol{j}$，$\boldsymbol{k}$ は**図 1·21** に示すような関係にあるので，そのスカラ積は以下のようになる．

$$\boldsymbol{i}\cdot\boldsymbol{i}=\boldsymbol{j}\cdot\boldsymbol{j}=\boldsymbol{k}\cdot\boldsymbol{k}=1,\ \ \boldsymbol{i}\cdot\boldsymbol{j}=\boldsymbol{j}\cdot\boldsymbol{k}=\boldsymbol{k}\cdot\boldsymbol{i}=0 \qquad (1\cdot 13)$$

基本ベクトルのスカラ積を使って，ベクトルのスカラ積を考えてみよう．ベク

トル $\boldsymbol{A}$, $\boldsymbol{B}$ が以下のように基本ベクトルを用いて表されるとする．

$$\boldsymbol{A}=A_x\boldsymbol{i}+A_y\boldsymbol{j}+A_z\boldsymbol{k},\quad \boldsymbol{B}=B_x\boldsymbol{i}+B_y\boldsymbol{j}+B_z\boldsymbol{k}$$

これらのスカラ積は，成分ごとのスカラ積として以下のように計算できる．

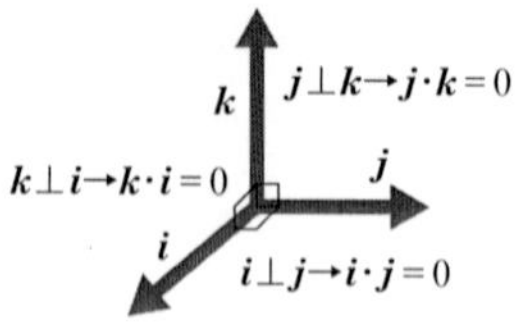

図 1・21　基本ベクトルの内積

$$\begin{aligned}\boldsymbol{A}\cdot\boldsymbol{B}&=(A_x\boldsymbol{i}+A_y\boldsymbol{j}+A_z\boldsymbol{k})\cdot(B_x\boldsymbol{i}+B_y\boldsymbol{j}+B_z\boldsymbol{k})\\&=A_xB_x\boldsymbol{i}\cdot\boldsymbol{i}+A_xB_y\boldsymbol{i}\cdot\boldsymbol{j}+A_xB_z\boldsymbol{i}\cdot\boldsymbol{k}+A_yB_x\boldsymbol{j}\cdot\boldsymbol{i}+A_yB_y\boldsymbol{j}\cdot\boldsymbol{j}\\&\quad+A_yB_z\boldsymbol{j}\cdot\boldsymbol{k}+A_zB_x\boldsymbol{k}\cdot\boldsymbol{i}+A_zB_y\boldsymbol{k}\cdot\boldsymbol{j}+A_zB_z\boldsymbol{k}\cdot\boldsymbol{k}\\&=A_xB_x+A_yB_y+A_zB_z\end{aligned}$$

すなわちスカラ積は各ベクトルの同方向成分の積の和で表されることがわかる．

また，このことを考慮して，二つのベクトルのなす角 θ の余弦は，各ベクトルの成分を用いて以下のように表される．

$$\cos\theta=\frac{1}{|A||B|}(A_xB_x+A_yB_y+A_zB_z) \qquad (1\cdot14)$$

〔4〕 ベクトル積（外積）

二つのベクトルの積からベクトル量が得られる以下の演算を**ベクトル積**（**外積**；outer product）と呼ぶ．すなわち，ベクトル $\boldsymbol{A}$, $\boldsymbol{B}$ があり，$A=|\boldsymbol{A}|$, $B=|\boldsymbol{B}|$, $\boldsymbol{A}$ と $\boldsymbol{B}$ のなす角を θ とすると，$\boldsymbol{A}$ と $\boldsymbol{B}$ のベクトル積 $\boldsymbol{C}$ は図 **1・22** に表されるように $\boldsymbol{A}$ と $\boldsymbol{B}$ に垂直なベクトルとなる．また，$\boldsymbol{A}$ と $\boldsymbol{B}$ に垂直な向きには，図 1・22 のように 2 通りあるが，$\boldsymbol{A}\times\boldsymbol{B}=\boldsymbol{C}$ と表記した場合の $\boldsymbol{C}$ の向きは，$\boldsymbol{A}$ を $\boldsymbol{B}$ に重ねるように回転させたときに，その回転により右ネジの進む向きのものと定義する（なお，ベクトルを重ね合わせるように回転させる場合，その回転角度が 180° より小さい回転方向を考えることとする）．ベクトル積は，“×”を使って以下のように表される．

$$\boldsymbol{C}=\boldsymbol{A}\times\boldsymbol{B}=-\boldsymbol{B}\times\boldsymbol{A} \qquad (1\cdot15)$$

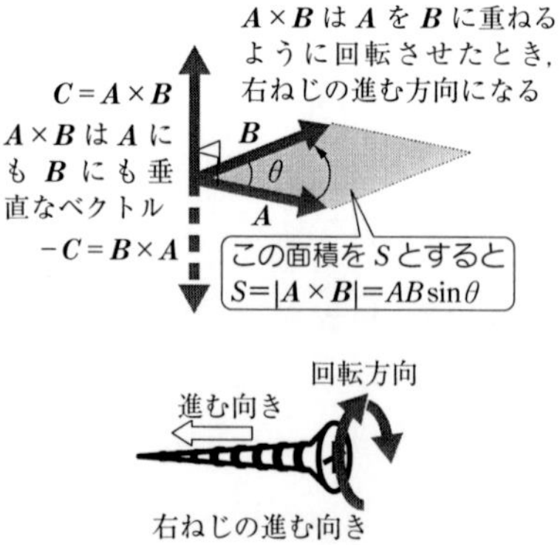

図 1・22　ベクトル積（外積）の定義

ここで注意しなければならないのは，

$\boldsymbol{B}\times\boldsymbol{A}$ では，$\boldsymbol{B}$ を $\boldsymbol{A}$ に重ねるように回転させることになるので，その回転によって右ねじが進む方向は，図 1·22 に示すように，$\boldsymbol{A}\times\boldsymbol{B}$ の場合と反対の向きになり，符号が逆になることである．すなわち，$\boldsymbol{A}\times\boldsymbol{B}$ と $\boldsymbol{B}\times\boldsymbol{A}$ は，異なるベクトルを示している．また $\boldsymbol{C}$ の大きさは，A と B の積に $\sin\theta$ をかけたものと定義される．すなわち

$$|\boldsymbol{C}|=|\boldsymbol{A}\times\boldsymbol{B}|=AB\sin\theta \quad (1\cdot16)$$

で表される．この大きさは，図 1·22 に示すように，$\boldsymbol{A}$ と $\boldsymbol{B}$ からなる平行四辺形の面積となっている．

このベクトル積を使えば，剛体の回転モーメントを算出できる．**図 1·23** に示すように，剛体において，支点Oから距離 $\boldsymbol{r}$〔m〕離れた点Pに力 $\boldsymbol{F}$〔N〕を作用させる．ここで点Oから点Pへの方向と，力 F の方向がなす角を θ とすると，この物体の点Oまわりの力のモーメントは $N=rF\sin\theta$ と表される．

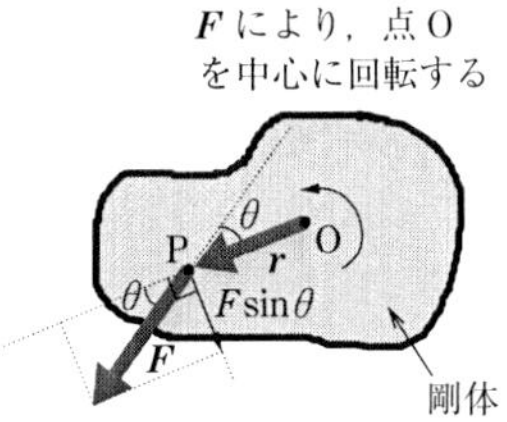

図 1・23 力のモーメント

このとき回転する方向には右回りと左回りがあり，区別する必要がある．そこで，この回転方向を含めたモーメントを $\boldsymbol{N}$ というベクトルで表すとすると，$\boldsymbol{N}$ は $\boldsymbol{r}$ と $\boldsymbol{F}$ を使って $\boldsymbol{N}=\boldsymbol{r}\times\boldsymbol{F}$ と表される．

この場合，$\boldsymbol{N}$ は明らかに回転軸の方向（右ねじの向き）を示すベクトルである．この例のように，回転を表すベクトルは回転軸方向のベクトルとして表す（このことは，後の項で述べるベクトルの回転 rot を考えるうえで重要となる）．

前項で述べたベクトル積の定義から，互いに垂直なベクトルおよび平行なベクトルのベクトル積により求められるベクトルの大きさは以下のようになる．

$$\boldsymbol{A}\perp\boldsymbol{B} \text{ ならば } |\boldsymbol{A}\times\boldsymbol{B}|=AB,\ \boldsymbol{A}/\!/\boldsymbol{B} \text{ ならば } |\boldsymbol{A}\times\boldsymbol{B}|=0 \quad (1\cdot17)$$

また，基本ベクトル $\boldsymbol{i}$，$\boldsymbol{j}$，$\boldsymbol{k}$ のベクトル積（**図 1·24**）は以下のようになる．

$$\boldsymbol{i}\times\boldsymbol{i}=\boldsymbol{j}\times\boldsymbol{j}=\boldsymbol{k}\times\boldsymbol{k}=0,\ \boldsymbol{i}\times\boldsymbol{j}=-\boldsymbol{j}\times\boldsymbol{i}=\boldsymbol{k}$$
$$\boldsymbol{j}\times\boldsymbol{k}=-\boldsymbol{k}\times\boldsymbol{j}=\boldsymbol{i},\ \boldsymbol{k}\times\boldsymbol{i}=-\boldsymbol{i}\times\boldsymbol{k}=\boldsymbol{j} \quad (1\cdot18)$$

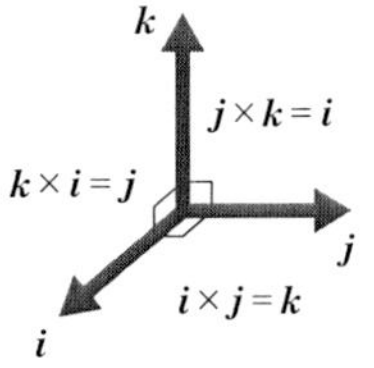

図 1・24 基本ベクトルのベクトル積

基本ベクトルのベクトル積を使って，ベクトル積を考えよう．ベクトル $\boldsymbol{A}, \boldsymbol{B}$ が以下のように表されるとする．

$$\boldsymbol{A}=A_x\boldsymbol{i}+A_y\boldsymbol{j}+A_z\boldsymbol{k},\quad \boldsymbol{B}=B_x\boldsymbol{i}+B_y\boldsymbol{j}+B_z\boldsymbol{k}$$

これらのベクトル積は成分ごとのベクトル積として，以下のように計算できる．

$$\begin{aligned}\boldsymbol{A}\times\boldsymbol{B}&=(A_x\boldsymbol{i}+A_y\boldsymbol{j}+A_z\boldsymbol{k})\times(B_x\boldsymbol{i}+B_y\boldsymbol{j}+B_z\boldsymbol{k})\\&=A_xB_x\boldsymbol{i}\times\boldsymbol{i}+A_xB_y\boldsymbol{i}\times\boldsymbol{j}+A_xB_z\boldsymbol{i}\times\boldsymbol{k}+A_yB_x\boldsymbol{j}\times\boldsymbol{i}+A_yB_y\boldsymbol{j}\times\boldsymbol{j}\\&\quad+A_yB_z\boldsymbol{j}\times\boldsymbol{k}+A_zB_x\boldsymbol{k}\times\boldsymbol{i}+A_zB_y\boldsymbol{k}\times\boldsymbol{j}+A_zB_z\boldsymbol{k}\times\boldsymbol{k}\\&=(A_yB_z-A_zB_y)\boldsymbol{i}+(A_zB_x-A_xB_z)\boldsymbol{j}+(A_xB_y-A_yB_x)\boldsymbol{k}\end{aligned}\qquad(1\cdot19)$$

この計算結果を，行列式を用いて表すと以下のようになる．

$$\boldsymbol{A}\times\boldsymbol{B}=\begin{vmatrix}\boldsymbol{i}&\boldsymbol{j}&\boldsymbol{k}\\A_x&A_y&A_z\\B_x&B_y&B_z\end{vmatrix}\qquad(1\cdot20)$$

また，このことを考慮して，二つのベクトルのなす角 θ の正弦 $\sin\theta$ は，各ベクトルを用いて以下のように表される．

$$\sin\theta=\frac{|\boldsymbol{A}\times\boldsymbol{B}|}{|\boldsymbol{A}||\boldsymbol{B}|}\qquad(1\cdot21)$$

［**スカラ三重積**］

以下の式が意味するところを考えてみる．

$$\boldsymbol{A}\cdot(\boldsymbol{B}\times\boldsymbol{C})$$

いま，**図1·25**のようにベクトル $\boldsymbol{A}$，$\boldsymbol{B}$，$\boldsymbol{C}$ が与えられているとする．$\boldsymbol{B}\times\boldsymbol{C}$ は $\boldsymbol{B}$ にも $\boldsymbol{C}$ にも垂直，すなわち $\boldsymbol{B}$ と $\boldsymbol{C}$ を含む平面に垂直なベクトル（図1·25中の $\boldsymbol{B}\times\boldsymbol{C}$ 参照）であり，大きさは，$\boldsymbol{B}$ と $\boldsymbol{C}$ からなる平行四辺形の面積である．すなわち

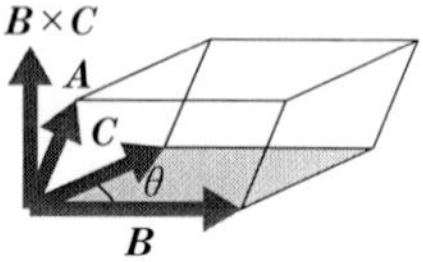

図 1・25　ベクトルのスカラ三重積

$$|\boldsymbol{B}\times\boldsymbol{C}|=|\boldsymbol{B}||\boldsymbol{C}|\sin\theta$$

また，$\boldsymbol{A}$ と $\boldsymbol{B}\times\boldsymbol{C}$ の内積は，**図1·26**のように両ベクトルのなす角を ϕ とすると以下の式で表される．

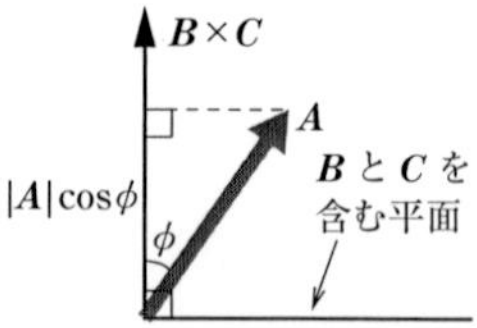

図 1・26　A と $B\times C$ を含む断面図

$$\boldsymbol{A}\cdot(\boldsymbol{B}\times\boldsymbol{C})=|\boldsymbol{A}||\boldsymbol{B}\times\boldsymbol{C}|\cos\phi$$

ここで，$|\boldsymbol{A}|\cos\phi$ は図1·26のように，$\boldsymbol{B}$ と $\boldsymbol{C}$ を含む平面から $\boldsymbol{A}$ の頂点までの高さを示している．したがって，$\boldsymbol{A}\cdot(\boldsymbol{B}\times\boldsymbol{C})$ の計算結果は，$\boldsymbol{B}$ と $\boldsymbol{C}$ による

平行四辺形の面積（$|\boldsymbol{B}\times\boldsymbol{C}|$）とその平面から $\boldsymbol{A}$ の頂点までの高さの積を意味していることになり，$\boldsymbol{A}$，$\boldsymbol{B}$，$\boldsymbol{C}$ からなる平行六面体の体積である．また $\boldsymbol{B}\cdot(\boldsymbol{C}\times\boldsymbol{A})=\boldsymbol{C}\cdot(\boldsymbol{A}\times\boldsymbol{B})$ においても，同じ平行六面体の体積を示すことは明らかなので，以下の式が成り立つ．

$$\boldsymbol{A}\cdot(\boldsymbol{B}\times\boldsymbol{C})=\boldsymbol{B}\cdot(\boldsymbol{C}\times\boldsymbol{A})=\boldsymbol{C}\cdot(\boldsymbol{A}\times\boldsymbol{B}) \tag{1・22}$$

この計算を特に**スカラ三重積**と呼ぶ．

次に $\boldsymbol{A}\times(\boldsymbol{B}\times\boldsymbol{C})$ について考えてみる．**図 1･27** に示すように，（ ）内のベクトル $\boldsymbol{B}\times\boldsymbol{C}$ は $\boldsymbol{B}$ と $\boldsymbol{C}$ に垂直なベクトルを表している．ここで $\boldsymbol{A}$ とこの $\boldsymbol{B}\times\boldsymbol{C}$ とのベクトル積を計算すると，算出されるベクトルは，$\boldsymbol{A}$ にも $\boldsymbol{B}\times\boldsymbol{C}$ にも垂直なベクトルになる．$\boldsymbol{B}\times\boldsymbol{C}$ に垂直なベクトルは，$\boldsymbol{B}$ と $\boldsymbol{C}$ が存在する平面内にあるはずなので，算出されるベクトルは，必ず $\boldsymbol{B}$ と $\boldsymbol{C}$ を含む平面内に存在することになる．

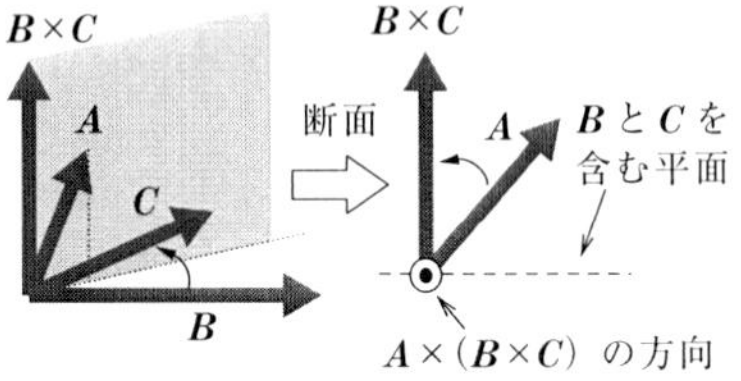

図 1・27 ベクトルのベクトル三重積

したがって，$\boldsymbol{A}\times(\boldsymbol{B}\times\boldsymbol{C})$ の計算結果は，$\boldsymbol{B}$ と $\boldsymbol{C}$ の実数倍の和で表される．実際に $\boldsymbol{A}=A_x\boldsymbol{i}+A_y\boldsymbol{j}+A_z\boldsymbol{k}$，$\boldsymbol{B}=B_x\boldsymbol{i}+B_y\boldsymbol{j}+B_z\boldsymbol{k}$，$\boldsymbol{C}=C_x\boldsymbol{i}+C_y\boldsymbol{j}+C_z\boldsymbol{k}$ とおいて計算すると

$$\begin{aligned}\boldsymbol{A}\times(\boldsymbol{B}\times\boldsymbol{C})&=\boldsymbol{A}\times\{(B_yC_z-B_zC_y)\boldsymbol{i}+(B_zC_x-B_xC_z)\boldsymbol{j}+(B_xC_y-B_yC_x)\boldsymbol{k}\}\\&=\{A_y(B_xC_y-B_yC_x)-A_z(B_zC_x-B_xC_z)\}\boldsymbol{i}\\&\quad+\{A_z(B_yC_z-B_zC_y)-A_x(B_xC_y-B_yC_x)\}\boldsymbol{j}\\&\quad+\{A_x(B_zC_x-B_xC_z)-A_y(B_yC_z-B_zC_y)\}\boldsymbol{k}\end{aligned}$$

この結果が $\boldsymbol{B}$ と $\boldsymbol{C}$ の実数倍の和になることから，上式を $\boldsymbol{B}$ と $\boldsymbol{C}$ とで整理すると

$$\begin{aligned}(\text{上式})&=\{(A_yC_y+A_zC_z)B_x\boldsymbol{i}+(A_zC_z+A_xC_x)B_y\boldsymbol{j}+(A_xC_x+A_yC_y)B_z\boldsymbol{k}\}\\&\quad-\{(A_yB_y+A_zB_z)C_x\boldsymbol{i}+(A_zB_z+A_xB_x)C_y\boldsymbol{j}+(A_xB_x+A_yB_y)C_z\boldsymbol{k}\}\\&=(A_xC_x+A_yC_y+A_zC_z)\boldsymbol{B}-A_xB_xC_x\boldsymbol{i}-A_yB_yC_y\boldsymbol{j}-A_zB_zC_z\boldsymbol{k}\\&\quad-(A_xB_x+A_yB_y+A_zB_z)\boldsymbol{C}+A_xB_xC_x\boldsymbol{i}+A_yB_yC_y\boldsymbol{j}+A_zB_zC_z\boldsymbol{k}\\&=\boldsymbol{B}(\boldsymbol{A}\cdot\boldsymbol{C})-\boldsymbol{C}(\boldsymbol{A}\cdot\boldsymbol{B})\end{aligned}$$

よって，以下の式が成り立ち，これを**ベクトル三重積**と呼ぶ．

$$\boldsymbol{A}\times(\boldsymbol{B}\times\boldsymbol{C})=\boldsymbol{B}(\boldsymbol{A}\cdot\boldsymbol{C})-\boldsymbol{C}(\boldsymbol{A}\cdot\boldsymbol{B}) \tag{1・23}$$

1-5 ベクトルって微分したり積分したりできるの？
～ベクトル関数の偏微分と積分～

〔1〕 ベクトル関数とベクトル関数の偏微分の基礎

先生 次はベクトル関数について考えよう．例えば川の流れを考えた場合，位置により流れの速さや向きは異なるので，位置 (x, y, z) における流れの速度はベクトル関数 $\boldsymbol{v}(x, y, z)$ で表現される．また各点における $\boldsymbol{v}$ の x，y，z 方向成分を v_x，v_y，v_z と表すとすると，$\boldsymbol{v}(x, y, z) = v_x\boldsymbol{i} + v_y\boldsymbol{j} + v_z\boldsymbol{k}$ のように表される．ただし，各方向成分も位置 (x, y, z) によって異なり，それぞれの要素もまた，x，y，z の関数となるので，$\boldsymbol{v}(x, y, z)$ は以下のように表される．

$$\boldsymbol{v}(x, y, z) = v_x(x, y, z)\,\boldsymbol{i} + v_y(x, y, z)\,\boldsymbol{j} + v_z(x, y, z)\,\boldsymbol{k}$$

電磁気ではベクトル関数を考えることが多いので，このイメージは重要だよ．

学生 関数ということは，ベクトル関数にも偏微分があるんですか？

先生 もちろんだよ．例えば，**図 1・28** のように，点 $\mathrm{P}(x, y)$ のベクトル関数 $\boldsymbol{v}(x, y) = v_x(x, y)\,\boldsymbol{i} + v_y(x, y)\,\boldsymbol{j}$ を考えたとする．ここで x 方向だけに微小距離 dx 変位した場合の v_x の変化を考えると，v_x の x に関する偏微分に変位 dx をかけた量だけ変化する．また v_y でも，v_y の x に関する偏微分に変位 dx をかけた量だけ変化する．

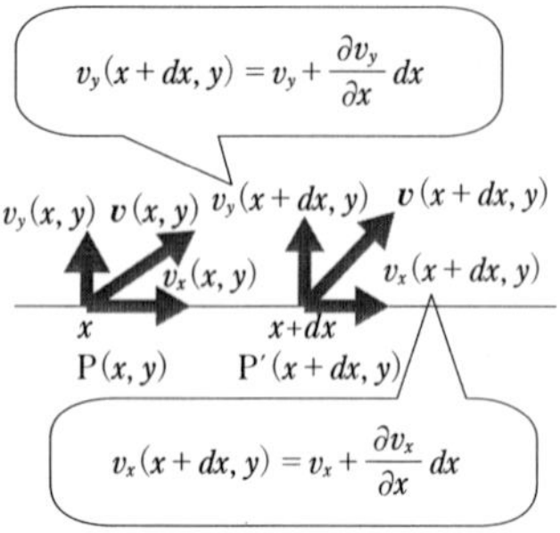

図 1・28 ベクトル関数の変化

したがって，$\boldsymbol{v}(x + dx, y)$ は

$$\boldsymbol{v}(x + dx, y) = \left(v_x + \frac{\partial v_x}{\partial x} dx\right)\boldsymbol{i} + \left(v_y + \frac{\partial v_y}{\partial x} dx\right)\boldsymbol{j}$$

学生 そうか．それぞれの方向成分について微小変位による変化を考えなければならないから，y 方向成分を x で偏微分するような式が必要となるわけか．

〔2〕 ベクトル関数の線積分と線要素ベクトル

先生 今度は**図 1・29** に示すように川が流れていて，ベクトル関数 $\boldsymbol{F}(x, y)$ が各点で船に働く力だと仮定しよう．図の経路 C に沿って船で点 A から点 B へ対岸に渡るとすると，その際に船に働くエネルギーはどうやって計算できると思う？

学生 まず微小距離について考えた方がよさそうだな．経路に沿って微小ベクトル $d\boldsymbol{l}$ だけ進んだとすると，必要な微小エネルギー dW は，その点の

$\boldsymbol{F}(x, y)$ と $d\boldsymbol{l}$ のスカラ積だから $dW = \boldsymbol{F}(x, y) \cdot d\boldsymbol{l}$ と表されるはずだ．

先生 そうだね．それを前に説明した線積分すれば，エネルギーの総量が計算できるね．すなわち，以下のようなベクトル関数の線積分で表される．

$$W = \int_C \boldsymbol{F}(x, y) \cdot d\boldsymbol{l} \qquad (1 \cdot 24)$$

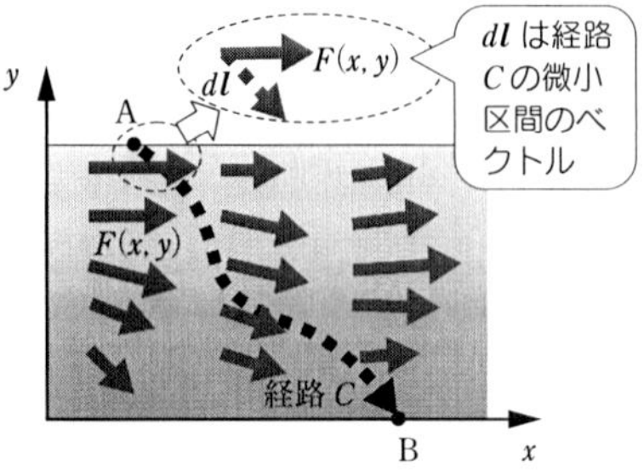

図 1・29　川の流れと経路

なお経路 C に沿った $d\boldsymbol{l}$ は**線要素**（または**線素**）**ベクトル**と呼ばれる．このように線要素ベクトルを考えれば，ベクトル関数と経路との関係を表現できる．

〔3〕 ベクトル関数の面積分と面要素ベクトル

先生 今度は面とベクトル関数の関係を考えよう．**図 1・30** のように平板状の帆に風が当たっているとする．風が当たる向きは帆の場所によって違うので，風による単位面積当たりの力のベクトルを $\boldsymbol{f}(x, y)$ で表し，帆に垂直な方向の力のみが推進力になると考えた場合，推進力の合計はどうやって計算できる？

学生 たぶん，微小面積に働く力を計算し，それを積分すればいいんだな．微小面積に働く力 $\boldsymbol{f}(x, y)$ が面に垂直でない場合は，垂直方向成分を考えればいい．

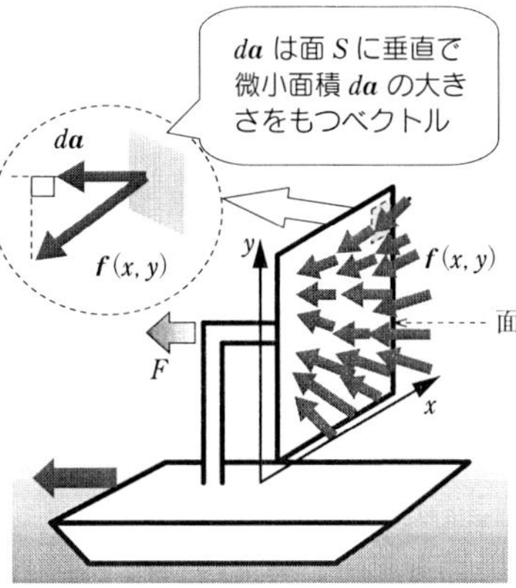

図 1・30　風と帆の関係

先生 そうだね．そこで微小面積の大きさをもち，微小面に垂直なベクトル $d\boldsymbol{a}$（**面要素ベクトル**）を考える．この $d\boldsymbol{a}$ と $\boldsymbol{f}(x, y)$ の内積で，面に垂直な方向成分が計算できるので，これを重積分により全面積について積分すれば，力の和 F が求められ，以下のように表現できる．これを**面積積分**と呼ぶ．

$$F = \iint_S \boldsymbol{f}(x, y) \cdot d\boldsymbol{a} \qquad (1 \cdot 25)$$

このように面要素ベクトルを考えればベクトル関数と曲面との関係を表現できる．

1-6 ベクトルの「勾配（grad）」って何だ？

～勾配（gradient）～

先生 電磁気学では電気的なエネルギーや電荷に働く力を考えなければならないけれど，エネルギーを距離で微分すると何になるかわかるかな？

学生 エネルギー W は $W=\boldsymbol{F}\cdot\boldsymbol{x}$ だから，〔N·m〕の単位だな．となると，距離〔m〕の単位で割ったものは……．そうか，力になるんだ．

先生 そのとおり．このエネルギーと力の関係を，山の高さと位置を使って考えてみよう．場所を x と y の座標で表したとすると，高さ h は x と y の関数 $h(x, y)$ になる．一方，高さ h と重力加速度 g と質量 m をかければ $W=mgh$ という位置エネルギーが算出でき，結局位置エネルギーも x と y の関数 $W(x, y)$ と表される．このエネルギーを距離で微分することで力が算出できる．ところで滑らかな山の斜面があって，そこに丸いボールを置いたとするとどういう向きに力が働くと思う？

学生 うーん．傾斜が一番きつい方向かな？

先生 正解．ということは，力の方向を知るためには，最大傾斜方向を求めればいいことがわかる．曲面の傾斜の求め方は前に示したので，最大の傾斜とその方向について考えよう．**図 1·31** のように山の高さの分布を $f(x, y)$ として表す．今，点 P から微小距離 $d\boldsymbol{s}$ だけ変位した点 Q への傾きを考える．点 P と点 Q の高さの差を df とすると，傾きは $df/|d\boldsymbol{s}|$ で求められる．また，df は前に説明した全微分なので，以下の式が成り立つ．

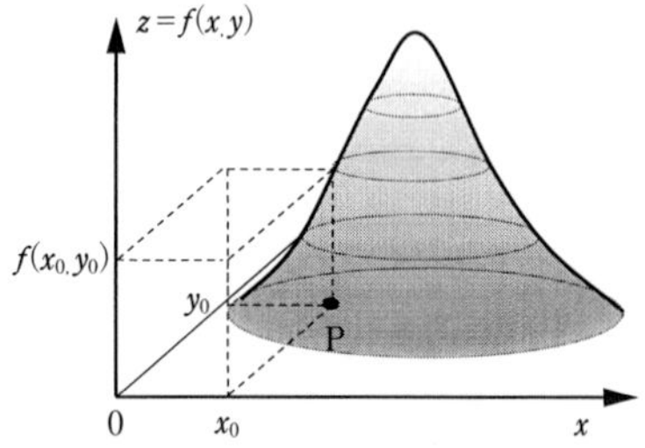

図 1・31　二次元のスカラー場

$$df=\frac{\partial f(x, y)}{\partial x}dx+\frac{\partial f(x, y)}{\partial y}dy$$

この式は，以下のような二つのベクトルのスカラ積として表すことができる．

$$df=\left(\frac{\partial f}{\partial x}\boldsymbol{i}+\frac{\partial f}{\partial y}\boldsymbol{j}\right)\cdot(dx\boldsymbol{i}+dy\boldsymbol{j}) \qquad (1\cdot 26)$$

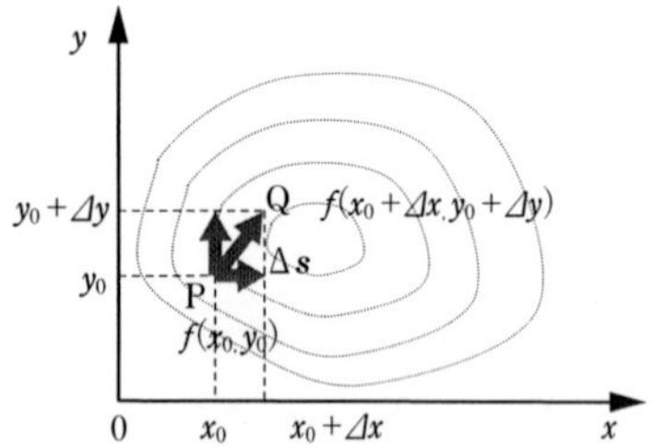

図 1・32　等高線図

上式の $dx\boldsymbol{i}+dy\boldsymbol{j}$ は変位ベクトル $d\boldsymbol{s}$ である．また上式の右辺左側の項は，位置（x, y）が与えられればスカラ場 $f(x, y)$ によって決まる，その位置固有のベクトルである．右辺左側の項はベクトル演算子 ∇（ナブラ；nabla）を使って以下のように表すことができ，これを grad f と表す．

$$\frac{\partial f}{\partial x}\boldsymbol{i}+\frac{\partial f}{\partial y}\boldsymbol{j}=\nabla f\equiv \mathrm{grad}\, f \qquad (1\cdot 27)$$

ここで用いた ∇f はベクトル演算子と呼ばれ，一般に以下の式で定義される．

$$\nabla\equiv\frac{\partial}{\partial x}\boldsymbol{i}+\frac{\partial}{\partial y}\boldsymbol{j}+\frac{\partial}{\partial z}\boldsymbol{k} \qquad (1\cdot 28)$$

したがって，df は以下のように表せる．

$$df=\mathrm{grad}\, f\cdot d\boldsymbol{s} \qquad (1\cdot 29)$$

上式はベクトルの内積なので，grad f と $d\boldsymbol{s}$ のなす角を θ とおくと以下が成り立つ．

$$df=|\mathrm{grad}\, f|\cdot|d\boldsymbol{s}|\cos\theta \qquad (1\cdot 30)$$

したがって斜面における傾き $df/|d\boldsymbol{s}|$ は以下の式で表される．

$$\frac{df}{|d\boldsymbol{s}|}=|\mathrm{grad}\, f|\cos\theta$$

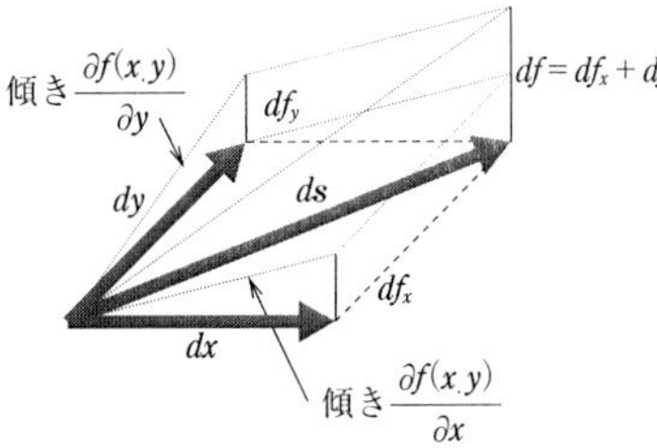

図 1・33　微小面における傾き

ある点について grad f を求めれば，その点におけるあらゆる方向の斜面の傾きを求めることができる．また傾斜が最大になるのは，$\cos\theta$ が最大の場合（$\theta=0$ の場合），つまり grad f と同じ向きの場合であることがわかる．これより grad f は最大傾斜の向きと最大傾斜の大きさを示すベクトルであり，**勾配**（gradient）と呼ばれる．

なお，ここでは簡単のため二次元のスカラ場を例としたが，三次元のスカラ場の勾配を求める必要がある場合もある．例えば三次元空間において，位置（x, y, z）が決まれば温度は決まるので，温度分布は三次元のスカラ場である．これを $T(x, y, z)$ とおくと，ある点の grad T を求めることにより，その点における最大傾斜の向き，すなわち最も温度変化が大きい向きと，その向きの温度の変化率，すなわち単位長さ当たりの温度変化（温度勾配）を求めることができる．

1-7 ベクトルの「発散【div】」って何だ？
～発散（divergence）～

先生 次は質量と力の関係を考えてみよう．万有引力は知っているね．

学生 質量間では各質量に比例して引力が働くことですね．

先生 そうだね．いま，ある質点があって，その周りで質量1kg当たりに働く力を1本のベクトルとして描いたら，**図1･34**のようになったとする．この図より，ベクトルが吸い込まれている点に質量が存在していることがわかり，ベクトルがたくさん吸い込まれているところには大きな質量が存在していることもわかる．つまりベクトルの吸い込まれる量を計算すると，そこにどんな質量が存在しているかがわかる．ただし質量には引力だけが働くので，吸い込まれるベクトルだけだが，電気では斥力もあるのでベクトルが湧き出す点もある．例えば**図1･35**のような水流を考え，ある時刻における，流速ベクトル $\boldsymbol{v}(x, y)$ を考える（ここでは二次元で考える）．この場合，$v_x(x_1<x<x_2)-v_x(x<x_1)<0$ となるので位置 x_1 には吸込みが，$v_x(x_2<x)-v_x(x_1<x<x_2)>0$ となるので位置 x_2 には湧出しがあることがわかる．

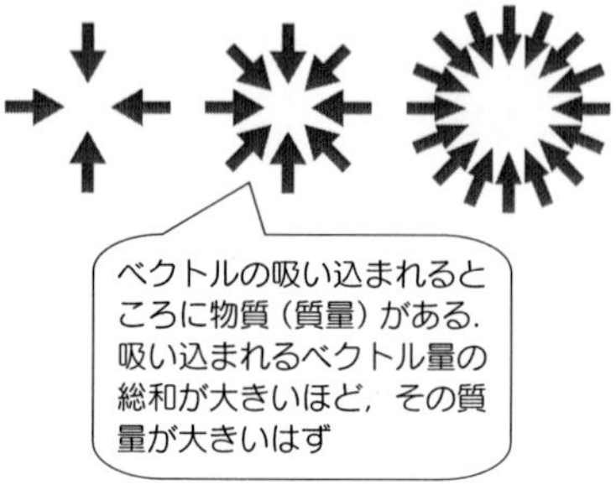

図 1・34　ベクトルの本数と質量

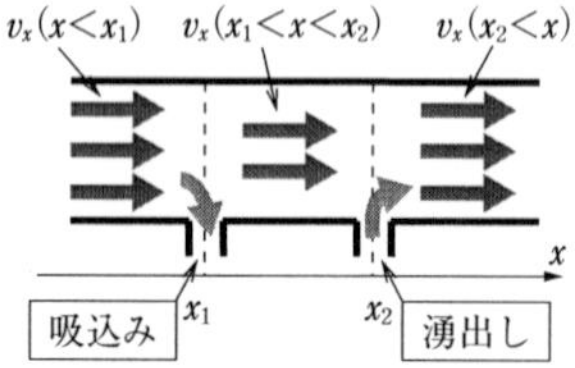

図 1・35　吸込みと湧出し

これを三次元に拡張して考える．**図1･36**に示すように，空間中に水の流れのようなベクトル関数 $\boldsymbol{v}(x, y, z)=v_x\boldsymbol{i}+v_y\boldsymbol{j}+v_z\boldsymbol{k}$ が存在しているとする．この空間中に微小な立方体の箱ABCDEFGHを考え，各辺の長さを dx, dy, dz とし，箱中央での $\boldsymbol{v}$ を $\boldsymbol{v}_0(v_{x0}, v_{y0}, v_{z0})$ とする．まず，**図1･37**のように x 方向のみを考え，面ABCDに流入する $\boldsymbol{v}$ の x 方向成分 v_{x1} と面

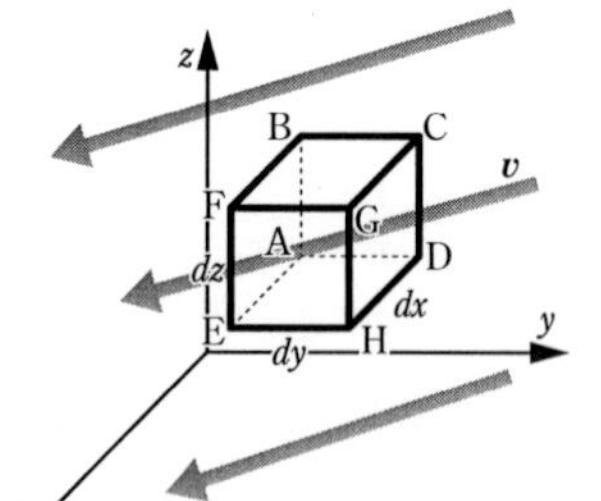

図 1・36　ベクトル場中の微小立方体

EFGH から流出する x 方向成分 v_{x2} の差を計算する．v_{x1}，v_{x2} は箱の中央の位置からそれぞれ $-dx/2$ および $+dx/2$ だけ x 方向のみに変位した位置の $\boldsymbol{v}$ の x 方向成分であり，v_x の単位長さ当たりの x 方向の変化量は $\partial v_x/\partial x$ で表され，v_{x1}，v_{x2} は次のように計算できる．

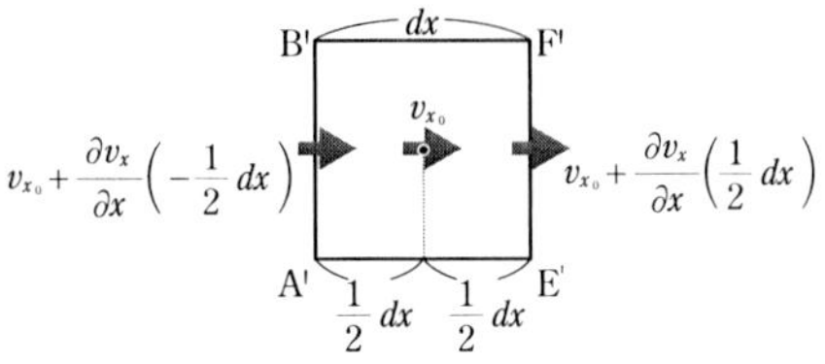

図 1・37 断面 A'B'E'F' における v_x

$$v_{x1}=v_{x0}+\frac{\partial v_x}{\partial x}\left(-\frac{dx}{2}\right),\quad v_{x2}=v_{x0}+\frac{\partial v_x}{\partial x}\left(\frac{dx}{2}\right)$$

面 ABCD および面 EFGH は微小なので，面全体に流入するベクトルは $v_{x1}\times\square\mathrm{ABCD}=v_{x1}\times dydz$，流出するベクトルは $v_{x2}\times\square\mathrm{EFGH}=v_{x2}\times dydz$ と近似でき，x 方向についての $\boldsymbol{v}$ の出入りの差は以下のように計算される．

$$v_x\times dydz=(v_{x2}-v_{x1})\times dydz=\frac{\partial v_x}{\partial x}dxdydz$$

同様に $\boldsymbol{v}$ の y 方向成分，z 方向成分の出入りの差は下のように計算される．

$$\frac{\partial v_y}{\partial y}dxdydz,\quad \frac{\partial v_z}{\partial z}dxdydz$$

箱全体から湧き出しているベクトル $\boldsymbol{v}$ は以下の式で求めることができる．

$$\left(\frac{\partial v_x}{\partial x}+\frac{\partial v_y}{\partial y}+\frac{\partial v_z}{\partial z}\right)dxdydz$$

上式は $\nabla\equiv\frac{\partial}{\partial x}\boldsymbol{i}+\frac{\partial}{\partial y}\boldsymbol{j}+\frac{\partial}{\partial z}\boldsymbol{k}$ と $\boldsymbol{v}(x,y,z)=v_x\boldsymbol{i}+v_y\boldsymbol{j}+v_z\boldsymbol{k}$ のスカラ積に，立方体の体積 $dV=dxdydz$ をかけたものであり，∇ と $\boldsymbol{v}$ のスカラ積を以下のように定義する．

$$\left(\frac{\partial}{\partial x}\boldsymbol{i}+\frac{\partial}{\partial y}\boldsymbol{j}+\frac{\partial}{\partial z}\boldsymbol{k}\right)\cdot(v_x\boldsymbol{i}+v_y\boldsymbol{j}+v_z\boldsymbol{k})=\nabla\cdot\boldsymbol{v}\equiv\mathrm{div}\boldsymbol{v} \qquad (1\cdot31)$$

このときの div を**ベクトル $\boldsymbol{v}$ の発散**（divergence）と呼ぶ．$\mathrm{div}\boldsymbol{v}\neq0$ のときベクトル $\boldsymbol{v}$ はその点からベクトルが湧き出しているか，もしくは吸い込まれていることになる．この計算においては，（流出する量）－（流入する量）を算出したので，$\mathrm{div}\boldsymbol{v}>0$ であれば $\boldsymbol{v}$ の湧出しが存在し，$\mathrm{div}\boldsymbol{v}<0$ であれば $\boldsymbol{v}$ の吸込みが存在していることになる．

1-8 ベクトルの「回転【rot】」って何だ？

～回転（rotation）～

先生 ベクトル積を学んだときに，トルクを回転軸方向のベクトルとして表したよね．回転をベクトルで表すことで回転運動の足し算が簡単に計算できるんだ．

学生 ちょっと待ってください．「回転運動を足す」ってどういうことですか？

先生 フーコーの振り子を例にとって説明してみよう．フーコーは振り子を長い間振り続けて，その振動方向が地球の自転とともに変わることにより地球の自転を証明したんだけれど，その振り子の支点には，振動方向が自由に変わるように**図1・38**のような球が使われていた．いま振り子が図のように，回転軸が紙面に垂直な方向で振れているとしよう．振り子の錘が支点の直下にあるとき紙面の奥方向に力を加えると，この力による支点の球の回転軸は紙面に平行方向になるね．その結果，振り子の振動面が変わって新たな回転軸が現れる．つまり，二つの回転を足したことによって新たな回転軸をもつ回転運動が現れることになる．これは結局，最初に振り子が振れていたときのトルク $\boldsymbol{N}_1$ と加えた力によるトルク $\boldsymbol{N}_2$ の和（$\boldsymbol{N}_1+\boldsymbol{N}_2$）で表される新たなトルクにより回転運動することを意味している．このように回転は足すこともできるし，逆に違う方向に分割することもできる．

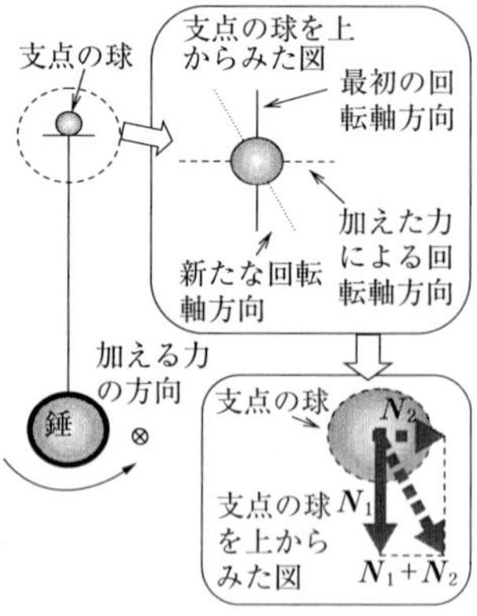

図 1・38　回転運動を足す

今度はベクトルの回転について考えよう．川のなかに小さな水車を置いたとする．**図1・39**のように水車の右側と左側の流速に差があれば水車は回転する．ここで流速をベクトル場であると考えると，この水車の回転速度（のようなもの）を計算すればベクトルの回転成分が計算できる．

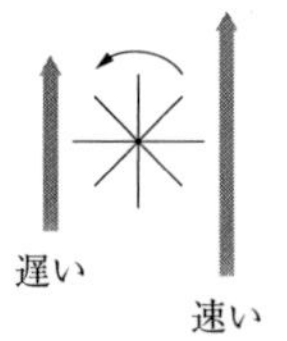

図 1・39　流れと回転

いま点P(x, y, z) でベクトル $\boldsymbol{A}(A_x, A_y, A_z)$ があり，z 軸方向に回転軸をもつ水車を**図1・40**のように置いたとする．この水車の直径を dx とし，xy 平面で $\boldsymbol{A}$ の y 方向成分 $A_y(x)$ を考える．点Pから x 方向に dx だけ離れた点の $\boldsymbol{A}$ の y 方向成分は $A_y(x+dx)$ で表される．この速度差が水車を回転させるが，その角速度は以下の式で表される．

$$\frac{A_y(x+dx)-A_y(x)}{dx}$$

この水車を限りなく小さくすると，$dx\to 0$ となるので

$$\lim_{dx\to 0}\frac{A_y(x+dx)-A_y(x)}{dx}=\frac{\partial A_y}{\partial x}$$

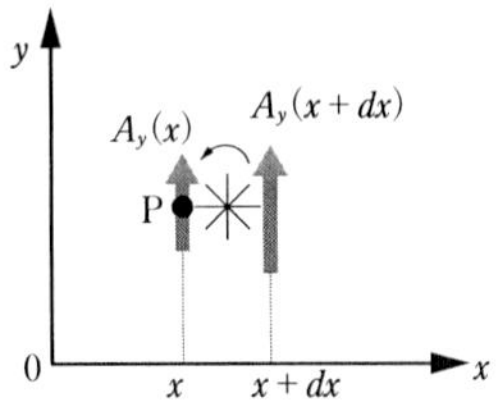

図 1・40　ベクトル $\boldsymbol{A}$ の y 方向の回転成分

となる．また，xy 平面における z 軸回りの回転は，**図 1・41** に示すように，x 方向の成分によっても生じる．x 方向の成分は，上記と同様に計算すると $\partial A_x/\partial y$ となり，z 軸回りの回転方向を考慮すると，上で計算した y 方向の成分とは逆向きになる．したがって，この両者の差が $+z$ 軸に関する右回りの角速度を意味するベクトル（z 軸方向を向いている）を示す．この計算を yz 平面（x 軸方向のベクトル），zx 平面（y 軸方向のベクトル）でも計算し，それらの和をとることにより点 P におけるベクトル $\boldsymbol{A}$ の回転成分を計算することができる．つまり，各軸方向の「回転」を足すことにより，一つの軸をもった回転が表されることがわかる．その回転を表すベクトルは以下の式で表される．

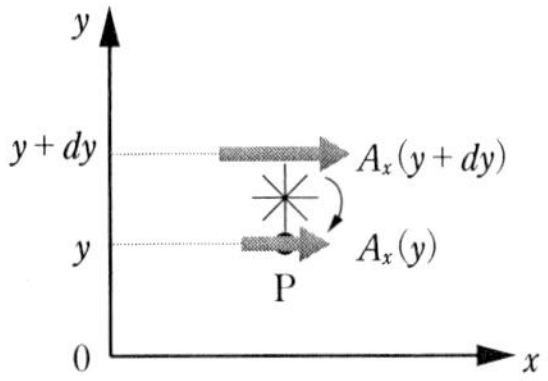

図 1・41　ベクトル $\boldsymbol{A}$ の x 方向の回転成分

$$\left(\frac{\partial A_z}{\partial y}-\frac{\partial A_y}{\partial z}\right)\boldsymbol{i}+\left(\frac{\partial A_x}{\partial z}-\frac{\partial A_z}{\partial x}\right)\boldsymbol{j}+\left(\frac{\partial A_y}{\partial x}-\frac{\partial A_x}{\partial y}\right)\boldsymbol{k}$$

上式は ∇ を使って以下のように表現できる．

$$\left(\frac{\partial A_z}{\partial y}-\frac{\partial A_y}{\partial z}\right)\boldsymbol{i}+\left(\frac{\partial A_x}{\partial z}-\frac{\partial A_z}{\partial x}\right)\boldsymbol{j}+\left(\frac{\partial A_y}{\partial x}-\frac{\partial A_x}{\partial y}\right)\boldsymbol{k}=\begin{vmatrix}\boldsymbol{i} & \boldsymbol{j} & \boldsymbol{k}\\ \dfrac{\partial}{\partial x} & \dfrac{\partial}{\partial y} & \dfrac{\partial}{\partial z}\\ A_x & A_y & A_z\end{vmatrix}$$

$$=\nabla\times\boldsymbol{A}$$

ここで，以下のように定義する．

$$\nabla\times\boldsymbol{A}\equiv\mathrm{rot}\,\boldsymbol{A} \qquad (1\cdot 32)$$

すなわち，rot $\boldsymbol{A}$ は，ベクトル $\boldsymbol{A}$ の回転成分を表すベクトルであり，その向きは回転軸方向を示す（ただし，右ねじの進む向きで表現する）．

1 9 grad, div, rot の組合せ?

～ベクトルの微分に関する諸公式～

先生 grad, div, rot の演算とスカラ量，ベクトル量の関係は理解できたかな？

学 生 えーっと，grad はスカラ関数を微分して，ベクトル関数が得られる演算で，div はベクトル関数を微分してスカラ関数が得られる演算です．rot はベクトル関数を微分して，ベクトル関数が得られる演算です．

先 生 よく理解しているね．でもこれらを使いこなすには，これらの演算の組合せを理解する必要がある．どんな関数について計算するとどんな量が算出されるかを認識しながら計算を行うことが大切だ．例えばスカラ関数 φ について，div（grad φ）を考える．φ 自体はスカラだけど，grad φ はベクトルを表すので grad φ については div の計算が成り立つ．逆に“div φ”や“rot φ”という計算は成立しない．同様に，$\boldsymbol{A}$ がベクトル関数の場合，“grad $\boldsymbol{A}$”は成立しないことを理解しておかなければならない．ここではまず，div と grad の組合せを考えよう．

$$\mathrm{div}(\mathrm{grad}\,\varphi)=\nabla\cdot(\nabla\varphi)=\frac{\partial^2\varphi}{\partial x^2}+\frac{\partial^2\varphi}{\partial y^2}+\frac{\partial^2\varphi}{\partial z^2} \tag{1・33}$$

ここで，∇ を 2 回作用させる演算について以下のように定義する．

$$\Delta\equiv\nabla^2=\nabla\cdot\nabla=\frac{\partial^2}{\partial x^2}+\frac{\partial^2}{\partial y^2}+\frac{\partial^2}{\partial z^2} \tag{1・34}$$

$\Delta=\nabla^2$ は Laplacian と呼ばれる演算子で，$\mathrm{div}(\mathrm{grad}\,\varphi)=\Delta\varphi$ と表される．

一般に，スカラとベクトルの積，もしくはベクトルとベクトルの積で表される関数の微分については，以下の式が成り立つ．

$$\mathrm{grad}(\varphi\psi)=\psi\,\mathrm{grad}\,\varphi+\varphi\,\mathrm{grad}\,\psi \tag{1・35}$$

$$\mathrm{div}(\varphi\boldsymbol{A})=\boldsymbol{A}\cdot\mathrm{grad}\,\varphi+\varphi\,\mathrm{div}\,\boldsymbol{A} \tag{1・36}$$

$$\mathrm{rot}(\varphi\boldsymbol{A})=(\mathrm{grad}\varphi)\times\boldsymbol{A}+\varphi\,\mathrm{rot}\,\boldsymbol{A} \tag{1・37}$$

$$\mathrm{div}(\boldsymbol{A}\times\boldsymbol{B})=\boldsymbol{B}\cdot\mathrm{rot}\,\boldsymbol{A}-\boldsymbol{A}\cdot\mathrm{rot}\,\boldsymbol{B} \tag{1・38}$$

$$\mathrm{rot}(\boldsymbol{A}\times\boldsymbol{B})=\boldsymbol{A}\,\mathrm{div}\,\boldsymbol{B}-\boldsymbol{B}\,\mathrm{div}\,\boldsymbol{A}+(\boldsymbol{B}\cdot\nabla)\boldsymbol{A}-(\boldsymbol{A}\cdot\nabla)\boldsymbol{B} \tag{1・39}$$

$$\mathrm{grad}(\boldsymbol{A}\cdot\boldsymbol{B})=(\boldsymbol{A}\cdot\nabla)\boldsymbol{B}+(\boldsymbol{B}\cdot\nabla)\boldsymbol{A}+\boldsymbol{A}\times\mathrm{rot}\,\boldsymbol{B}+\boldsymbol{B}\times\mathrm{rot}\,\boldsymbol{A} \tag{1・40}$$

これらについては詳しく述べないけれど，以下に式（1·35），（1·36）の考え方を示すので，他についても自分で導いてみるとよく理解できる．

いま，φ と ψ をスカラ関数であるとし，両者の積に関する微分（grad）を考える．この場合，関数の積の微分であるので以下の関係が成り立つ．

$$\mathrm{grad}(\varphi\psi)=\nabla(\varphi\psi)=\psi\nabla\varphi+\varphi\nabla\psi=\psi\,\mathrm{grad}\,\varphi+\varphi\,\mathrm{grad}\,\psi$$

なお，∇ が作用する項は作用を受ける関数を ∇ の右側に書かなければならない．

次にスカラ関数 φ とベクトル関数 $\boldsymbol{A}$ の積に関する微分はどう計算されるかを，$\mathrm{div}(\varphi\boldsymbol{A})$ を例として考える．この場合，演算子 ∇ が φ にのみ作用する項と $\boldsymbol{A}$ にのみ作用する項の二つの項の和となることは上の例より明らかだ．ここでは，わかりやすいように以下のように表現しよう．

$$\mathrm{div}(\varphi\boldsymbol{A})=\nabla\cdot(\varphi\boldsymbol{A})=\nabla_\varphi\cdot(\varphi\boldsymbol{A})+\nabla_A\cdot(\varphi\boldsymbol{A})$$

∇_φ，∇_A はそれぞれ，φ および $\boldsymbol{A}$ のみに作用するためのベクトル演算子として便宜的に記した記号であり，演算そのものは ∇ とかわりない．∇_φ はベクトルとして扱うので，スカラ関数である φ に作用する場合は（$\nabla_\varphi\cdot\varphi=\mathrm{div}\,\varphi$ という計算は成立しないので）$\nabla_\varphi\varphi$ としなければならない．上式の右辺第1項はベクトル $\nabla_\varphi\varphi$ とベクトル $\boldsymbol{A}$ のスカラ積，すなわち $\nabla_\varphi\varphi\cdot\boldsymbol{A}$（$=\boldsymbol{A}\cdot\mathrm{grad}\,\varphi$）と表される．同様に，$\nabla_A$ がベクトル $\boldsymbol{A}$ にのみ作用する場合は（$\nabla\boldsymbol{A}=\mathrm{grad}\,\boldsymbol{A}$ という計算は成立しないので）$\nabla_A\cdot\boldsymbol{A}$ とならなければならず，右辺第2項は φ を先頭に記して，$\varphi\nabla_A\cdot\boldsymbol{A}$（$=\varphi\,\mathrm{div}\,\boldsymbol{A}$）と表される．結局，以下の式が成り立つ．

$$\mathrm{div}(\varphi\boldsymbol{A})=\boldsymbol{A}\cdot\mathrm{grad}\,\varphi+\varphi\,\mathrm{div}\,\boldsymbol{A}$$

そのほかに，以下のような関係が成り立つ．

$$\mathrm{rot}(\mathrm{grad}\,\varphi)=\boldsymbol{0} \tag{1・41}$$

$$\mathrm{div}(\mathrm{rot}\,\boldsymbol{A})=0 \tag{1・42}$$

$$\mathrm{rot}(\mathrm{rot}\,\boldsymbol{A})=\mathrm{grad}(\mathrm{div}\,\boldsymbol{A})-\nabla^2\boldsymbol{A} \tag{1・43}$$

∇^2 はデカルト座標系（直交座標系）ではスカラに作用する Laplacian となるが，他の座標系では以下のように定義される．

$$\nabla^2\boldsymbol{A}\equiv\mathrm{grad}(\mathrm{div}\,\boldsymbol{A})-\mathrm{rot}(\mathrm{rot}\,\boldsymbol{A}) \tag{1・44}$$

$$\mathrm{grad}\,f(\varphi)=\frac{df}{d\varphi}\mathrm{grad}\,\varphi \tag{1・45}$$

$$\nabla^2 f(\varphi)=\frac{df}{d\varphi}\nabla^2\varphi+\frac{d^2f}{d\varphi^2}(\mathrm{grad}\,\varphi)^2 \tag{1・46}$$

1 10 線積分，面積分，体積積分の関係？ ～ガウスの定理とストークスの定理～

〔1〕 ガウスの定理

学生  先生，発散を学んだ時にベクトルの湧き出す量がわかれば，その点にあるベクトルの源の量がわかると聞きましたが，具体的にベクトルの湧出しをどうやって計算するんですか？

先 生 では，具体的な計算方法を考えてみよう．**図 1･42** に示すように，ベクトル $\boldsymbol{v}$ の湧出し（もしくは吸込み）がある点を含む閉曲面 S を考えよう．また，この S 上のある微小曲面の面要素ベクトルを $d\boldsymbol{a}$ とする．湧き出したベクトル $\boldsymbol{v}$ は，必ずどこかで閉曲面 S を横切るので，面積要素ベクトルと湧き出しているベクトルの内積を，閉曲面の表面全体について面積積分することで，その閉曲面から湧き出すベクトルの総和，すなわち閉曲面内の微小体積の湧出しの総和を計算できるよね．ベクトル $\boldsymbol{v}$ の閉曲面 S の表面に関する面積分は面積要素ベクトルを $d\boldsymbol{a}$ として以下のように表されることは前に学んだよね．

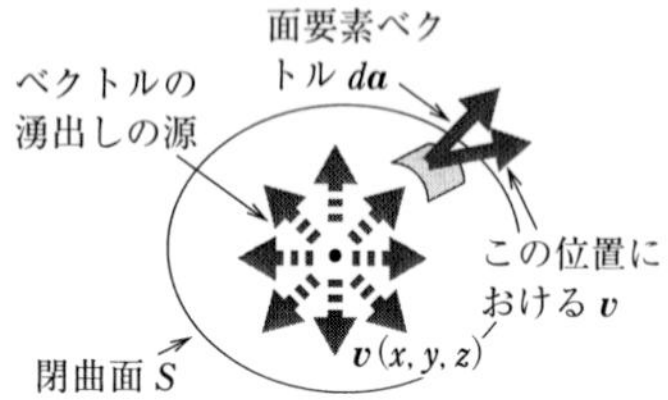

図 1・42 ベクトルの湧き出しを含む閉曲面

$$\iint_S \boldsymbol{v}\cdot d\boldsymbol{a}$$

一方，微小体積 dv におけるベクトル $\boldsymbol{v}$ の湧出しは $\mathrm{div}\boldsymbol{v}dv$ と表せるので，閉曲面 S 内についてその全体積にわたる積分は以下のように表す．

$$\iiint_v \mathrm{div}\,\boldsymbol{v}dv$$

ただし，上式の積分記号に付した v は，閉曲面 S で囲まれた体積を示している．

上述したように，両者は等しくなるので

$$\iint_S \boldsymbol{v}\cdot d\boldsymbol{a} = \iiint_v \mathrm{div}\,\boldsymbol{v}dv \qquad (1\cdot47)$$

が成り立つ．ここで左辺の積分は閉曲面 S の表面について積分すること（面積分）を意味し，右辺の積分は閉曲面の体積 V について積分すること（**体積積分**）を意味している．この関係を**ガウスの定理**という．

ガウスの定理についてもう少し考えてみよう．いま，ある点からベクトルがすべての方向に均等かつ放射状に湧き出しているとし，この点から r だけ離れた点でのベクトル $\boldsymbol{v}$ を考える．均等に湧き出しているので，この点から半径 r だけ離れた球面上の面ではどこでも同じ大きさになるので，$\boldsymbol{v}$ は r の関数 $\boldsymbol{v}(r)$ となる．また，放射状に湧き出しているならば，$\boldsymbol{v}$ は球面を垂直に貫くはずだから，球表面の面積要素ベクトル $d\boldsymbol{a}$ を考えた場合，$d\boldsymbol{a}$ と $\boldsymbol{v}$ は方向が一致している．すなわち両者の内積 $\boldsymbol{v}(r)\cdot d\boldsymbol{a}=v(r)\,da$ となる．球上のすべての面についてベクトルを積算すると，上式の S は球の表面を表わすことになるので，以下の式が成り立つ．

$$\iint_S \boldsymbol{v}(r)\cdot d\boldsymbol{a}=\iint_S v(r)\,da=v(r)\iint_S da=4\pi r^2 v(r)$$

したがって，上式と式（1·47）により，以下の式が成り立つ．

$$v(r)=\frac{1}{4\pi r^2}\iiint_v \operatorname{div}\boldsymbol{v}(r)\,dv$$

つまり，$\boldsymbol{v}(r)$ の大きさは $\boldsymbol{r}^2$ に反比例する．このことを簡単に説明する．**図 1·43** のようにベクトルが放射状に存在しており，微小面積 dS_1 を $\boldsymbol{v}_1$ という大きさのベクトルが 1 本通っているとき，右図の dS_2 の範囲を通るベクトルも合計 $\boldsymbol{v}_1$ の大きさのベクトル 1 本になるはずである．一方，図 1·43 のように，面積は，中心角（立体角，立体角についてはこの後の章で述べる）が同じであれば，その角度で切り取られる面積は r^2 に比例する．つまり，同じ立体角で切り取られる面を通る放射状のベクトルの総和は，r に関係なく一定の大きさになるので，dS_2 の表面では大きさ $\dfrac{dS_1}{dS_2}v_1=v_2$ なるベクトルが $\dfrac{dS_2}{dS_1}$ 本出ていることと同じである．

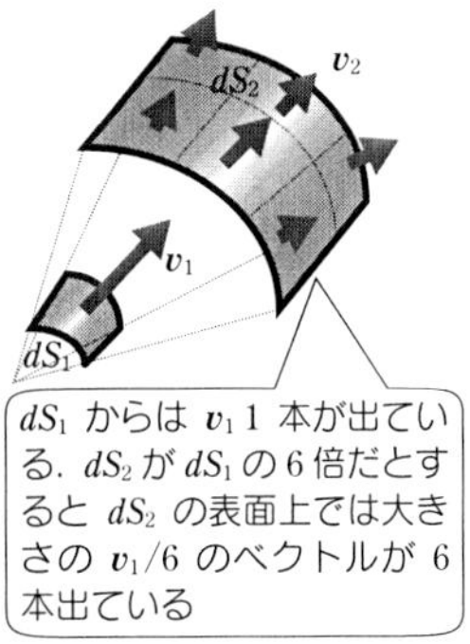

図 1·43　放射状のベクトルと面積

（2）ストークスの定理

学　生　線積分と面積分にも何らかの関係がありそうですね．

先　生　そうだね．次はベクトル関数の線積分と面積分の関係について考えてみよう．今，力を表すベクトル関数 $\boldsymbol{v}$ があり，質点にこのベクトルの力が働くとして，経路 C に沿ってこの質点を動かしたときに，ベクトル場によって質点がなされた仕事量を求める．図1・44に示すように点O(x, y, z) でのベクトルを $\boldsymbol{v}=v_x\boldsymbol{i}+v_y\boldsymbol{j}+v_z\boldsymbol{k}=(v_x, v_y, v_z)$ として，点Oから x 軸方向に微小距離 dx 離れた点をP，y 軸方向に微小距離 dy 離れた点をQ，z 軸方向に微小距離 dz 離れた点をRとする．この△PQRの辺に沿って，質点を動かしたときの仕事量 W_{PQRP} を計算する．

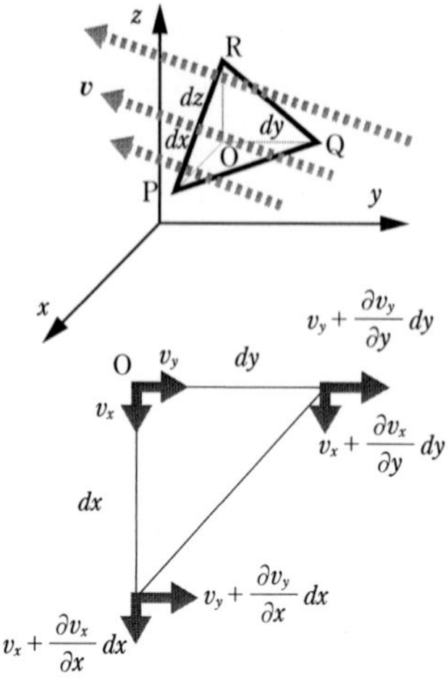

図 1・44　微小領域におけるベクトルの周回積分

PQ間での $\boldsymbol{v}$ の x 方向成分は図1・44に示すように，点Pにおける x 方向成分と点Qにおける x 方向成分の平均であると考えて，以下のように表す．

$$v_{PQx}=\frac{1}{2}\left(v_x+\frac{\partial v_x}{\partial x}dx+v_x+\frac{\partial v_x}{\partial y}dy\right)$$

また，PQ間では，x 方向に $-dx$ だけ変位するので，この間の力の x 方向成分がなす仕事は以下のように表される．

$$W_{PQx}=\frac{1}{2}\left(2v_x+\frac{\partial v_x}{\partial x}dx+\frac{\partial v_x}{\partial y}dy\right)(-dx)$$

同様にPQ間における力の y 方向成分がなす仕事は以下のようになる．

$$W_{PQy}=\frac{1}{2}\left(2v_y+\frac{\partial v_y}{\partial x}dx+\frac{\partial v_y}{\partial y}dy\right)(dy)$$

したがって，PQ間の仕事量は以下のように求められる．

$$W_{PQ}=v_ydy-v_xdx-\frac{1}{2}\left(\frac{\partial v_x}{\partial x}dx^2+\frac{\partial v_x}{\partial y}dxdy\right)+\frac{1}{2}\left(\frac{\partial v_y}{\partial x}dxdy+\frac{\partial v_y}{\partial y}dy^2\right)$$

これを W_{QR}，W_{RP} についても計算する．P→Q→R→Pと動かしたときの仕事量を計算して整理すると

$$W_{PQRP}=W_{PQ}+W_{QR}+W_{RP}$$

$$=\left(\frac{\partial v_y}{\partial x}-\frac{\partial v_x}{\partial y}\right)\frac{dxdy}{2}+\left(\frac{\partial v_z}{\partial y}-\frac{\partial v_y}{\partial z}\right)\frac{dydz}{2}+\left(\frac{\partial v_x}{\partial z}-\frac{\partial v_z}{\partial x}\right)\frac{dzdx}{2}$$

したがって，$W_{PQRP}=\mathrm{rot}\,\boldsymbol{v}\cdot d\boldsymbol{a}$ とおける．ただし，$d\boldsymbol{a}=\frac{1}{2}dydz\boldsymbol{i}+\frac{1}{2}dzdx\boldsymbol{j}+\frac{1}{2}dxdy\boldsymbol{k}$ とおいた．このように，ある閉曲線 C に沿って線積分することを特に**周回積分**と呼び，線要素ベクトルを $d\boldsymbol{l}$ と表した場合，以下のように表される．

$$\oint_C \boldsymbol{v}\cdot d\boldsymbol{l}$$

ここで，$\overrightarrow{\mathrm{PQ}}\times\overrightarrow{\mathrm{PR}}=dydz\boldsymbol{i}+dzdx\boldsymbol{j}+dxdy\boldsymbol{k}$ より，$d\boldsymbol{a}=\frac{1}{2}(\overrightarrow{\mathrm{PQ}}\times\overrightarrow{\mathrm{PR}})$ となり，$d\boldsymbol{a}$ は大きさが△PQR の面積に等しく，△PQR に垂直なベクトル，すなわち面積要素ベクトルであることがわかる（**図 1·45** 参照）．すなわち，上式は，△PQR を面 S とし，面要素ベクトル $d\boldsymbol{a}$ を用いて以下のような式で表される．

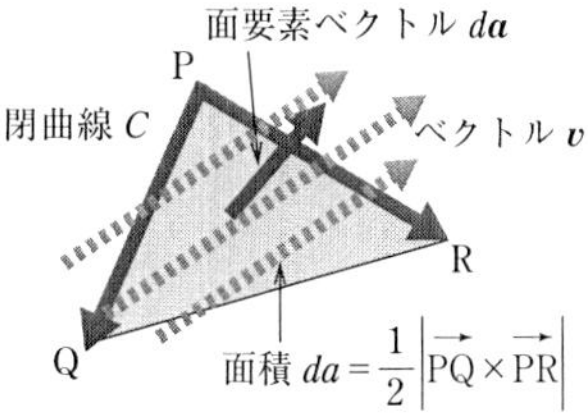

図 1・45 面要素ベクトル

$$\iint_S \mathrm{rot}\,\boldsymbol{v}\cdot d\boldsymbol{a}$$

計算結果ではこの両者が等しくなるので，結局以下の関係が成り立つ．

$$\oint_C \boldsymbol{v}\cdot d\boldsymbol{l}=\iint_S \mathrm{rot}\,\boldsymbol{v}\cdot d\boldsymbol{a} \quad \text{（ストークスの定理）} \qquad (1\cdot 48)$$

ここで，上式の左辺はベクトル $\boldsymbol{v}$ をある閉じた経路について積分（周回積分）したことを示し，右辺はその経路の囲む面積について $\mathrm{rot}\,\boldsymbol{v}$ を面積分したことを示している．すなわち，ストークスの定理を用いて，線積分を面積分に変換することができる．

7 11 x, y, z を使わない座標？【1】
～円柱座標系～

学生 先生，重積分のところで極座標というのが出てきましたが，x，y，z の直交座標以外にも，座標系はたくさんあるんですか？

先生 まあ，よく使うのは**円柱座標系**と**極座標系**だね．x，y，z で表すデカルト座標系では，各方向の基本ベクトルを $\boldsymbol{i}$，$\boldsymbol{j}$，$\boldsymbol{k}$ とおいたが，円柱座標系では図1·46に示すように，原点から半径方向に大きさ1のベクトル $\boldsymbol{e}_r$，θ 方向に大きさ1のベクトル $\boldsymbol{e}_\theta$（円の接線方向），z 方向に大きさ1のベクトル $\boldsymbol{e}_z(=\boldsymbol{k})$ を用いて表す．例えば図中の点A（A_x, A_y, A_z）の位置ベクトルはデカルト座標では $\boldsymbol{A}=A_x\boldsymbol{i}+A_y\boldsymbol{j}+A_z\boldsymbol{k}$ と表されるが，円柱座標系では以下のように表される．

$$\boldsymbol{A}=A_r\boldsymbol{e}_r+A_\theta\boldsymbol{e}_\theta+A_z\boldsymbol{e}_z$$

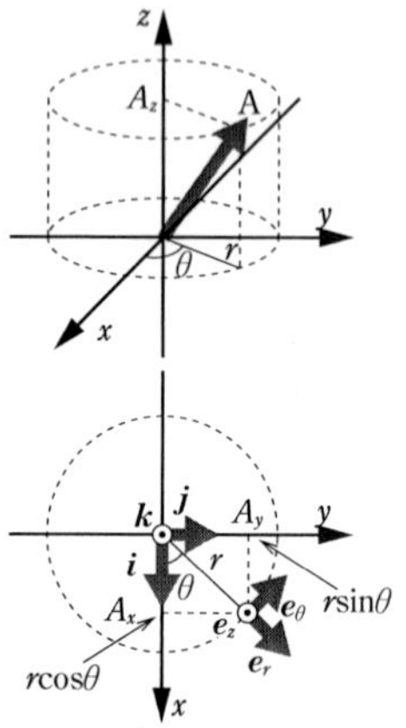

図 1·46　円柱座標系

したがって，図1·46より，これをデカルト座標系と対比させると以下が成り立つ．

$$A_x=r\cos\theta,\quad A_y=r\sin\theta$$

このような変換は，ベクトルの微分演算に影響を与える．例えば，スカラ場 $\varphi(x, y, z)$ の勾配を求める際，デカルト座標系で以下のように表される．

$$\mathrm{grad}\,\varphi=\frac{\partial\varphi}{\partial x}\boldsymbol{i}+\frac{\partial\varphi}{\partial y}\boldsymbol{j}+\frac{\partial\varphi}{\partial z}\boldsymbol{k}$$

これを円筒座標系の $\boldsymbol{e}_r$，$\boldsymbol{e}_\theta$，$\boldsymbol{e}_z$ を使って表すことを考えるが，z 方向は両座標系に共通なので，ここでは x，y の関係と r，θ の関係を考える．φ の x および y に関する偏微分を r と θ の偏微分で表すと以下になる．

$$\frac{\partial\varphi}{\partial x}=\frac{\partial\varphi}{\partial r}\frac{\partial r}{\partial x}+\frac{\partial\varphi}{\partial\theta}\frac{\partial\theta}{\partial x},\qquad \frac{\partial\varphi}{\partial y}=\frac{\partial\varphi}{\partial r}\frac{\partial r}{\partial y}+\frac{\partial\varphi}{\partial\theta}\frac{\partial\theta}{\partial y}$$

ここで，$x=r\cos\theta$，$y=r\sin\theta$ なので以下が成り立つ．

$$r=(x^2+y^2)^{\frac{1}{2}},\qquad \theta=\tan^{-1}\frac{y}{x}$$

したがって，r の x および y に関する偏微分はそれぞれ以下のように表される．

$$\frac{\partial r}{\partial x}=x(x^2+y^2)^{-\frac{1}{2}}=\frac{x}{r}=\cos\theta,\qquad \frac{\partial r}{\partial y}=y(x^2+y^2)^{-\frac{1}{2}}=\frac{y}{r}=\sin\theta$$

また，θ の x および y に関する偏微分はそれぞれ以下のようになる．

$$\frac{\partial\theta}{\partial x}=\frac{-\dfrac{y}{x^2}}{1+\left(\dfrac{y}{x}\right)^2}=-\frac{r\sin\theta}{r^2}=-\frac{\sin\theta}{r},\quad \frac{\partial\theta}{\partial y}=\frac{\dfrac{1}{x}}{1+\left(\dfrac{y}{x}\right)^2}=\frac{r\cos\theta}{r^2}=\frac{\cos\theta}{r}$$

なお，上式では $\dfrac{d}{dx}(\tan^{-1}x)=\dfrac{1}{1+x^2}$ となることを使っている．

また $\boldsymbol{e}_r$ と $\boldsymbol{e}_\theta$ を $\boldsymbol{i}$ と $\boldsymbol{j}$ を用いて表すと，$\boldsymbol{e}_r$ と $\boldsymbol{e}_\theta$ が直交していることなどを考慮して

$$\boldsymbol{e}_r=\cos\theta\boldsymbol{i}+\sin\theta\boldsymbol{j},\quad \boldsymbol{e}_\theta=-\sin\theta\boldsymbol{i}+\cos\theta\boldsymbol{j}$$

これらより，$\boldsymbol{i}$ と $\boldsymbol{j}$ は $\boldsymbol{e}_r$ と $\boldsymbol{e}_\theta$ を使って以下のように表される．

$$\boldsymbol{i}=\cos\theta\boldsymbol{e}_r-\sin\theta\boldsymbol{e}_\theta,\quad \boldsymbol{j}=\sin\theta\boldsymbol{e}_r+\cos\theta\boldsymbol{e}_\theta$$

これらの関係を用いて，grad φ を整理すると以下のようになる．

$$\mathrm{grad}\,\varphi=\frac{\partial\varphi}{\partial r}\boldsymbol{e}_r+\frac{1}{r}\frac{\partial\varphi}{\partial\theta}\boldsymbol{e}_\theta+\frac{\partial\varphi}{\partial z}\boldsymbol{e}_z \qquad (1\cdot 49)$$

なお，導出はしないが，円柱座標系において div，rot については以下が成り立つ．

$$\mathrm{div}\,\boldsymbol{A}=\frac{1}{r}\frac{\partial}{\partial r}(rA_r)+\frac{1}{r}\frac{\partial A_\theta}{\partial\theta}+\frac{\partial A_z}{\partial z} \qquad (1\cdot 50)$$

$$\mathrm{rot}\,\boldsymbol{A}=\left(\frac{1}{r}\frac{\partial A_z}{\partial\theta}-\frac{\partial A_\theta}{\partial z}\right)\boldsymbol{e}_r+\left(\frac{\partial A_r}{\partial z}-\frac{\partial A_z}{\partial r}\right)\boldsymbol{e}_\theta+\left(\frac{1}{r}\frac{\partial}{\partial r}(rA_\theta)-\frac{1}{r}\frac{\partial A_r}{\partial\theta}\right)\boldsymbol{e}_z \qquad (1\cdot 51)$$

1・12 x, y, z を使わない座標？【2】
～極座標系～

学生 極座標系においても，微分演算をするときには変換が必要ですか？

先生 そうだね．極座標系では**図1・47**に示すように，原点から半径方向の大きさ1のベクトル $\boldsymbol{e}_r$，θ 方向に大きさ1のベクトル $\boldsymbol{e}_\theta$（z 軸からの円弧の接線方向），ϕ 方向に大きさ1のベクトル $\boldsymbol{e}_\phi$（xy 平面に水平な円の接線方向）を用いて表す．例えば，図中の点 A(A_x, A_y, A_z) はデカルト座標系では，$\boldsymbol{A}$ を位置ベクトルとして

$$\boldsymbol{A}=A_x\boldsymbol{i}+A_y\boldsymbol{j}+A_z\boldsymbol{k}$$

と表すが，極座標系では以下のように表される．

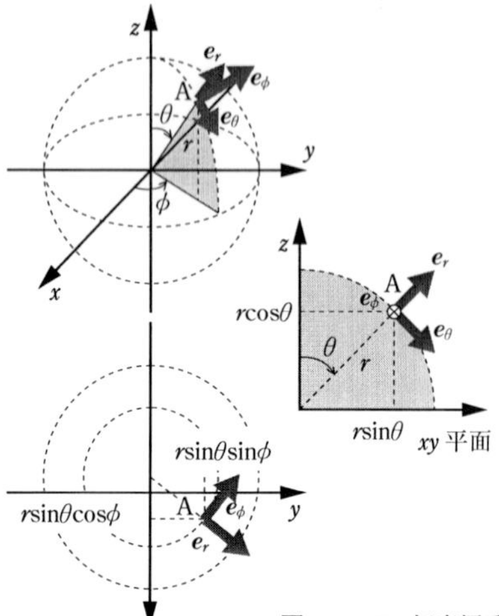

図 1・47 極座標系

$$\boldsymbol{A}=A_r\boldsymbol{e}_r+A_\theta\boldsymbol{e}_\theta+A_\phi\boldsymbol{e}_\phi$$

したがって，図1・46より明らかに，以下が成り立つ．

$$A_x=r\sin\theta\cos\phi,\quad A_y=r\sin\theta\sin\phi,\quad A_z=r\cos\theta$$

また，以下の関係が成り立つ．

$$r=(x^2+y^2+z^2)^{\frac{1}{2}},$$

$$\theta=\tan^{-1}\frac{(x^2+y^2)^{\frac{1}{2}}}{z},\quad \phi=\tan^{-1}\frac{y}{x}$$

いまこの空間にスカラ場 $\varphi(x, y, z)$ が存在しているとすると，計算は省くが，スカラ場の勾配（grad）は，極座標系において以下のように表される．

$$\mathrm{grad}\,\varphi=\frac{\partial\varphi}{\partial r}\boldsymbol{e}_r+\frac{1}{r}\frac{\partial\varphi}{\partial\theta}\boldsymbol{e}_\theta+\frac{1}{r\sin\theta}\frac{\partial\varphi}{\partial\phi}\boldsymbol{e}_\phi \qquad (1\cdot52)$$

さらにベクトル場 $\boldsymbol{A}$ に関する発散（div）と回転（rot）は以下で表される．

$$\mathrm{div}\,\boldsymbol{A}=\frac{1}{r^2}\frac{\partial}{\partial r}(r^2A_r)+\frac{1}{r\sin\theta}\frac{\partial}{\partial\theta}(\sin\theta A_\theta)+\frac{1}{r\sin\theta}\frac{\partial A_\phi}{\partial\phi} \qquad (1\cdot53)$$

$$\mathrm{rot}\,\boldsymbol{A}=\frac{1}{r\sin\theta}\left\{\frac{\partial}{\partial\theta}(\sin\theta A_\phi)-\frac{\partial A_\theta}{\partial\phi}\right\}\boldsymbol{e}_r+\frac{1}{r}\left\{\frac{1}{\sin\theta}\frac{\partial A_r}{\partial\phi}-\frac{\partial}{\partial r}(rA_\phi)\right\}\boldsymbol{e}_\theta$$
$$+\frac{1}{r}\left\{\frac{\partial}{\partial r}(rA_\theta)-\frac{\partial A_r}{\partial\theta}\right\}\boldsymbol{e}_\phi \qquad (1\cdot 54)$$

また，$\nabla^2\varphi$ は以下のようになる．

$$\nabla^2\varphi=\frac{1}{r^2}\frac{\partial}{\partial r}\left(r^2\frac{\partial\varphi}{\partial r}\right)+\frac{1}{r^2\sin\theta}\frac{\partial}{\partial\theta}\left(\sin\theta\frac{\partial\varphi}{\partial\theta}\right)+\frac{1}{r^2\sin^2\theta}\frac{\partial^2\varphi}{\partial\phi^2} \qquad (1\cdot 55)$$

電磁気学では，中心線から同じ距離だけ離れた位置のベクトル関数の大きさが等しい形状（円筒形状）や，中心点から同じ距離だけ離れた位置のベクトル関数の大きさが等しい形状（球形状）について考えることが多い．このような場合，円柱座標系や極座標系で考える方がわかりやすいことが多いので，円柱座標系や極座標系を理解しておく必要がある．

p. 11 の図 1・12 と p. 36 の図 1・47 において，極座標系で出てくる 2 つの角度を表すのに用いている文字記号が違っているが，いずれの流儀も見受けられるので注意すること．

立体角ってなんだ？【1】

～平面角と立体角～

先生 角度を表すとき，360° を 2π として表す弧度法（**図 1･48**）を知っているね．

学 生 もちろん高校の数学で習いました．単位はラジアン（rad）です．

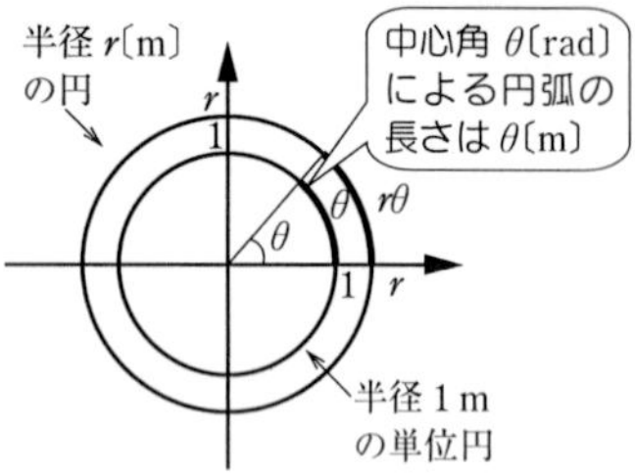

図 1・48 弧度法による角度と円弧の長さ

先 生 それでは，どのようにその単位が定義されているかも知っているかな？

学 生 半径 1 m の円弧の長さを角度として表したものが弧度法での角度です．

先 生 そうだね．ところで弧度法と同じような考え方を立体に拡張した角度の考え方として「**立体角**」があり，**図 1･49** に示すように，円錐のような形の頂点部分の立体的な角度を示す．この立体角によって半径 1 m の球面上に切り取られる面積を S とすると立体角 $\omega=S$ と定義される．また，**図 1･50** のように，立体角 ω が半径 r の球面上において区切る面積を S' とすると，球全体の表面積 $4\pi r^2$ に対する S' の割合は，半径 1 の球全体の表面積 4π に対する S の割合と同じであり，$S':4\pi r^2=S:4\pi$ となって，$S=\omega$ だから $S'=r^2\omega$ と表せる．これは弧度法による角度 θ が半径 r 上の円から切り取る円弧の長さ l の関係が $l=r\theta$ で表されることとよく似ている．ただし立体角は弧度法で表わす「**平面角**」とは根本的に異なり，sr（ステラジアン）という単位を使う．同じ π という量

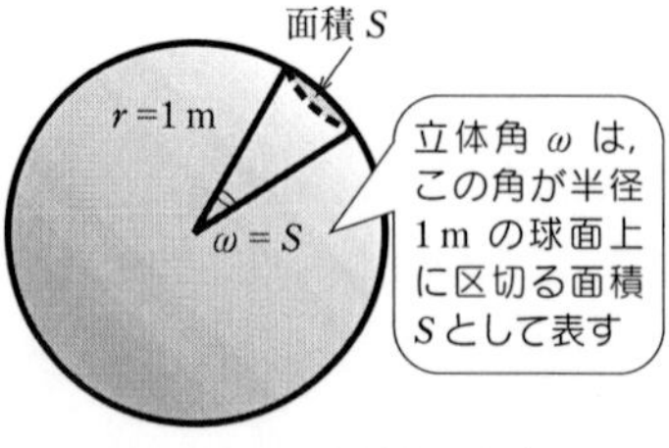

図 1・49 立体角の意味

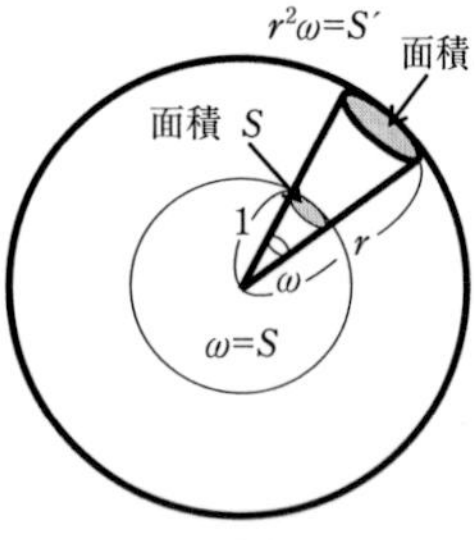

図 1・50 立体角 ω が半径 r の球面上に切り取る面積

$S=1^2\cdot\omega=\omega$

でも〔rad〕と〔sr〕では異なる量を指すので気を付けよう．また，全空間を見込む立体角は，球面の表面積が $4\pi r^2$ であることから，4π になることも明らかである．

学 生 先生，この立体角はいったい何の役に立つんですか？

先 生 それはちょっと難しいから，次の節で詳しく説明しよう．

7 立体角ってなんだ？【2】
14 ～立体角の応用～

先生 例えばある点Pから放射状の風が吹いていて，点Pからrだけ離れた曲面全体がこの風により受ける力$\boldsymbol{F}(r)$を考える．この風は放射状なので，この点を中心とした球面上では，面に垂直な方向と力の方向は一致している．いま半径1mの球面上では，単位面積当たりf_0の力が働くとすると，面積Sの曲面に働く力の大きさの合計$F(1)=f_0S=f_0\omega$で表される．それでは，同じ立体角ωで半径rの球面上の力の総量$F(r)$と単位面積当たりの力はどうなる？

学 生 ガウスの定理で学んだように，立体角が同じであれば，その面を通る力のベクトルの本数は同じになるから，結局$\boldsymbol{F}(r)$は，半径1mの球面上と同じになり，$\boldsymbol{F}(r)=f_0\omega$で表され，単位面積当たりの力は，$f_0/r^2$で表されると思います．

先 生 そうだね．つまり立体角が同じであれば，その点からどれだけ離れても，曲面が受ける力の合計は同じになるね．では次に，球面状ではない曲面Sを考えよう．点Pからみた，この曲面上の微小面daが見込む立体角を$d\omega$とする．また，この微小面の面要素ベクトルを$d\boldsymbol{a}$として，点Pを基準としたこの微小面の位置ベクトルを$\boldsymbol{r}$とすると，この微小面に働く力は，以下の式で表される．

$d\boldsymbol{F}(r)=\dfrac{f_0}{r^2}\dfrac{\boldsymbol{r}\cdot d\boldsymbol{a}}{r}$（なお，$\dfrac{\boldsymbol{r}}{r}$は，位置ベクトル$\boldsymbol{r}$方向の単位ベクトルを表す）

すると，この微小立体角についても，$d\boldsymbol{F}(r)=f_0d\omega$が成り立つはずだから

$$d\omega=\frac{\boldsymbol{r}\cdot d\boldsymbol{a}}{r^3} \qquad (1\cdot 56)$$

$F(r)$は上式を面積Sについて面積分すればよいから

$$F(r)=\iint_S f_0\frac{\boldsymbol{r}\cdot d\boldsymbol{a}}{r^3}=f_0\iint_S\frac{\boldsymbol{r}\cdot d\boldsymbol{a}}{r^3}=f_0\omega$$

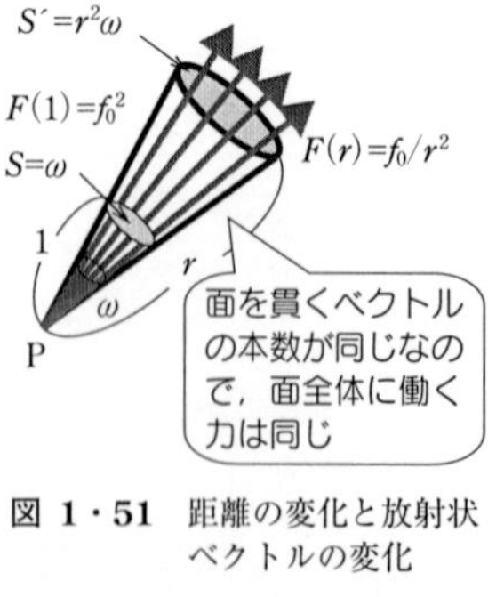

図 1・51 距離の変化と放射状ベクトルの変化

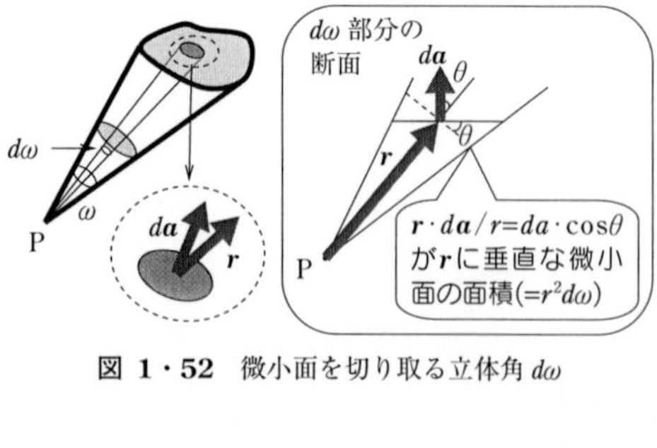

図 1・52 微小面を切り取る立体角 $d\omega$

つまり，この曲面を見込む立体角 ω がわかれば，この曲面に働く力がわかる．

学 生 そうか．曲面を見込む立体角さえわかれば，曲面全体に働く力が計算できるんだ．

先 生 次に，この曲面が微小に $\boldsymbol{dx}$ だけ変位したときの曲面全体に働く力の変化 $\boldsymbol{dF}$ を考えてみよう．上式から考えて，$\boldsymbol{dF}$ は曲面が $\boldsymbol{dx}$ 移動したときの立体角の変化 $\varDelta\omega$ に比例するから，$\varDelta\omega$，すなわち点 P からみたときの曲面の面積の変化（増減）を計算すればよいことになる．この変化を計算する場合，まず曲面の縁を経路 C として，C の線要素ベクトル $\boldsymbol{dl}$ を考える．式（1·56）より，この $\boldsymbol{dl}$ と変位 $\boldsymbol{dx}$ でできる面の面要素ベクトル $\boldsymbol{da}$ と $\boldsymbol{r}$ の内積が微小面 dS だから，dS を C について線積分すれば変位 $\boldsymbol{dx}$ による立体角の変化 $\varDelta\omega$ が計算できる．ところで，$\boldsymbol{da}$ はベクトル $\boldsymbol{dl}$ と $\boldsymbol{dx}$ でつくられる面の大きさをもち，$\boldsymbol{dl}$ と $\boldsymbol{dx}$ に垂直なベクトルだから，$\boldsymbol{da}=\boldsymbol{dl}\times\boldsymbol{dx}$ と表すことができる．したがって，以下の式が成り立つ．

$$\varDelta\omega=\oint_C\frac{-\boldsymbol{r}\cdot(\boldsymbol{dl}\times\boldsymbol{dx})}{r^3}=\oint_C\frac{-(\boldsymbol{r}\times\boldsymbol{dl})\cdot\boldsymbol{dx}}{r^3}=\boldsymbol{dx}\cdot\oint_C\frac{\boldsymbol{dl}\times\boldsymbol{r}}{r^3} \qquad (1\cdot57)$$

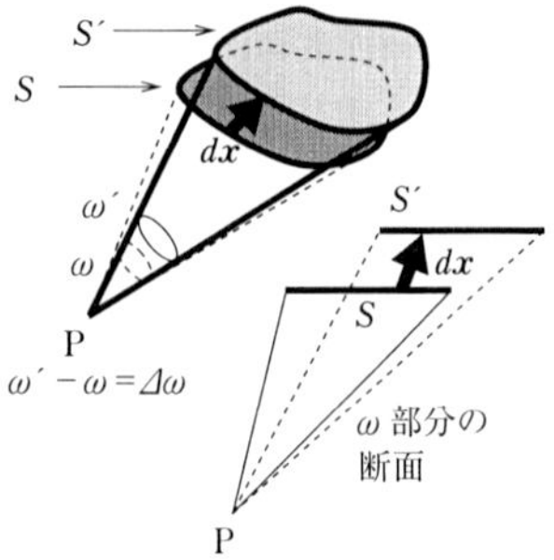

図 1・53 微小変位 $\boldsymbol{dx}$ に伴う立体角 ω の変化

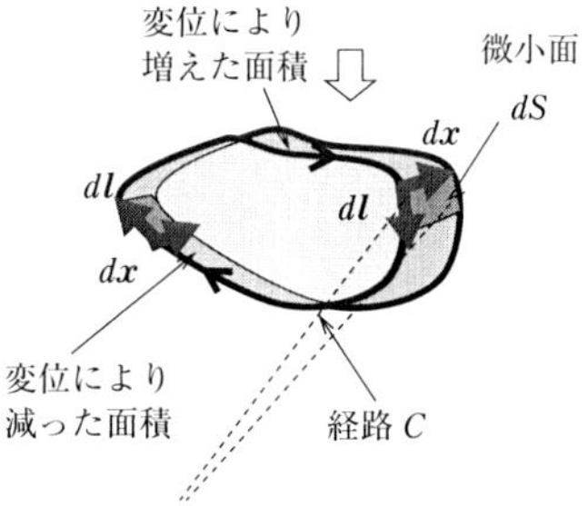

図 1・54 点 P からみた微小面の変化

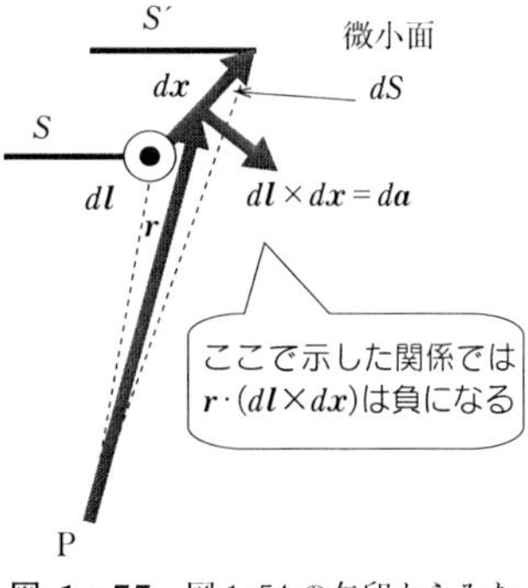

図 1・55 図 1·54 の矢印からみた断面図

ただし，図の $\boldsymbol{dl}$ の向きでは，面積が増える（$\varDelta\omega$ が増える）領域で $\boldsymbol{r}\cdot(\boldsymbol{dl}\times\boldsymbol{dx})$ が負になってしまうので，マイナスをつけている．また式の変形ではスカラ三重積により積の順番を入れ換え，周回積分に関係ない $\boldsymbol{dx}$ を積分の外に出している．これより微小変異による立体角の変化が計算できる．この関係はいくつかの基本式の考え方の基礎になるので，よく理解しておこう．

2 電荷にはどんな力が働くの？

1 ～クーロンの法則～

先生 **静電気**という言葉を知っているよね？

学生 冬，セーターを着るときにパチパチッとしたり，金属に触れるとバチッとしびれたりするやつですね．

先生 そう．羊毛やプラスチックなどの電流を流しにくい物質が摩擦などにより電気的な性質を帯びることを**帯電**と呼ぶけれど，「静電気」という言葉は，物質が帯電している状態などを表す言葉として使われている．この現象は，物質が，電気的な性質をもつ源，すなわち**電荷**（charge）を帯びたために発生する現象であると考えられた．帯電現象は紀元前から知られていて，帯電した二つの物質間には引力もしくは斥力が働くことも知られていた．そこでこれらの現象から，図**2･1**に示すように，電荷には正と負の２種類があり，**正電荷と負電荷には引力**が，**正電荷どうしまたは負電荷どうしには斥力**が働くことも知られていた．しかし帯電した物質間に働く力は非常に微小なので，力の大きさを測ることは難しかった．18 世紀になってようやくフランスの**クーロン**が，図 **2･2** のような，微小な力を測定できる「ねじり天秤」というものを使って，帯電した二つの物質間に働く力について詳しく研究した．クーロンは，小さな二つの金属球に帯電をさせて，その二つに働く引力や斥力が，二つの球の距離とどんな関係にあるかを調べた．その

電荷には正（＋）と負（－）の２種類の極性がある．同極性（正と正，負と負）の電荷は反発し（斥力），異極性の電荷は引き付け合う（引力）

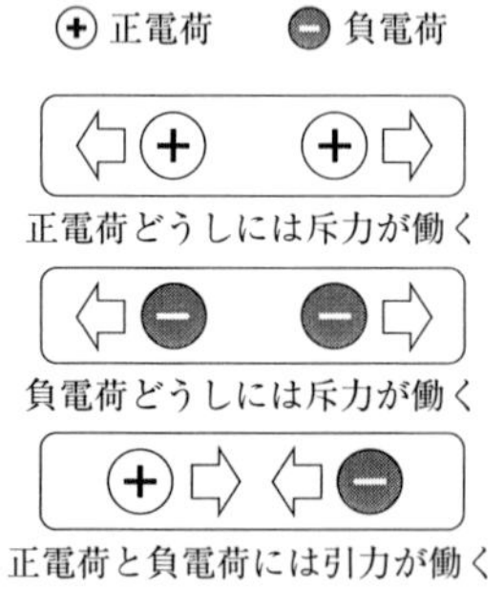

正電荷
負電荷
正電荷どうしには斥力が働く
負電荷どうしには斥力が働く
正電荷と負電荷には引力が働く

図 2・1　電荷間に働く力

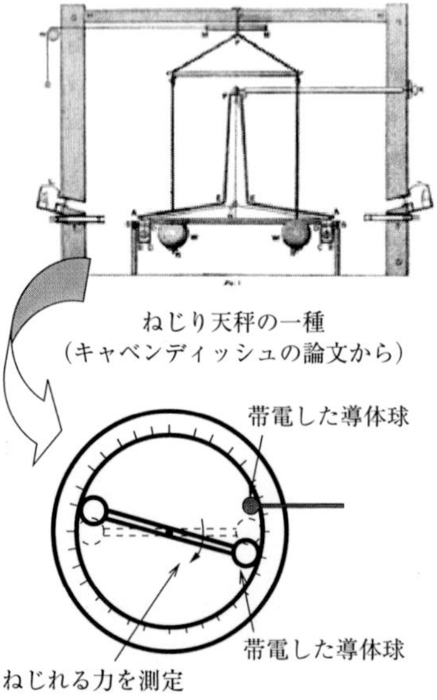

ねじり天秤の一種
（キャベンディッシュの論文から）
帯電した導体球
帯電した導体球
ねじれる力を測定

図 2・2　クーロンの実験

結果，**二つの球に働く力が距離の二乗に反比例する**こと，またその力は，それぞれの**帯電した量に比例すること**を発見した．すなわち，両者に働く力の大きさを F，それぞれの球が帯電した量を Q_1，Q_2，両者の距離を r とすると，比例係数を k_0 として，以下のような式で表されることを示した．

$$F = k_0 \frac{Q_1 Q_2}{r^2} \qquad (2 \cdot 1)$$

この関係はクーロンの法則，また，電荷による力は**クーロン力**（Coulombic force）と呼ばれている．また，帯電した量は物質が帯びた電荷の量であると考えられ，電荷量と呼ばれるようになり，**電荷量を表す単位として〔C〕（クーロン）**が使われるようになった．また，式（2·1）の係数 k_0 は，その後の研究により，空気中や真空中では $k_0 = 8.9876 \times 10^9\ \mathrm{N \cdot m^2/C^2}$ となることがわかった．しかし，この係数は電荷の周りの物質，すなわち「媒質」によって変わってしまう．そこでこの係数は，今では誘電率 ε（5章で説明）という媒質固有の係数を使って，一般に $k_0 = 1/4\pi\varepsilon$ と表される．したがって，クーロンの法則も，一般には以下の式で表されている．

$$F = \frac{Q_1 Q_2}{4\pi\varepsilon r^2} \qquad (2 \cdot 2)$$

また，**真空の誘電率**を一般には ε_0 と表す．上記の定数 $k_0 = 8.9876 \times 10^9$ が，式（2·2）の $1/(4\pi\varepsilon_0)$ に相当すると考えると，$\varepsilon_0 = 1/(4\pi k_0)$ となり，$\varepsilon_0 \fallingdotseq 8.854 \times 10^{-12}\ \mathrm{F/m}$ となる（ややこしい数字だから，電磁気学を学ぶ学生は伝統的にこの数字を“ややこし”（8854）と覚えているよ．僕も，学生のとき先生にそう習ったんだ．なお，単位の〔F〕については5章で説明する）．

2 2 電荷に働く力を図にしてみると？
～電気力線～

学生 先生，クーロン力を，電荷の周りの媒質固有の係数 ε を使って表すことはいいとしても，4π というのはどこから来たんですか？

先生 それを理解するには，英国の**ファラデー**が考えた**電気力線**（electric line of force）から説明しなければならないね．数学嫌いで実験好きだったファラデーは，電荷間に働く力に関しての実験的事実を，矛盾なく図に表す方法を考案した．この考え方をもとに電磁気学に関する数学が大きく発展したことを考えると，ファラデーの電気力線の概念は偉大な発見だったといえる．

電気力線の基本的な考え方は，まず**線の方向には力が働き，線どうしは反発する**，また**電気力線が密であれば力が強く，疎であれば力が小さい**ということを規定している．そのほかには次のようなルールで描くことにしている．

1. **電気力線は正の電荷から負の電荷へと向かう線**として書く（これで，正電荷と負電荷が引き合うことを表現できる）．
2. 電気力線は，電荷のないところで**途切れたり二つ以上の電気力線が交わったりすることはない．**
3. ある閉曲面を通過する**電気力線の本数は**その閉曲面の内側に含まれる**電荷量に比例する．**

まずこの考え方に沿って，きわめて微小な電荷（**点電荷**）について，平面上での電気力線を描いてみよう．まわりに他の電荷がない場合，正および負の点電荷からは，それぞれ図 **2･3**(a)，(b) のように，均等かつ放射状に電気力線が出る，もしくは入るよう表される．また，正電荷と負電荷，もしくは正電荷どうしが近くにある場合は，電気力線は図 2･3(c)，(d) のようになり，正電荷と負電荷は引き合い，正電荷どうしの場合は反発し合うようすがわかるようになっている．

次に三次元空間での正の点電荷1個について考えよう．正の点電荷からは，図 **2･4** のように無限遠点の負電荷に向かって均等かつ放射状に，「うにのとげ」のように，Q/ε 本の電気力線が均等に出ている（Q 本出ていると考えればよいのだけれど，前述したように，媒質の誘電率の影響を考えて，ここではあらかじめ Q/ε 本としている）．この点電荷のある位置から r だけ離れた点の集合，すなわち半径 r の球面を考えると，この球面を貫く電気力線の本数も Q/ε 本となる．

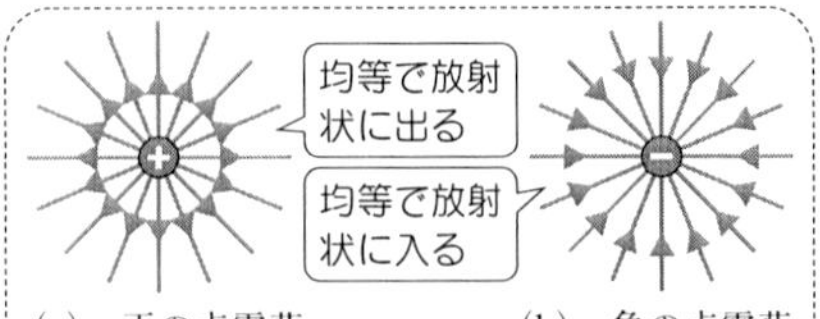
均等で放射
状に出る
均等で放射
状に入る

(a) 正の点電荷　(b) 負の点電荷

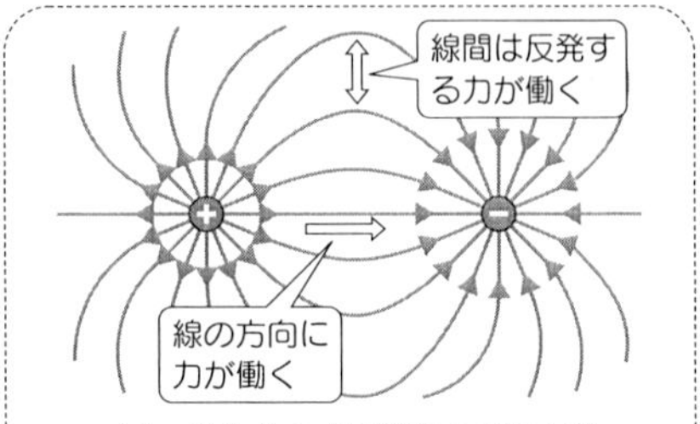
線間は反発す
る力が働く
線の方向に
力が働く

(c) 正と負の点電荷間の電気力線

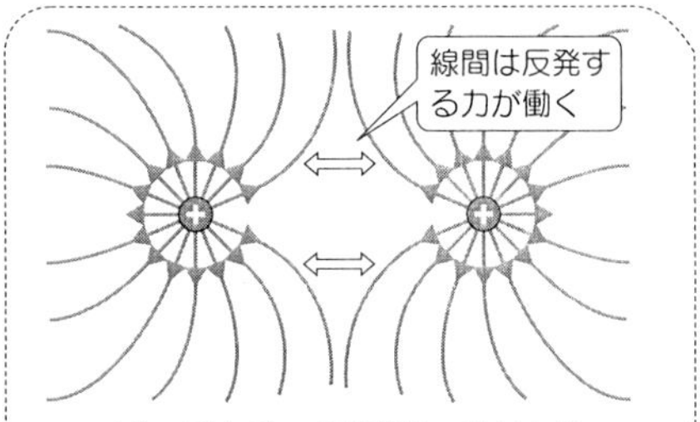
線間は反発す
る力が働く

(d) 正と正の点電荷間の電気力線

図 2・3 電気力線

ファラデーの考え方では，**この電気力線の密度が電荷に働く力に比例する**ので，この球面を貫く電気力線の単位面積当たりの本数（密度）を計算すると，球表面を均等に貫く電気力線の総和 Q/ε 本を球の表面積 $4\pi r^2$ で割って，$Q/4\pi\varepsilon r^2$ になる．点電荷から r だけ離れた場所に置かれた点電荷の電荷量 q には，この電気力線の密度に比例した力が働くと考えれば

$$F = \frac{Q}{4\pi\varepsilon r^2} \cdot q \qquad (2 \cdot 3\,\mathrm{a})$$

と表すことができる．つまり，式（2·2）で 4π が出てくる理由は，点電荷を中心とした球面を想定し，球面上の電気力線の密度を算出するために，電気力線の本数を球面の表面積 $4\pi r^2$ で割ったと考えたためなんだよ．

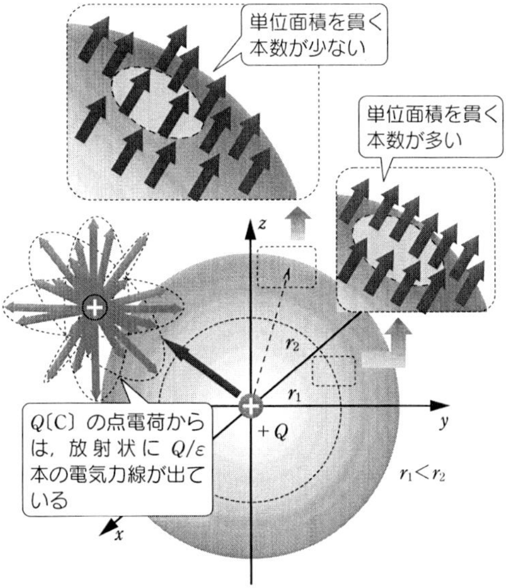
単位面積を貫く
本数が少ない
単位面積を貫く
本数が多い
z
y
x
r2
r1
+Q
Q〔C〕の点電荷から
は，放射状に Q/ε
本の電気力線が出て
いる
r1＜r2

図 2・4 電気力線の密度

2-3 電荷によって生じる「場」を考えてみよう
～電界と電位～

〔1〕電　界

先生 電気力線の密度が電荷に働く力を表すことができることが理解できたね．ここで，電気力線の密度を E とおいたとすると，点電荷 q に働く力 F を表した式（2･3 a）は，以下の式に書き換えられる．

$$F=qE \qquad (2 \cdot 3\,\mathrm{b})$$

この式から，電荷に働く力は電荷量とその点の電気力線の密度に比例するということになる．この電荷の周りに発生する電気力線の密度は，電場もしくは**電界**（electric field）と呼ばれている．つまり，電荷の周りの空間に電気力線がつくる電気の「場」がどのように分布しているかがわかれば，電荷にどのような力が働くかを知ることができる．ところで，式（2･3 b）で $q=1\,\mathrm{C}$ の電荷に働く力を考えたとすると $F=E$ となる．つまり言い換えれば，**電界とは，単位電荷当たり（1 C 当たり）に働く力のことを意味している**ことがわかる．それでは，電界 E の単位はどのようになるかわかるかな？

学　生 $F=qE$ の式から考えて E の単位は〔N/C〕になります．

先　生 確かにそれで単位系としてはあっているけれど，一般的には**電界の単位は〔V/m〕**で表すことになっている（〔V〕（ボルト）という単位については，あとで説明する）．また，電界には「向き」もあるので，ここからは，**電界をスカラ量ではなくベクトル量 $\boldsymbol{E}$** として表す．すなわち，電界の大きさは**電気力線の密度（=1 C の電荷に働く力），向きは電気力線の向き**になる．

ここで，具体的に電界をベクトルで表す方法を考えよう．まず，真空中で点電荷 Q がつくる電界 $\boldsymbol{E}$ を考える．点電荷から r だけ離れた場所の $\boldsymbol{E}$ の大きさを求めるためには，この点に置いた 1 C の点電荷に働く力を考えればよい．すなわち，式（2･2）より以下のようになる．

$$E=\frac{Q}{4\pi\varepsilon r^2} \qquad (2 \cdot 4)$$

この式を一次元で描くと**図 2･5** のようになる．次に，$\boldsymbol{E}$ の向きであるが，点電荷のある位置から r だけ離れた点への位置ベクトルを $\boldsymbol{r}$ とすると，$\boldsymbol{E}$ の向きも $\boldsymbol{r}$ の向きと等しい．$\boldsymbol{r}$ の向きの単位ベクトル（大きさ 1 のベクトル）は $\boldsymbol{r}/r$

で表されるので，$\boldsymbol{E}$ は以下のように表される．

$$\boldsymbol{E}=\frac{Q}{4\pi\varepsilon r^2}\cdot\frac{\boldsymbol{r}}{r} \qquad (2\cdot5)$$

〔2〕 電　　位

次に点電荷 Q により点電荷の周りに発生する位置エネルギーを考えてみよう．いま図2·5のように r 軸上の点 r_1, r_2 の間のエネルギー差を φ_{12} とし，この φ_{12} を求めてみる．電界 $\boldsymbol{E}(r)$ は1C当たりに働く力だから，1Cの電荷を微小距離 $d\boldsymbol{r}$ だけ移動したときのエネルギー差は $\boldsymbol{E}(r)\cdot d\boldsymbol{r}$ により計算できる．ただし，$\boldsymbol{E}(r)$ は位置 r の関数なので場所によって異なるため，1Cの電荷を r_2 から r_1 まで動かしたときに必要なエネルギーは，以下の積分によって求めることができ，図2·5中の面積部分に相当する．

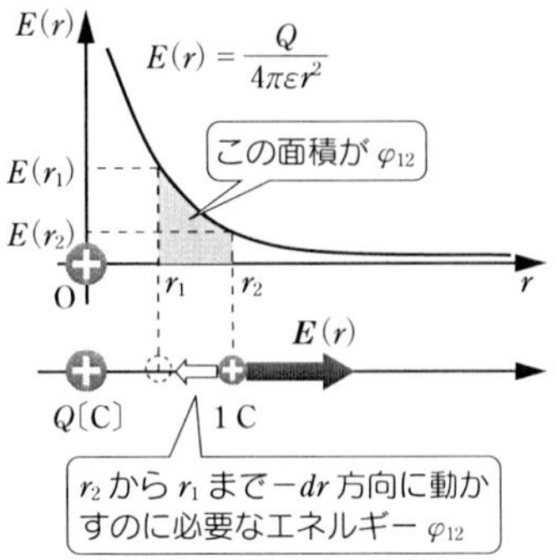

図 2·5 点電荷 Q による一次元的電界分布と静電的なエネルギー差

$$\varphi_{12}=-\int_{r_2}^{r_1}\boldsymbol{E}(r)\cdot d\boldsymbol{r} \qquad (2\cdot6)$$

この位置の違いによって生じるエネルギー差を**電位差**（electric potential difference）と呼び，単位を〔V〕で表す．なお，電位差は単位電荷当たりのエネルギー差に等しいので，〔V〕=〔J/C〕となる．また，この電位差は1C当たりの位置 r_1 と r_2 の電気的エネルギー差となる．ここで各位置 r の電気的エネルギーを $\varphi(r)$ と表すとすると

$$\varphi_{12}=\varphi(r_1)-\varphi(r_2) \qquad (2\cdot7)$$

となる．すなわち，$\varphi(r)$ は静電的位置エネルギーが0の点から点 r まで電荷を移動させるのに必要なエネルギーであるが，静電的位置エネルギーが0の点は，点電荷 Q がある点から無限に遠い点（無限遠点）であるので，$\varphi(r)$ は以下のような式で算出できる．

$$\varphi(r)=-\int_{\infty}^{r}\boldsymbol{E}(r')\cdot d\boldsymbol{r}' \qquad (2\cdot8)$$

なお，変数 r' は位置 r と区別するために用いている．この1C当たり（単位電荷当たり）の位置エネルギー $\varphi(r)$ を**電位**（electric potential）と呼び，単位は電位差同様〔V〕である．なお，電位差や電位は，単純に**電圧**とも呼ぶ．

点電荷 Q〔C〕から r だけ離れた位置の電位 $\varphi(r)$ は，式（2･5）を上式に代入して計算を実施することにより，以下のように求めることができる．

$$\varphi(r)=-\int_{\infty}^{r}\boldsymbol{E}(r')\cdot d\boldsymbol{r}'=-\int_{\infty}^{r}\frac{Q}{4\pi\varepsilon r'^2}dr'=\frac{Q}{4\pi\varepsilon r} \qquad (2\cdot9)$$

この点電荷による電位分布 $\varphi(r)$ を一次元で表すと**図2･6**のようになり，この分布の傾きが電界 $E(r)$ になる．

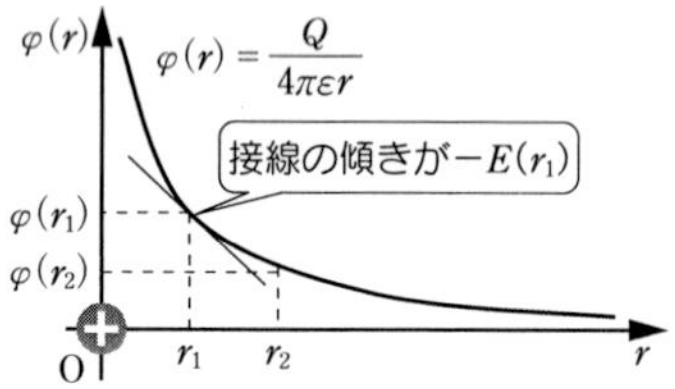

図 2・6 点電荷 Q による一次元的電位分布と電界

なお本来，点電荷 Q により発生する電界 $\boldsymbol{E}$，電位 φ は三次元に分布しており，x，y，z 軸のデカルト座標系では $\boldsymbol{E}(x,y,z)$，$\varphi(x,y,z)$ と表されるべきである．しかし，図に表現するのが難しいので，x，y 平面上の電位分布 $\varphi(x,y)$ を表すと，**図2･7**のように表される．これは，図2･6の電位の一次元分布を，縦軸を中心に回転させた形状になっている．この場合 $r=(x^2+y^2)^{1/2}$ なので，電位分布 $\varphi(x,y)$ は以下のように表される．

$$\varphi(x,y)=\frac{Q}{4\pi\varepsilon r}=\frac{Q}{4\pi\varepsilon(x^2+y^2)^{\frac{1}{2}}} \qquad (2\cdot10)$$

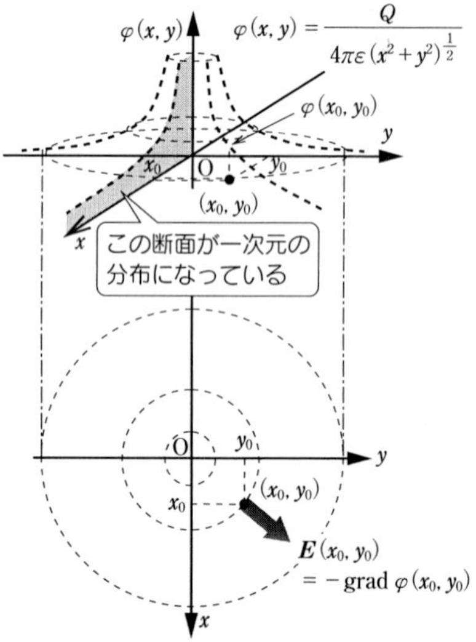

図 2・7 電位分布の二次元分布

この電位分布 $\varphi(x,y)$ において，ある点 (x,y) における電界 $\boldsymbol{E}(x,y)$ は，ベクトル解析で示したように，点 (x,y) における曲面上の，最大傾斜の傾きと向きをもつベクトルとなり，以下の式で表される．

$$\boldsymbol{E}(x,y)=-\mathrm{grad}\,\varphi(x,y)=-\nabla\varphi(x,y)$$

点電荷 Q による xy 平面上の電位分布 $\varphi(x,y)$ について計算すると，以下のようになる．

$$\boldsymbol{E}(x, y) = -\mathrm{grad}\,\varphi(x, y) = -\frac{\partial\varphi(x, y)}{\partial x}\boldsymbol{i} - \frac{\partial\varphi(x, y)}{\partial y}\boldsymbol{j}$$

$$= \frac{Q}{4\pi\varepsilon(x^2+y^2)^{\frac{3}{2}}}(x\boldsymbol{i}+y\boldsymbol{j})$$

実際には，三次元の電界 $\boldsymbol{E}(x, y, z)$ は以下のように表される．

$$\boldsymbol{E}(x, y, z) = -\mathrm{grad}\,\varphi(x, y, z) = -\nabla\varphi(x, y, z) \qquad (2 \cdot 11)$$

例　題

真空中の原点 O(0, 0, 0) に Q〔C〕の点電荷が置かれているとする．この点電荷から r だけ離れた点 P(x, y, z) について考える．

（1）　点 P における電位分布 $\varphi(x, y, z)$ を数式で表せ．

（2）　$\mathrm{grad}\,\varphi(x, y, z)$ を計算することにより点 P における電界 $\boldsymbol{E}(x, y, z)$ を求めよ．

【解説】

（1）　点電荷から距離 r 離れた位置の電位分布 $\varphi(r)$ は以下の式で表される．

$$\varphi(r) = \frac{Q}{4\pi\varepsilon_0 r}$$

一方，r は以下の式で表される．

$$r = (x^2+y^2+z^2)^{\frac{1}{2}}$$

したがって，$\varphi(r)$ は以下の式で表される．

$$\varphi(r) = \frac{Q}{4\pi\varepsilon_0(x^2+y^2+z^2)^{\frac{1}{2}}}$$

（2）　r の位置ベクトル $\boldsymbol{r}$ は以下のように表される．

$$\boldsymbol{r} = x\boldsymbol{i} + y\boldsymbol{j} + z\boldsymbol{k}$$

3 次元のデカルト座標で表された上記の $\varphi(r)$ と，式（2·11）から考えて，$\boldsymbol{E}$ は以下のように計算できる．

$$\boldsymbol{E}(x, y, z) = -\mathrm{grad}\,\varphi(x, y, z)$$

$$= -\left\{\frac{\partial\varphi(x, y, z)}{\partial x}\boldsymbol{i} + \frac{\partial\varphi(x, y, z)}{\partial y}\boldsymbol{j} + \frac{\partial\varphi(x, y, z)}{\partial z}\boldsymbol{k}\right\}$$

$$= \frac{Q}{4\pi\varepsilon_0(x^2+y^2+z^2)^{\frac{3}{2}}}(x\boldsymbol{i}+y\boldsymbol{j}+z\boldsymbol{k})$$

2-4 いろんな電荷分布による電界，電位を考えよう
～ガウスの定理～

〔1〕 ガウスの定理

先生

前に説明したように，点電荷 Q〔C〕の周りには，放射状の電気力線が発生し，電気力線の密度の大きさをもつ電界ベクトル $\boldsymbol{E}$ が発生しているよね．ということは，電荷の周りのベクトルを二次元で描くと，**図 2・8** のようになるね．この図をみると，点電荷からベクトルが湧き出しているようにみえるよね．ということは，湧き出しているベクトル $\boldsymbol{E}$ と電荷の関係はどうなると思う．

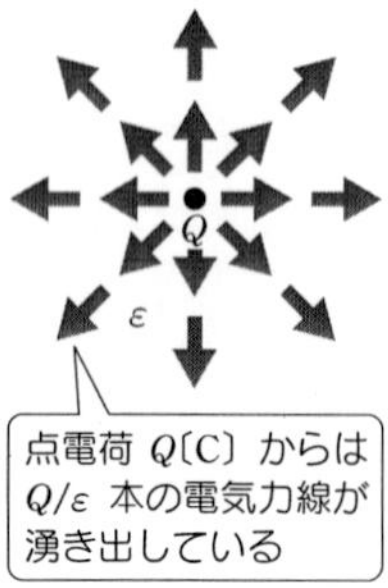

Q
ε
点電荷 Q〔C〕からは
Q/ε 本の電気力線が
湧き出している

図 2・8 電気力線

学 生 ベクトルが湧き出しているということは，前に学習したガウスの定理が適用できるはずですよね．ということは，電荷を囲む曲面の表面でベクトルを面積積分することで，div$\boldsymbol{E}$ の体積積分に等しくなるはずです．

先 生 そうだね．具体的には，電荷を囲む曲面を S として式で表すと以下のようになる．

$$\iint_S \boldsymbol{E}\cdot d\boldsymbol{a}=\iiint_v \mathrm{div}\,\boldsymbol{E}dv \tag{2・12}$$

なお，上式左辺の $d\boldsymbol{a}$ は，前にも説明したように，曲面 S の面要素ベクトルだ．点電荷 Q について上式を考えてみよう．点電荷からは Q/ε 本の電気力線が湧き出しているので，上式の右辺は Q/ε に等しくなる．

$$\iiint_v \mathrm{div}\,\boldsymbol{E}dv=\frac{Q}{\varepsilon} \tag{2・13}$$

また曲面 S を，電荷を中心とする，半径 r の球面であると考える．この球面 S を貫く電界ベクトル $\boldsymbol{E}(r)$ は，電界が放射状に存在しているので，必ず球面 S を垂直に貫く．すなわち曲面 S の面要素ベクトル $d\boldsymbol{a}$ と電界 $\boldsymbol{E}$ の方向は一致し，内積 $\boldsymbol{E}(r)\cdot d\boldsymbol{a}=E(r)da$ と表される．また，半径 r の位置における電界 $\boldsymbol{E}(r)$ の大きさ $E(r)$ はどこでも同じになるので，定数とみなせ，式（2・12）の左辺は以下のようになる．

$$\iint_S \boldsymbol{E}(r)\cdot d\boldsymbol{a}=\iint_S E(r)\,da=E(r)\iint_S da$$

ここで，$\iint_S da$ は球面の表面積となるので，左辺$=4\pi r^2 E(r)$ となる．結局，上式より

$$4\pi r^2 E(r)=\frac{Q}{\varepsilon} \qquad (2\cdot14)$$

となり

$$E(r)=\frac{Q}{4\pi r^2 \varepsilon} \qquad (2\cdot15)$$

となる．このように，電界 $\boldsymbol{E}(r)$ は電荷の分布の形状や量を考慮して算出することができる．例えば，真空中に電荷密度 ρ〔C/m^3〕の電荷が体積 v〔m^3〕内に分布しているとすると，v を囲む閉曲面 S から出ていく電気力線の本数 N は電荷の総量を真空の誘電率で割った値に等しくなるので

$$N=\iint_S \boldsymbol{E}\cdot d\boldsymbol{a}=\iint_S E(r)\,da=\iiint_v \frac{\rho}{\varepsilon_0}dv \qquad (2\cdot16)$$

ここで，1章で学んだガウスの定理より，以下の式が成り立つ．

$$\iint_S \boldsymbol{E}\cdot d\boldsymbol{a}=\iiint_v \mathrm{div}\,\boldsymbol{E}dv \qquad (2\cdot17)$$

したがって，式（2·16）および式（2·17）より以下の式が成り立つ．

$$\iiint_v \mathrm{div}\,\boldsymbol{E}dv=\iiint_v \frac{\rho}{\varepsilon_0}dv \qquad (2\cdot18)$$

この関係を微分形で示すと，以下が成り立つ．

$$\mathrm{div}\,\boldsymbol{E}=\nabla\cdot\boldsymbol{E}=\frac{\rho}{\varepsilon_0} \qquad (2\cdot19)$$

これは後に学ぶ四つのマクスウェル方程式のうちの第1番目の方程式につながる重要な式だ．

例　題

〔1〕 電荷が無限に長く，均一に直線状に分布しており，その線電荷密度を λ〔C/m〕とする．この場合，この直線から r 離れた位置の電界 $E(r)$ を求め，位置 r_1 と $r_2(r_2>r_1)$ の電位差 φ_{12} を求めよ．

〔2〕 電荷が無限に広く，均一に平面状に分布しており，その面電荷密度を σ〔C/m^2〕とする．この場合，この平面から r 離れた位置の電界 $E(r)$ を求

め，位置 r_1 と $r_2(r_2>r_1)$ の電位差 φ_{12} を求めよ．

【解説】

〔1〕 **図2･9**に示すように，線電荷からは水平かつ放射状に電気力線が発生している．ここで線電荷から距離 r だけ離れた，円筒状の曲面を考える．電気力線が水平かつ放射状に発生していることを考えれば，この円筒の曲面上の電気力線の密度はどの点でも同じであると考えられる．単位長さ1mの線電荷の電荷量は λ〔C〕となるので，この曲面を貫く電気力線の総和は，線電荷の周りの媒質の誘電率を ε として，λ/ε となる．

$$\iiint_v \mathrm{div}\,\boldsymbol{E}dv=\frac{\lambda}{\varepsilon}$$

一方，曲面の面積は $2\pi r$ となるので

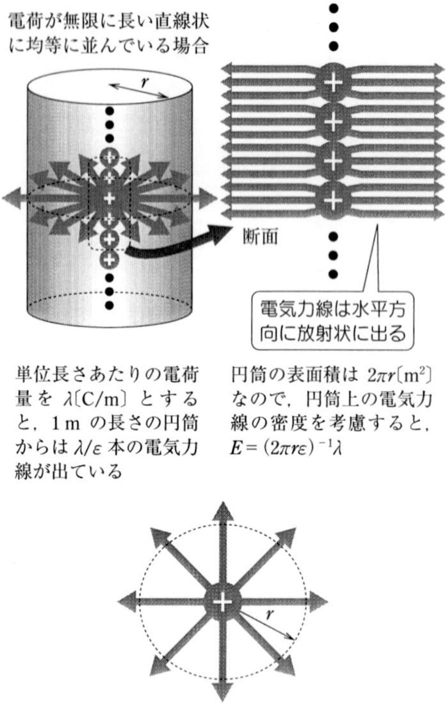
電荷が無限に長い直線状に均等に並んでいる場合
r
断面
電気力線は水平方向に放射状に出る
単位長さあたりの電荷量を λ〔C/m〕とすると，1m の長さの円筒からは λ/ε 本の電気力線が出ている
円筒の表面積は 2πr〔m²〕なので，円筒上の電気力線の密度を考慮すると，E＝(2πrε)⁻¹λ
r

図 2・9 直線導体に均等に分布した電荷による電気力線

$$\iint_S \boldsymbol{E}(r)\cdot d\boldsymbol{a}=E(r)\iint_S da=2\pi rE(r)$$

したがって，ガウスの定理より

$$2\pi rE(r)=\frac{\lambda}{\varepsilon}$$

よって，電界 $E(r)$ は以下で表される．

$$E(r)=\frac{\lambda}{2\pi r\varepsilon}$$

また，電界 $\boldsymbol{E}(r)$ の方向と $d\boldsymbol{r}$ の方向が一致しているので，位置 r_1 と r_2 の電位差 φ_{12} は，式（2･7）より

$$\varphi_{12}=-\int_{r_2}^{r_1}\boldsymbol{E}(r)\cdot d\boldsymbol{r}=-\int_{r_2}^{r_1}E(r)\,dr=-\int_{r_2}^{r_1}\frac{\lambda}{2\pi r\varepsilon}dr=\frac{\lambda}{2\pi\varepsilon}[\log_e r]_{r_1}^{r_2}$$

$$=\frac{\lambda}{2\pi\varepsilon}\log_e\frac{r_2}{r_1}$$

となる.

〔2〕 **図 2・10** に示すように，平面状電荷からは，面に垂直に電気力線が発生している．この面から r 離れた位置における単位面積 1 m^2 を貫く電気力線の本数の総量は，平面上ではどこでも同じで，$\sigma/2\varepsilon$ となる（面の両方に均等に電気力線が出ることを考慮すれば，電荷量の半分により片面方向の電気力線が発生していると考えられる）．したがって

$$\iiint_v \mathrm{div}\,\boldsymbol{E}dv=\frac{\sigma}{2\varepsilon}$$

一方面上では，電界 E はどこでも同じなので

$$\iint_S \boldsymbol{E}(r)\cdot d\boldsymbol{a}=E(r)\iint_S da=E(r)$$

したがって，電界 $E(r)$ は，以下のように表される．

$$E(r)=\frac{\sigma}{2\varepsilon}$$

また，r_1 と r_2 の電位差 φ_{12} は以下のように表される．

$$\varphi_{12}=-\int_{r_2}^{r_1}E(r)\cdot dr=-\int_{r_2}^{r_1}\frac{\sigma}{2\varepsilon}dr=\frac{\sigma}{2\varepsilon}[r]_{r_1}^{r_2}=\frac{\sigma}{2\varepsilon}(r_2-r_1)$$

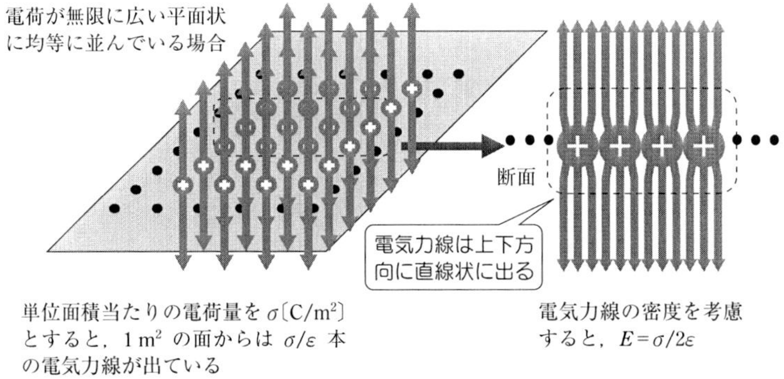

電荷が無限に広い平面状に均等に並んでいる場合
断面
電気力線は上下方向に直線状に出る
単位面積当たりの電荷量を σ〔C/m²〕とすると，1 m² の面からは σ/ε 本の電気力線が出ている
電気力線の密度を考慮すると，E=σ/2ε

図 2・10 平面導体に均等に分布した電荷による電気力線

2.5 正電荷と負電荷を組み合わせると？
～双極子と電気二重層～

(1) 電気双極子

点電荷1個がつくる電界と電位については，理解できたと思うけれど，2個あるときにはどうしたらよいと思う？

学生 二つの電荷からの電界を足せば，電界は計算できると思います．

先生 そうだね．電界や電位は足し算ができる．ただし，電界はベクトル量だから方向を考慮したベクトルの足し算が必要だが，電位はスカラ量だから単純な足し算で計算できる．例として，ここでは2個の正負の点電荷がある場合を考えよう．**図2・11**のように，正負二つの同じ電荷量をもつ電荷が，きわめて近い距離 l で対になって存在している場合を考える．このような電荷の対は**電気双極子**（electric dipole）と呼ばれ，5章で学ぶ誘電体と呼ばれる材料に多数存在している．この電気双極子が電界中に置かれると，**図2・12**のように双極子が回転しようとする．いま，図2・11のように，各電荷の電荷量の絶対値を q，その間の距離ベクトル（ただし，負から正へ向かうベクトル）を $\boldsymbol{l}$ とし，その積 $\boldsymbol{p}=q\boldsymbol{l}$ で表されるベクトル量を考える．この $\boldsymbol{p}$ と電界 $\boldsymbol{E}$ の外積 $\boldsymbol{p}\times\boldsymbol{E}$ により電気双極子の電界中における力のモーメント $\boldsymbol{N}$ が算出でき，$\boldsymbol{p}$ は**電気双極子モーメント**と呼ばれる．

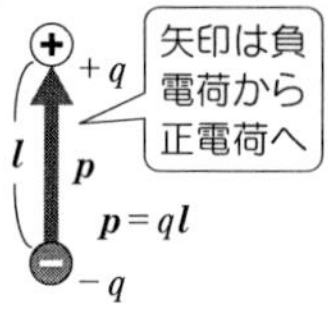

図 2・11　電気双極と双極子モーメント

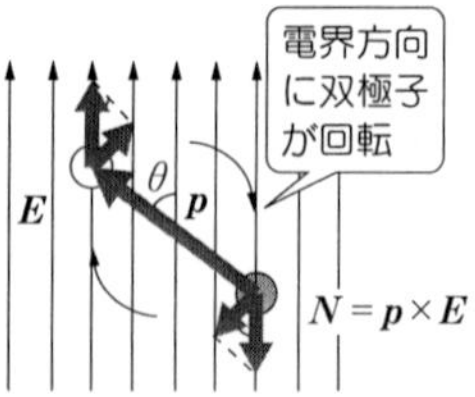

図 2・12　電界中の双極子

この電気双極子の電界と電位を考えてみよう．**図2・13**のように真空中に点電荷 $\pm q$ $(q>0)$ が距離 l だけ離れて置かれている電気双極子があるとすると，この電気双極子からきわめて離れた点Pにおける電位と電界を考えよう．ただし，ここでは極座標系を使って点Pの位置を (r, θ) とし，電位 $\varphi(r, \theta)$ と電界 $\boldsymbol{E}(r, \theta)$ を求めること

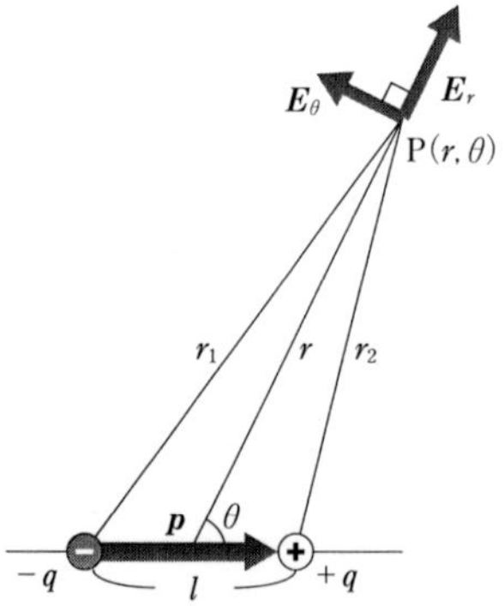

図 2・13　電気双極子による電位と電界

とする．

点Pと$-q$および点Pと$+q$の距離を，それぞれr_1，r_2とおくと，点Pにおける**電位 φ はそれぞれの電荷による電位の和**となり，以下のように表される．

$$\varphi=\frac{q}{4\pi\varepsilon_0}\left(\frac{1}{r_2}-\frac{1}{r_1}\right)$$

ここで，$r\gg l$ であれば近似式を使って$1/r_1$と$1/r_2$は以下のように計算できる．

$$\frac{1}{r_1}=\left(r^2+\frac{l^2}{4}+rl\cos\theta\right)^{-1/2}\cong\frac{1}{r}\left(1+\frac{l}{r}\cos\theta\right)^{-1/2}\cong\frac{1}{r}\left(1-\frac{l}{2r}\cos\theta\right)$$

$$\frac{1}{r_2}=\left(r^2+\frac{l^2}{4}-rl\cos\theta\right)^{-1/2}\cong\frac{1}{r}\left(1-\frac{l}{r}\cos\theta\right)^{-1/2}\cong\frac{1}{r}\left(1+\frac{l}{2r}\cos\theta\right)$$

となり，これらを上式に代入すると，電位$\varphi(r,\theta)$は以下のように表される．

$$\varphi(r,\theta)=\frac{q}{4\pi\varepsilon_0}\left(\frac{1}{r_2}-\frac{1}{r_1}\right)=\frac{ql\cos\theta}{4\pi\varepsilon_0 r^2}=\frac{p\cos\theta}{4\pi\varepsilon_0 r^2}=\frac{\boldsymbol{p}\cdot\boldsymbol{r}}{4\pi\varepsilon_0 r^3} \qquad (2\cdot20)$$

またφと$\boldsymbol{E}$の関係は式（2·11）で表される．ただし，r方向の電界E_rとθ方向の電界E_θは，極座標であることを考慮して，以下のように求められる．

$$E_r(r,\theta)=-\frac{\partial\varphi(r,\theta)}{\partial r},\qquad E_\theta(r,\theta)=-\frac{1}{r}\cdot\frac{\partial\varphi(r,\theta)}{\partial\theta}$$

よって，それぞれの電界は以下のようになる．

$$E_r(r,\theta)=\frac{p\cos\theta}{2\pi\varepsilon_0 r^3},\qquad E_\theta(r,\theta)=\frac{p\sin\theta}{4\pi\varepsilon_0 r^3} \qquad (2\cdot21)$$

このようにスカラ量である電位φをまず算出し，式（2·11）により電界$\boldsymbol{E}$を求めることができる．

〔2〕 電気二重層

図2·14のように非常に薄い板状の材料の両面に，一様な表面電荷密度で電荷が存在するものを**電気二重層**と呼ぶ．近年，充放電を繰り返すと電極が消耗し劣化する電池に比べて，繰り返し充放電しても劣化が少ない**電気二重層コンデンサ**（電気二重層を利用した平行平板コンデンサ．コンデンサについては5章で学習する）が盛んに研究されている．

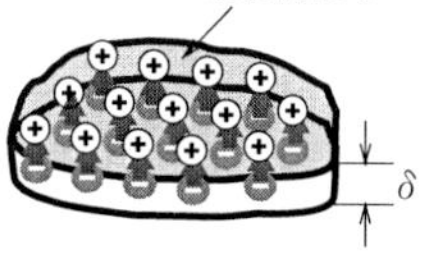

図 2·14 電気二重層

いま厚さδの平板材料の両表面に$\pm\sigma$〔C/m²〕の電荷密度で電荷が蓄積する

状態を考える．これは電気双極子が平面状に分布する状態と同じで，単位面積当たりの電気双極子モーメントの大きさ $\tau=\sigma\delta$ を電気二重層の強さと定義する．

ここで**図 2･15** のように，電気二重層から r 離れた点 P（ここでは電気二重層の＋電荷側にあると仮定）の電位と電界を計算する．ただし r の方向と，電気二重層に対して垂直な方向のなす角を θ とし，r は δ より非常に大きいとする．電気二重層の微小面積 dS を考えると，この dS における電気二重層は，電荷量が $\pm\sigma dS$ で距離が δ 離れた電気双極子が存在するとみなせるので，この微小面積による点 P の電位 $d\varphi$ は，式（2･20）より，以下のように表される．

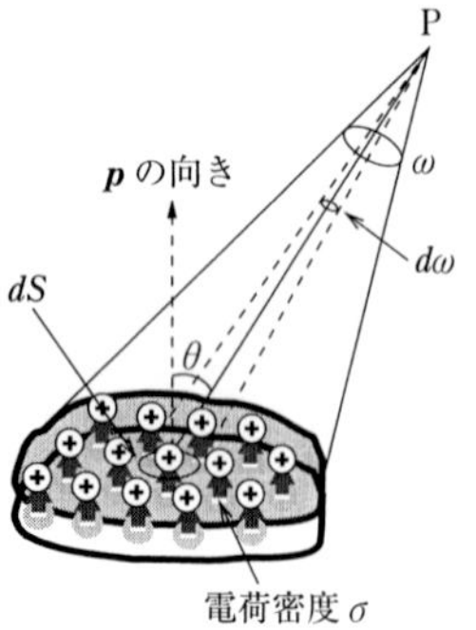

図 2・15 立体角による電位の計算

$$d\varphi=\frac{\delta\sigma dS\cos\theta}{4\pi\varepsilon_0 r^2}$$

一方，この微小面積 dS を見込む立体角 $d\omega$ は，**図 2･16** に示すように，dS を半径 r の球面上へ射影した面の面積が，球面全体の面積に占める割合として表され，$d\omega$ が微小の場合はこれらの面を平面とみなせるので，微小立体角の式（1･56）より，以下のように表される．

$$d\omega=\frac{dS\cos\theta}{r^2}$$

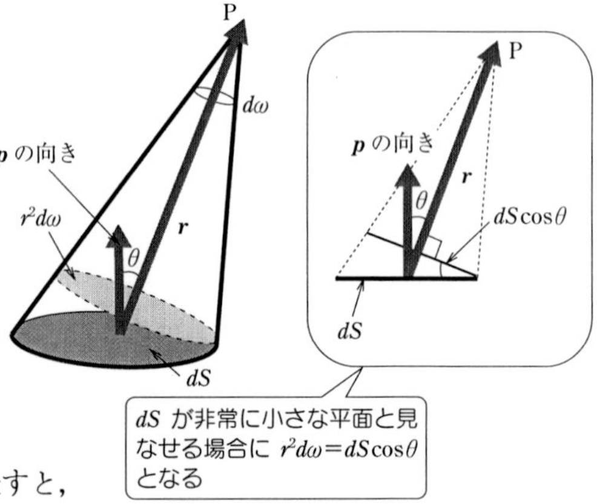

図 2・16 微小面の立体角

したがって $d\varphi$ を，τ を用いて表すと，

$$d\varphi=\frac{\tau}{4\pi\varepsilon_0}d\omega \qquad (2\cdot 22)$$

となり，この関係より以下が成り立つ．

$$\varphi=\frac{\tau\omega}{4\pi\varepsilon_0} \qquad (2\cdot 23)$$

次に，電気二重層によって生じる電界について考える．**図 2･17** のように，点

Pを微小距離 dx だけ移動してP′に移したとき，式（2・22）よりこの変位による電位の微小変化 $d\varphi$ は，立体角 $d\omega$ に比例する．なお，dx は r に対してきわめて微小（$dx \ll r$）と仮定しており，$|r|=|r'|$ とみなせる．一方，点Pにおける dx 方向の電界を $\boldsymbol{E}_x$ とすると，微小変位をベクトル $\boldsymbol{dx}$ として，$d\varphi=-\boldsymbol{E}_x\cdot\boldsymbol{dx}$ で表される．したがって，以下の式が成り立つ．

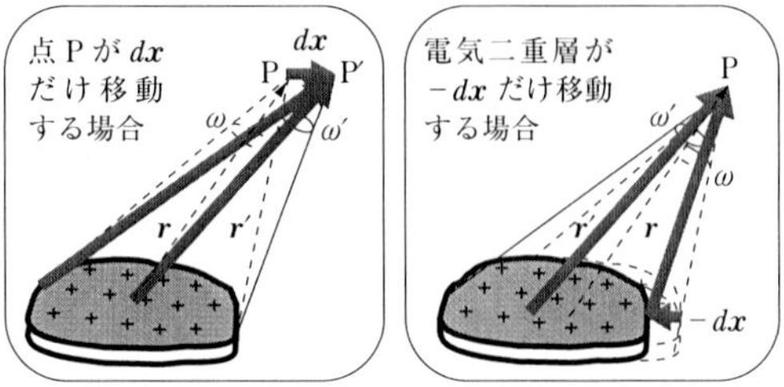

図 2・17　電気二重層の電界を求めるときの考え方

$$d\varphi=\frac{\tau}{4\pi\varepsilon_0}d\omega=-\boldsymbol{E}_x\cdot\boldsymbol{dx} \qquad (2\cdot24)$$

今度は電気二重層が $-\boldsymbol{dx}$ だけ移動した場合を考える．これは点Pが $\boldsymbol{dx}$ 移動することと相対的に同じである．電気二重層が $-\boldsymbol{dx}$ だけ移動した際の電位の変化は，点Pと電気二重層の距離に対して微小変位 $\boldsymbol{dx}$ が十分小さければ，やはり式（2・22）のように $d\varphi$ は $d\omega$ に比例する．この場合の立体角の微小変化は，$|r|=|r'|$ とみなせれば，移動により生じた面積の変化により決まり，この面積変化は，1章でも示したように，電気二重層の周辺曲線 C 上の線素ベクトル $\boldsymbol{dl}$ と $-\boldsymbol{dx}$ の外積を，C 上で周回積分することにより求めることができる．

$$d\omega=-\oint\frac{(\boldsymbol{dl}\times\boldsymbol{r})\cdot\boldsymbol{dx}}{r^3} \qquad (2\cdot25)$$

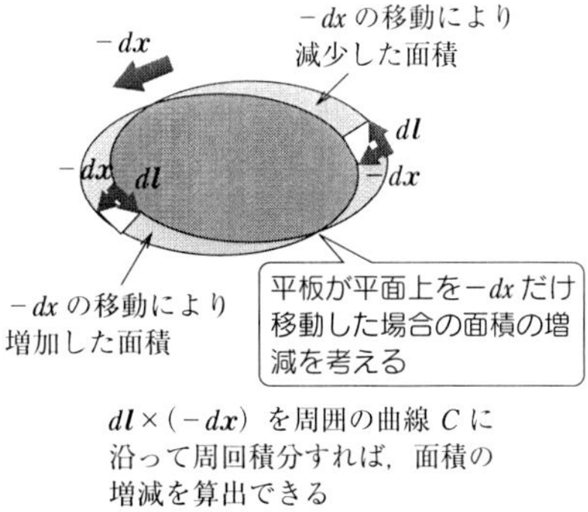

図 2・18　電気二重層の微小変位による面積の増減

この関係はどのような $\boldsymbol{dx}$ についても成り立つはずなので，式（2・24），（2・25）を比較することで，点Pの電界 $\boldsymbol{E}$ が以下のように求められる．

$$E=\frac{\tau}{4\pi\varepsilon_0}\oint_C\frac{\boldsymbol{dl}\times\boldsymbol{r}}{r^3} \qquad (2\cdot26)$$

なお，ここで $\boldsymbol{dl}$ の方向は電気二重層の $-\sigma$ 側から $+\sigma$ 側への方向に対して，右ねじの方向である．

2-6 保存力場って何？
～ラプラスとポアソンの方程式～

学生 先生，電界を積分すると電位になるということですけど，電界を異なる道筋で線積分したら，電位は違うんですか？

先生 静電場に関しては，変わらないね．例えば，山の高さと傾斜の傾きを例に考えよう．点Aから出発してルート C_1 で点Bにいたる場合と，ルート C_2 を通る場合で考える．ルート C_1 を通る場合，その道の各地点の傾斜と移動距離をかけて，それを全行程で加えていけば，点Aと点Bの高さの差が算出できる．当然，ルート C_2 を通る場合も同じ計算で点Aと点Bの高低差が算出できる．しかし，点Aと点Bの高さの差は，ルートによらない．ここで，AB間の高低差を電位差 φ_{AB} とし，各点の傾斜をその地点の電界 $\boldsymbol{E}$ と考えれば，同様の結果になる．つまり，各ルートの微小区間を線素ベクトル $d\boldsymbol{l}$ として以下の式で表される．

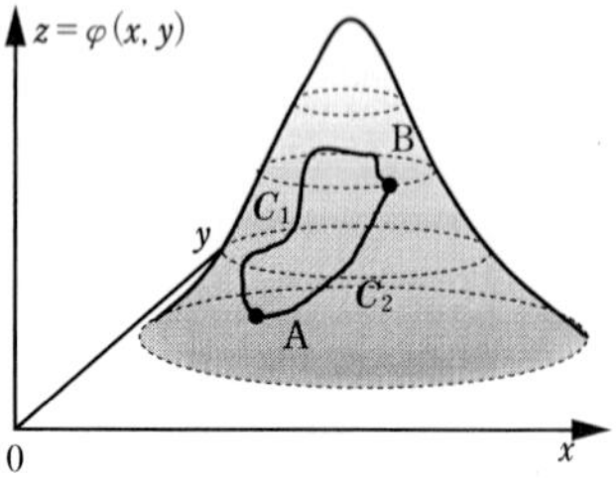

図 2・19

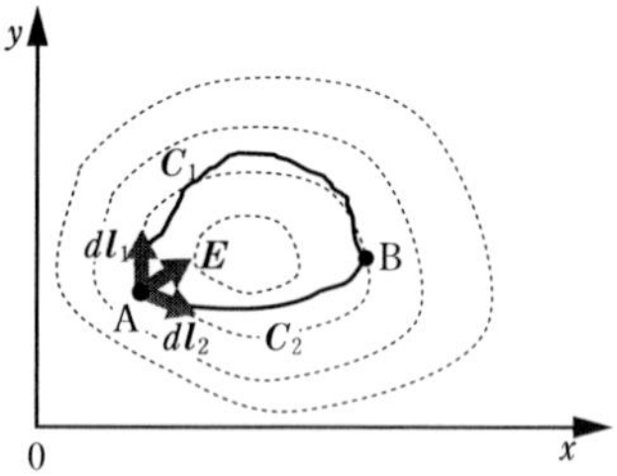

図 2・20　等高線図

$$\varphi_{AB}=\int_{C_1}\boldsymbol{E}\cdot d\boldsymbol{l}=\int_{C_2}\boldsymbol{E}\cdot d\boldsymbol{l}$$

このことは，さまざまな閉じたルートを経由して電位差を計算しても，元の地点に帰ってきた場合には，電位差が0になっていることを示す．

$$\oint_C \boldsymbol{E}\cdot d\boldsymbol{l}=0 \qquad (2\cdot 27)$$

このような条件が成り立つ場は，**保存力場**と呼ばれる．

この式（2･27）の左辺は，1章で学んだストークスの定理より，以下の変形ができる．

$$\oint_C \boldsymbol{E}\cdot d\boldsymbol{l}=\iint_S \mathrm{rot}\,\boldsymbol{E}\cdot d\boldsymbol{a}$$

ここで，S は閉じたルート C により構成される面を示し，$d\boldsymbol{a}$ はその面要素ベクトルである．この式と式（2･27）を比較することで以下の関係を得る．

$$\mathrm{rot}\,\boldsymbol{E}=\boldsymbol{0} \tag{2・28}$$

つまり，rot をとると **0** となることが保存力場の条件となるわけで，この式は，静電場が保存力場であることを示す式である（同じ理屈で重力場も保存力場である）．

保存力場である静電場において式（2·28）が常に成り立つ（すなわち保存力場であることの）ためには，電位と電場（電界）の関係が，式（2·11），すなわち以下の関係であればよい．

$$\boldsymbol{E}=-\nabla\varphi \tag{2・29}$$

なお，上式が成り立つとすると，式（2·28）より

$$\mathrm{rot}\,\boldsymbol{E}=\nabla\times(-\nabla\varphi)=-(\nabla\times\nabla)\varphi=\boldsymbol{0}\quad(\boldsymbol{A}\times\boldsymbol{A}=\boldsymbol{0}\ \text{より明らか})$$

このようにして定められる φ はスカラポテンシャルと呼ばれる．

次に電界 $\boldsymbol{E}$ の発散 div $\boldsymbol{E}$ を考える．式（2·29）より

$$\mathrm{div}\,\boldsymbol{E}=-\mathrm{div}(\mathrm{grad}\,\varphi)=-\nabla^2\varphi=-\mathit{\Delta}\varphi \tag{2・30}$$

この式とガウスの定理で学んだ式（2·13）を対比させて考える．ある閉空間 v 内に電荷密度 ρ〔C/m³〕の電荷分布が存在しているとすれば，式（2·13）の右辺は以下のように表される．

$$\frac{Q}{\varepsilon}=\iiint_v \frac{\rho}{\varepsilon}\,dv \tag{2・31}$$

したがって，式（2·13），（2·30），（2·31）より以下の関係が成り立つ．

$$\mathit{\Delta}\varphi=-\frac{\rho}{\varepsilon} \tag{2・32}$$

これを**ポアソン**（Poisson）**の方程式**と呼ぶ．もし $\rho=0$ であれば，以下の式が成り立つ．

$$\mathit{\Delta}\varphi=0 \tag{2・33}$$

これを**ラプラス**（Laplace）**の方程式**と呼ぶ．

ラプラスの方程式をデカルト座標で表現すると以下のようになる．

$$\frac{\partial^2\varphi}{\partial x^2}+\frac{\partial^2\varphi}{\partial y^2}+\frac{\partial^2\varphi}{\partial z^2}=0 \tag{2・34}$$

ポイント解説

2・1 クーロンの法則

誘電率 ε の媒質中で，距離 r だけ離れた点に置かれた二つの点電荷 Q_1 と Q_2 に働く力は以下の式で表される.

$$F=\frac{Q_1Q_2}{4\pi\varepsilon r^2} \qquad (2\cdot2)$$

なお，真空の誘電率 ε_0 は $\varepsilon_0 \fallingdotseq 8.854\times10^{-12}$ F/m である.

2・2 電気力線

正電荷から負電荷へ引いた電気力線により電荷に働く力が表現できる．また，電荷に働く力はその場所の電気力線の密度に比例する.

2・3 電界と電位

〔1〕 電気力線の密度を電界（electric field）と呼び，電界 E と電荷 q に働く力 F は以下の式で表される.

$$F=qE \qquad (2\cdot3\,\mathrm{b})$$

また電界は単位電荷（1 C）当たりに働く力とも考えられ，ベクトル量である．点電荷 Q が $\boldsymbol{r}$ だけ離れた点につくる電界 $\boldsymbol{E}$ は以下の式で表される.

$$\boldsymbol{E}=\frac{Q}{4\pi\varepsilon r^2}\cdot\frac{\boldsymbol{r}}{r} \qquad (2\cdot5)$$

〔2〕 電界を距離で積分することで単位電荷当たりの電気的エネルギー差が算出でき，この電気的エネルギー差を電位差（電圧）と呼び，電気的エネルギーが0の点からの電位差を電位と呼ぶ．電界 $\boldsymbol{E}(r)$ によって点 r_1 と r_2 の間に生じる電位差 φ_{12} は，以下の式で表される.

$$\varphi_{12}=-\int_{r_2}^{r_1}\boldsymbol{E}(r)\cdot d\boldsymbol{r} \qquad (2\cdot6)$$

誘電率 ε の媒質中に置かれた点電荷 Q によって生じる，点電荷から r 離れた位置の電位 $\varphi(r)$ は，以下の式で表される.

$$\varphi(r)=-\int_{\infty}^{r}\boldsymbol{E}(r')\cdot d\boldsymbol{r}'=-\int_{\infty}^{r}\frac{Q}{4\pi\varepsilon r'^2}dr=\frac{Q}{4\pi\varepsilon r} \qquad (2\cdot9)$$

2・4 ガウスの定理

誘電率 ε の媒質中で，ある閉曲面 S で電界ベクトル $\boldsymbol{E}$ の湧出し $\mathrm{div}\boldsymbol{E}$ を閉曲面内で

体積積分すると，電界が閉曲面 S を貫く電界ベクトル $\boldsymbol{E}$ の総和が求められる.

$$\iint_S \boldsymbol{E}\cdot d\boldsymbol{a}=\iiint_v \mathrm{div}\,\boldsymbol{E}dv \qquad (2\cdot 12)$$

また $\boldsymbol{E}$ の湧出し div $\boldsymbol{E}$ は，閉曲面内に存在する電荷量の総和に等しい.

$$\iiint_v \mathrm{div}\,\boldsymbol{E}dv=\iiint_v \frac{\rho}{\varepsilon}dv \qquad (2\cdot 18)$$

誘電率 ε の媒質中に，無限に長い線上に線電荷密度 λ で一様に分布した電荷により，線から r だけ離れた位置に生じる電界 $\boldsymbol{E}(r)$ の大きさおよび位置 r_1 と r_2 の電位差 φ_{12} は以下の式で表される.

$$E(r)=\frac{\lambda}{2\pi r\varepsilon},\quad \varphi_{12}=\frac{\lambda}{2\pi\varepsilon}\log_e\frac{r_2}{r_1}$$

誘電率 ε の媒質中に，無限に広い平面状に面密度 σ で一様に分布した電荷により面上に生じる電界 $E(r)$，位置 r_1 と r_2 の電位差 φ_{12} は以下で表される.

$$E(r)=\frac{\sigma}{2\varepsilon},\quad \varphi_{12}=\frac{\sigma}{2\varepsilon}(r_2-r_1)$$

2・5　電気双極子と電気二重層の電位，電界

〔1〕　電気双極子から r 離れた位置の電位 φ と電界 $\boldsymbol{E}$ は以下の式で表される.

$$\varphi(r,\theta)=\frac{p\cos\theta}{4\pi\varepsilon_0 r^2}=\frac{\boldsymbol{p}\cdot\boldsymbol{r}}{4\pi\varepsilon_0 r^3} \qquad (2\cdot 20)$$

$$E_r(r,\theta)=\frac{p\cos\theta}{2\pi\varepsilon_0 r^3},\qquad E_\theta(r,\theta)=\frac{p\sin\theta}{4\pi\varepsilon_0 r^3} \qquad (2\cdot 21)$$

〔2〕　電気二重層から r 離れた電位 φ と電界 $\boldsymbol{E}$ と電界は以下の式で表される.

$$\varphi=\frac{\tau\omega}{4\pi\varepsilon_0}\quad (2\cdot 23),\qquad \boldsymbol{E}=\frac{\tau}{4\pi\varepsilon_0}\oint_C\frac{d\boldsymbol{l}\times\boldsymbol{r}}{r^3}\quad (2\cdot 26)$$

2・6　ラプラスの方程式，ポアソンの方程式

以下の式をポアソンの方程式 $\rho=0$ の場合を特にラプラスの方程式と呼ぶ.

$$\Delta\varphi=-\frac{\rho}{\varepsilon}\quad (2\cdot 32),\qquad \Delta\varphi=0\quad (2\cdot 33)$$

3 磁界はどのように定義されるの？
1 ～動いている荷電粒子に働く力：ローレンツ力～

先生 2章で学んだ電界と同様に，場の概念として，磁気現象について3章で学ぼう．これは，磁石が磁性体を引き付けたり，磁石どうしで力を及ぼし合ったりする現象としてよく知られているよね．2章では，ある点における電界をどのように定義したか，覚えているかな？

学生 はい，考えている点に静止した試験電荷を置いて，それに作用する力により電界 $\boldsymbol{E}$ を定義しました．

先生 それ以外にも，電荷に働く力があるんだよ．

学生 その力と電界による力とは，どのようにして見分けるんですか？

先生 その力はローレンツ力といって，運動している電荷にだけ作用するので，電界による力と区別することができるんだ（図3·1）．電荷 q の荷電粒子が，真空中を速度 $\boldsymbol{v}$ で通過したときに力を受けたとしよう．荷電粒子に力を及ぼす「場」が，そこに存在していることになる．すなわち式（3·1）のように磁界が存在していると定義でき，$\boldsymbol{F}$ を**ローレンツ力**，$\boldsymbol{B}$〔T〕を**磁束密度**，$\boldsymbol{H}$〔A/m〕を**磁界の強さ**と呼ぶ．

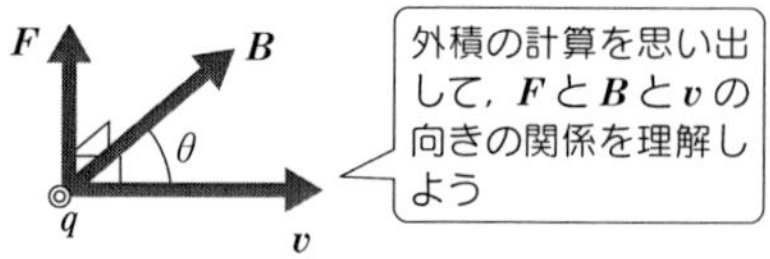

F
B
θ
q
v
外積の計算を思い出して，FとBとvの向きの関係を理解しよう

図 3・1　ローレンツ力

$$\boldsymbol{F}=q\boldsymbol{v}\times\boldsymbol{B}=q\mu_0\boldsymbol{v}\times\boldsymbol{H}\text{〔N〕} \qquad (3・1)$$

電界と同様，磁界もベクトル関数で表すことができ，荷電粒子に働く力のうち粒子の速度に比例する力に基づき，その大きさと向きが定義できる．ここで，μ_0 は**真空の透磁率**と呼ばれ，媒質の特性を表す固有の定数である．その値は，4章で述べるインダクタンスの単位〔H〕（ヘンリー）を用いて以下のようになる．

$$\mu_0=4\pi\times10^{-7}\approx1.257\times10^{-6}\text{〔H/m〕} \qquad (3・2)$$

3章で主に対象とする真空中では，$\boldsymbol{B}=\mu_0\boldsymbol{H}$ となるので両ベクトル関数は線形関係にある．一方，物質中の磁界を考えるときには，物質中の電界について述べる5章の誘電束密度 $\boldsymbol{D}$ と電界の強さ $\boldsymbol{E}$ との関係式 $\boldsymbol{D}=\varepsilon\boldsymbol{E}=\varepsilon_0\varepsilon_r\boldsymbol{E}$ に対応して，$\boldsymbol{B}$ と $\boldsymbol{H}$ の関係は

$$\boldsymbol{B}=\mu\boldsymbol{H}=\mu_0\mu_r\boldsymbol{H} \qquad (3・3)$$

と書ける．ここで，μ および μ_r は物質の特性を表す固有の定数で，それぞれ

透磁率，**比透磁率**と呼ばれる（物質中の磁界について述べる7章参照）．

電気力線と同様に，**磁力線**（磁界の強さ $\boldsymbol{H}$ の力線）が磁界のようすを描くのに使われる．すなわち，磁力線の各点における接線方向がその点における $\boldsymbol{H}$ の方向と一致し，単位面積を貫く磁力線数がその点における $\boldsymbol{H}$ の大きさに比例する．また，磁束密度 $\boldsymbol{B}$ の力線を**磁束線**と呼ぶ．

例　題

空間的に一様で時間的にも変化のない磁束密度 $\boldsymbol{B}$ の磁界中に，質量 m，電荷 q の荷電粒子を初速度 $\boldsymbol{v}$ で入射させる．荷電粒子の動きを考えてみよう．荷電粒子の速度 $\boldsymbol{v}$ を，以下のように磁束密度 $\boldsymbol{B}$ と平行なベクトル，および $\boldsymbol{B}$ と垂直な面への射影ベクトルに分けると

$$\boldsymbol{v}=\boldsymbol{v}_{/\!/}+\boldsymbol{v}_{\perp} \tag{3・4}$$

運動方程式は以下のようになる．

$$m\frac{dv_{/\!/}}{dt}=0 \tag{3・5}$$

$$m\frac{d\boldsymbol{v}_{\perp}}{dt}=q\boldsymbol{v}_{\perp}\times\boldsymbol{B} \tag{3・6}$$

式（3·5）より，荷電粒子は，$\boldsymbol{B}$ の方向には等速度運動を行う．次に，式（3·6）より $\boldsymbol{B}$ と垂直な面への荷電粒子の射影点が受ける力は，進行方向に直角であることがわかる．これが向心力として働き，射影点は等速円運動を行う．円運度の半径 r_C は

$$m\frac{{v_{\perp}}^2}{r_C}=qv_{\perp}B \tag{3・7}$$

より求めることができる．両運動を合わせると，荷電粒子の運動のようすは図3·2のようになる．

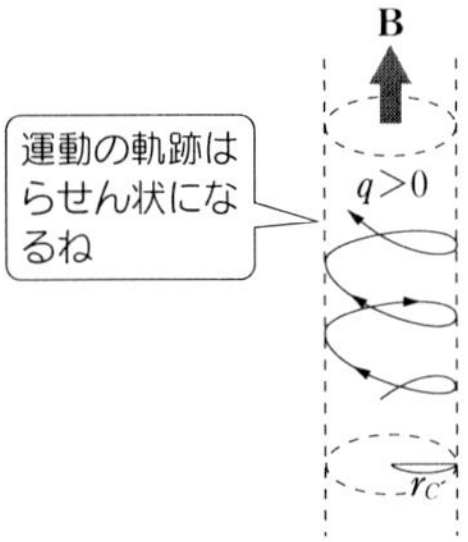

図 3・2　磁界中の荷電粒子の運動

3-2 磁気現象の源はなに？ ～電流と磁界～

磁界の中で運動する電荷が力を受けることはわかりましたが，磁界を発生させている源（source）は何ですか？

先生 磁界を発生させているのも移動する電荷，すなわち電流なんだよ．電流が存在すれば，その周囲に磁界が現れる．3章では，源が時間的に一定な電流（定常電流）の範囲で磁気現象の性質を勉強しよう．つまり，磁束密度 $\boldsymbol{B}$ や磁界の強さ $\boldsymbol{H}$ は，ここでは時間に無関係な場所のみのベクトル関数となる．このような磁界を静磁界というんだ．

（1） アンペールの右ねじの法則

磁界の強さ $\boldsymbol{H}$ の向きとその源である電流 I の向きとの間に成り立つ関係をみてみよう．**図3･3**のように，真空中の直線状電流を考えたとき，その周囲に形成される磁界の磁力線は同心円状の閉じた曲線となる．磁界の向きに右ねじを回転させたとしよう．ねじの進む向きと電流の向きは一致する．次に，**図3･4**に示すように環状電流を考え，電流の向きに右ねじを回転させたとしよう．ねじの進む方向と環内側の磁界の方向は一致する．これらは，**アンペールの右ねじの法則**と呼ばれる．

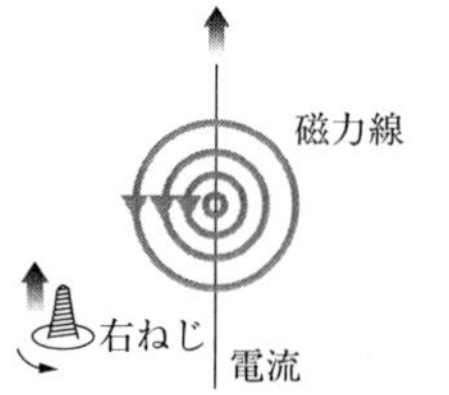

図 3・3 直線電流と磁力線

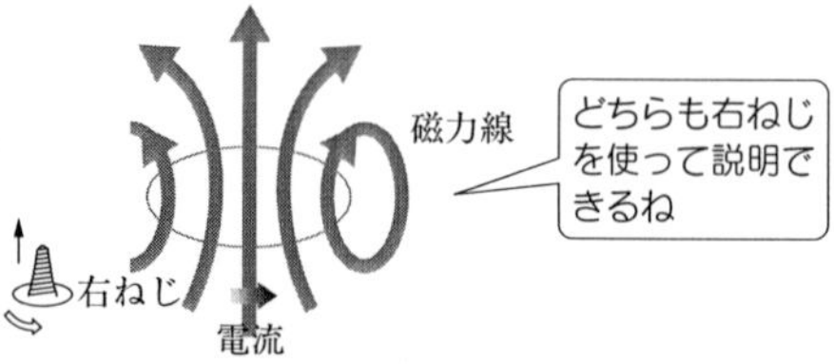

図 3・4 ループ電流と磁力線

（2） アンペールの周回積分の法則

図3･5に示すように，磁界中の任意の閉曲線 C を考えよう．磁界の強さ $\boldsymbol{H}$ を閉曲線 C に沿って線積分すると，その積分値は閉曲線 C と鎖交する総電流量に等しい．ただし，積分の向きと電流が鎖交する向きとは，右ねじの関係で正負を定義することに注意

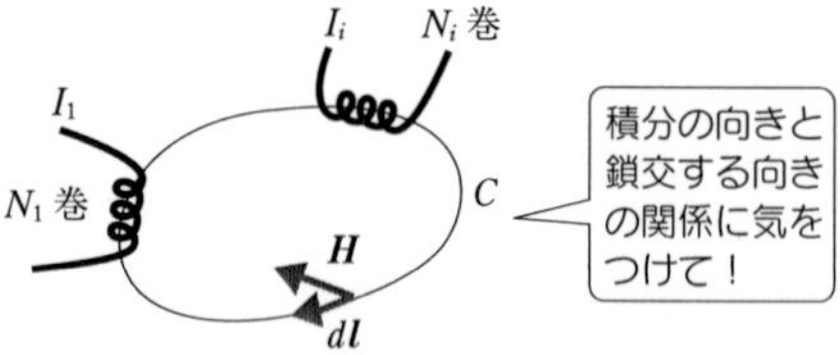

図 3・5 H の周回積分と鎖交電流量

しよう．これを**アンペールの周回積分の法則**という．

$$\oint_C \boldsymbol{H}\cdot d\boldsymbol{l}=\sum_i N_i I_i \tag{3・8}$$

ここで N_i は電流 I_i が閉曲線 C に鎖交する回数であり，N_iI_i〔A〕を起磁力と呼ぶ．式（3·8）にストークスの定理

$$\oint_C \boldsymbol{H}\cdot d\boldsymbol{l}=\iint_a \mathrm{rot}\,\boldsymbol{H}\cdot d\boldsymbol{a} \tag{1・48}$$

を適用し，電流 I を電流密度 $\boldsymbol{J}$〔$\mathrm{A/m^2}$〕を用いて書き直せば

$$\iint_a \mathrm{rot}\,\boldsymbol{H}\cdot d\boldsymbol{a}=\iint_a \boldsymbol{J}\cdot d\boldsymbol{a} \tag{3・9}$$

となる．式（3·9）の両辺を比べて

$$\mathrm{rot}\,\boldsymbol{H}=\boldsymbol{J} \tag{3・10}$$

が得られる．式（3·10）は閉曲線 C を極限まで小さくしていった状況に相当し，アンペールの周回積分の法則を微分形で表現したものである．

例　題

無限長の直線状線電流から距離 r の点における磁界 $\boldsymbol{H}$ を求めてみよう．電流分布の対称性とアンペールの右ねじの法則より，磁界分布は導線を軸とする回転対称で，導線からの距離が r の円周上では $\boldsymbol{H}$ の大きさは一定であり，かつその向きは円周の接線方向であるといえる．このとき式（3·8）の積分（円周に沿った $\boldsymbol{H}$ の線積分）はきわめて容易となり

$$\oint_C \boldsymbol{H}\cdot d\boldsymbol{l}=H\oint_C d\boldsymbol{l}=H\cdot 2\pi r=I \tag{3・11}$$

となる．したがって

$$H=\frac{I}{2\pi r} \tag{3・12}$$

このように，高い対称性を有する電流分布が形成する磁界分布を求める際に，アンペールの周回積分の法則は特に有用である．

3 磁界の中に電流が置かれたらどうなる？
3 ～フレミングの左手の法則～

先生 磁界の中で運動する電荷が力を受けることは学んだね．それでは，磁界の中に電流が置かれた場合はどうなるだろう．

学生 電流は，言い換えれば電荷の移動ですよね．そうか！　電流にも力が働くんじゃないですか．

先生 そのとおり．電流が流れている導線の微小長さ Δl を考えてみよう．6章でも勉強するけれども，電流は，ある面を単位時間当たりに通過する電荷量で定義される．導体中の電荷密度 ρ，導体中の電荷の移動速度 v，導体の断面積 S を用いると，**図 3･6** に示す断面を単位時間に通過する電荷量，すなわち電流は

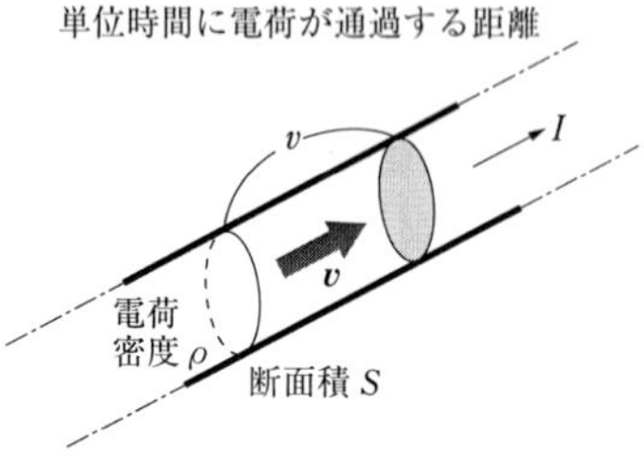

図 3・6　導線を流れる電流

$$I = Sv\rho \qquad (3\cdot13)$$

となる．両辺に微小長さ Δl を乗じると

$$I\Delta l = S\Delta l\rho v = \Delta V\rho v = \Delta q v \qquad (3\cdot14)$$

ここで，ΔV は微小体積，Δq は微小電荷量を表している．式（3･1），（3･14）から，電流が流れている導線の微小長さに働く力 $d\boldsymbol{F}$ は，電流の流れる向きも考慮して線素ベクトル $d\boldsymbol{l}$ を使って

$$d\boldsymbol{F} = Id\boldsymbol{l} \times \boldsymbol{B} \qquad (3\cdot15)$$

となるんだ．電流 I と磁束密度 $\boldsymbol{B}$ と働く力 $\boldsymbol{F}$ のそれぞれの向きについて成り立つ法則として，**図 3･7** に示す **フレミングの左手の法則** があるので覚えておこう．

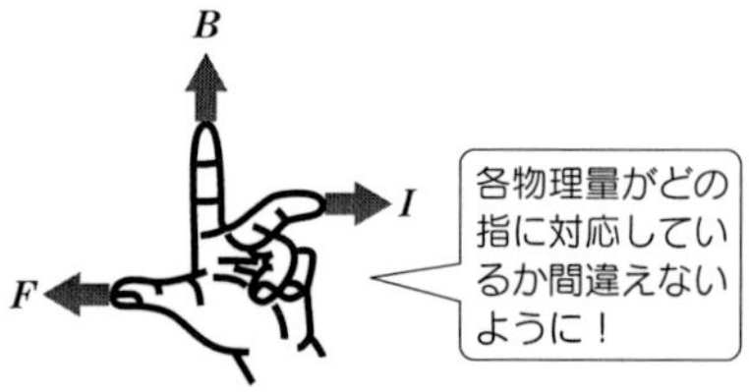

B
I
F
各物理量がどの指に対応しているか間違えないように！

図 3・7　フレミングの左手の法則

学生 導線の微小な長さに働く力……，でも実際は，電流の流れる導線はもっと長いですよね．

先生 そうだね．実際のコイルなどに働く力を求める場合は，導線を微小に分割して，それぞれに働く力をすべて加え合わせることになる．すなわち，式（3･15）をコイル全体にわたって積分することになる．

ここで，**図 3·8** に示すコイルが磁界中で受ける力を求めてみよう．真空中に一様な磁束密度 $\boldsymbol{B}$ が分布しており，その中に 2 辺がそれぞれ a，b である 1 巻の長方形コイルが設置されている．コイルには電流 I が流れており，コイルは磁界に垂直な軸の回りに回転することができる．

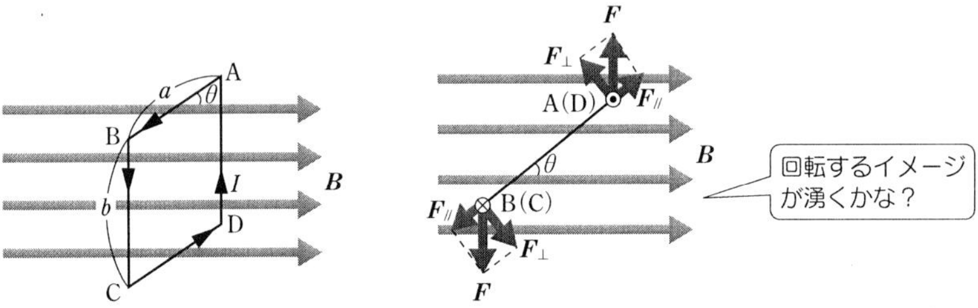

(a) 全体図　(b) 辺 AB 側からみた図

図 3·8 磁界中のコイルに働く力

まず，辺 AB と辺 CD に働く力を考えると，両者は上下の向きに互いに打ち消し合う関係である．次に，辺 BC を考えよう．図 3·8 に示したように

$$F=\int_B^C I d\boldsymbol{l}\times\boldsymbol{B}=IB\int_B^C d\boldsymbol{l}=IBb \tag{3・16}$$

の力が働く．これは，辺 DA についても同様である．このとき，$\boldsymbol{F}$ をコイル面に対して平行な成分 $F_{/\!/}$ と垂直な成分 $F_{\perp}$ に分ければ，図 3·8 のように $F_{/\!/}$ は両辺でキャンセルされることがすぐにわかる．最終的に，残る $F_{\perp}$ でコイルを左回りに回転させようとするトルクが形成される．

$$T=\frac{a}{2}F_{\perp}+\frac{a}{2}F_{\perp}=IabB\cos\theta \tag{3・17}$$

例　題

真空中に，距離 d を隔てて，電流 I_1，I_2 が流れる 2 本の無限長の直線状導線がある．各導線の単位長さ当たりに働く力を求めてみよう．式 (3·12)，(3·15) から

$$F=\int I d\boldsymbol{l}\times\boldsymbol{B}=\int I_2 dl\times\frac{\mu_0 I_1}{2\pi d}=\frac{\mu_0 I_1 I_2}{2\pi d} \tag{3・18}$$

となり，二つの電流が同じ向きのときに引力，逆の向きのときに斥力となることがわかる．

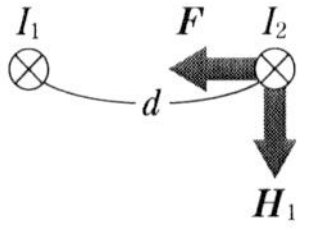

図 3·9 平行な無限長直線電流

3 4 複雑な電流分布がつくる磁界を計算するには？ ～ビオ・サバールの法則～

学生 高い対称性を有する電流分布の場合は，アンペールの周回積分の法則を用いて磁界分布を求めることができることは勉強しましたが，電流形状が複雑になったらどうすればよいのですか．

先生 磁界の強さ $\boldsymbol{H}$ とソースである電流 I の間に成り立つ関係をもっと詳しくみてみよう．電流形状が複雑な場合は，連続した電流分布を微小な電流要素 $Id\boldsymbol{l}$ に分割し，それぞれの要素の寄与を加え合わせることになる．

学生 なるほど，重ね合わせの原理ですね．

先生 その通り．**図 3·10** に示すように，電流要素 $Id\boldsymbol{l}$ によって距離ベクトル $\boldsymbol{r}$ の点Pにつくられる磁界の強さ $\boldsymbol{H}$ は

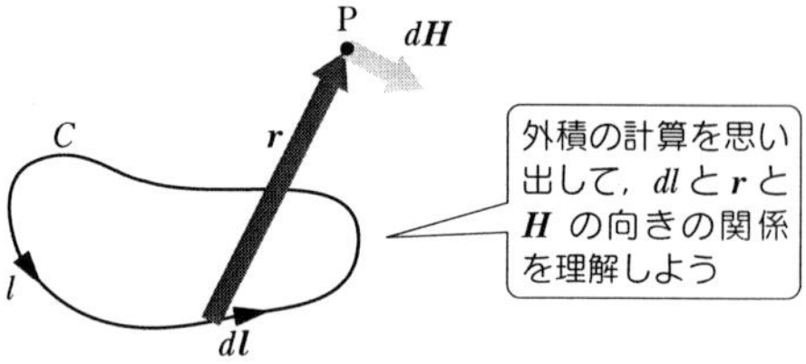

P
dH
C
r
l
dl
外積の計算を思い出して，dl と r と H の向きの関係を理解しよう

図 3・10 微小な電流要素がつくる磁界

$$d\boldsymbol{H}=\frac{I}{4\pi}\cdot\frac{d\boldsymbol{l}\times\boldsymbol{r}}{r^3} \tag{3・19}$$

と表すことができる．この関係式は，**ビオ・サバールの法則**と呼ばれる．式(3·19) を線電流に沿って積分することで，電流全体が点Pにつくる磁界の強さを求めることができる（式 (3·20) の導出に関しては，3·5 節の例題を参照）．

$$\boldsymbol{H}=\frac{I}{4\pi}\int_C\frac{d\boldsymbol{l}\times\boldsymbol{r}}{r^3} \tag{3・20}$$

例 題

図 3·11 に示す電流 I が流れている長さ L の直線状導線が，距離 r 離れた点Pにつくる磁界を求めてみよう．座標軸として直線状導線 AB に沿って z 軸を取り，点Pから直線状導線に下ろした垂線の足を O とする．O から距離 z の点 C における微小な電流要素 Idz が，点Pにつくる磁界は，式 (3·19) より

$$dH=\frac{I}{4\pi}\cdot\frac{\sin\theta}{u^2}dz \tag{3・21}$$

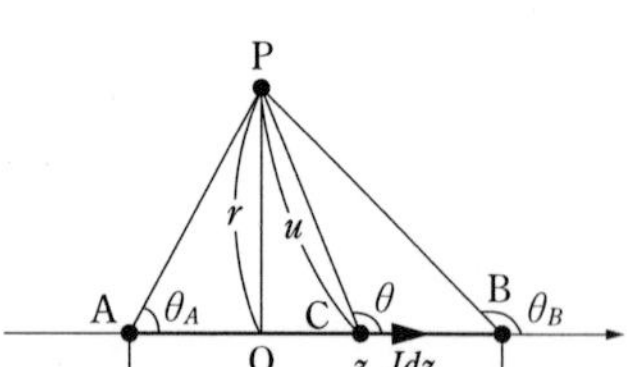

図 3・11 有限長の直線状電流

$d\boldsymbol{H}$ の向きに注意しよう．$d\boldsymbol{H}$ は常に紙面の裏から表に向かう．ここで

$$u=\frac{r}{\sin(\pi-\theta)}=\frac{r}{\sin\theta},\qquad z=\frac{r}{\tan(\pi-\theta)}=-\frac{r}{\tan\theta},\qquad dz=\frac{r}{\sin^2\theta}d\theta$$

の関係より式（3･21）は次のようになる．

$$dH=\frac{I}{4\pi}\cdot\frac{\sin\theta}{r}d\theta \tag{3・22}$$

導線全体にわたって式（3･22）の寄与を加え合わせる．すなわち，直線状導線 AB に沿って線積分することで，最終的に以下の式が得られる．

$$H=\frac{I}{4\pi}\int_A^B\frac{\sin\theta}{r}d\theta=\frac{I}{4\pi r}\int_{\theta_A}^{\theta_B}\sin\theta d\theta=\frac{I}{4\pi r}(\cos\theta_A-\cos\theta_B) \tag{3・23}$$

式（3･23）を用いれば，任意形状の線電流でも**図 3･12** のように形状をいくつかの直線で近似して，簡便な計算で磁界分布を求めることができる．

また，無限長の直線状導線の場合は，式（3･23）において，$\theta_A\to0$，$\theta_B\to\pi$ の極限を考えればよい．すなわち，無限長の直線状線電流から距離 r の点における磁界は

$$H=\frac{I}{2\pi r} \tag{3・24}$$

となり，アンペールの周回積分の法則で求めた式（3･12）と同じ結果を得ることができる（3･2 節参照）．

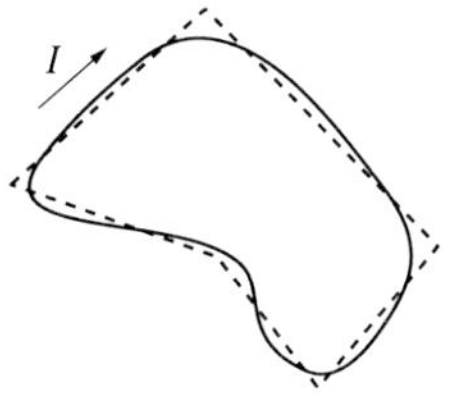

図 3・12　任意形状の線電流の近似

3-5 磁荷は存在するの？

～磁束密度に関するガウスの法則～

電界と磁界とで，大きく異なる性質としてどのようなものがありますか？

先 生 磁束密度 $\boldsymbol{B}$ の力線を磁束線と呼んだよね．磁性体などの物質中の磁気現象は7章で詳しく勉強するけれど，真空中でも物質中でも，磁束線は必ず閉じた曲線を形造るんだ．これが，2章で学んだ真電荷による電気力線と大きく異なる特徴だ．すなわち，N極・S極は必ず対で存在し，磁気単極子が存在することはない．

〔1〕 磁束密度に関するガウスの法則（真磁荷の非存在）

図3･13に示すように，任意の閉曲面 a を磁界中で考えてみよう．磁束線は必ず閉じているので，閉曲面に入る磁束線数と出ていく磁束線数は当然同じになる．言い換えれば，任意の閉曲面にわたって磁束密度 $\boldsymbol{B}$ を面積分すると，その結果は必ず0になる．

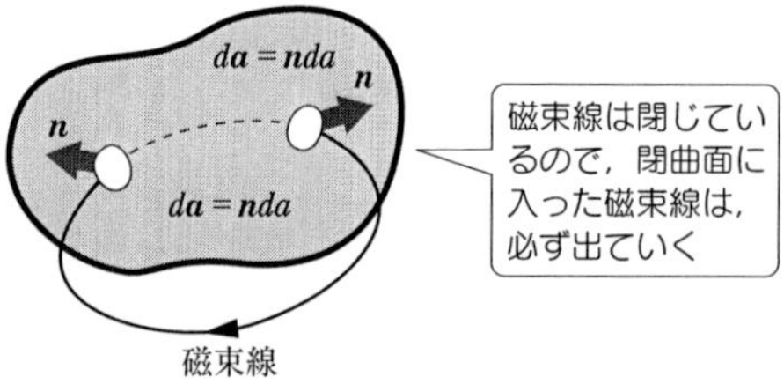

図 3・13 真磁荷の非存在

$$\iint_a \boldsymbol{B}\cdot d\boldsymbol{a}=0 \tag{3・25}$$

式（3･25）を**磁束密度に関するガウスの法則**と呼ぶ．さらに，式（3･25）の左辺にガウスの定理を適用してみよう．

$$\iint_a \boldsymbol{B}\cdot d\boldsymbol{a}=\iiint_v \mathrm{div}\,\boldsymbol{B}dv \tag{1・47}$$

式（3･25）と式（1･47）を比べれば

$$\mathrm{div}\,\boldsymbol{B}=0 \tag{3・26}$$

が得られる．これは，閉曲面で囲まれる領域を極限まで小さくしていった状況に相当し，磁束密度に関するガウスの法則を微分形で表現したものである．

〔2〕 磁界のベクトルポテンシャル

任意のベクトル関数 $\boldsymbol{A}$ に対して，常に式（1･42）が成り立つ．

$$\mathrm{div}(\mathrm{rot}\,\boldsymbol{A})=0 \tag{1・42}$$

式（1·42）と式（3·26）より

$$\boldsymbol{B}=\mathrm{rot}\,\boldsymbol{A} \tag{3・27}$$

とおくことができ，$\boldsymbol{A}$ を**磁気ベクトルポテンシャル**と呼ぶ．ここで，式（3·27）だけでは $\boldsymbol{A}$ が一意に定まらないことに注意しよう．例えば，任意のスカラ関数 φ の勾配を加えて

$$\boldsymbol{A}'=\boldsymbol{A}+\mathrm{grad}\,\varphi \tag{3・28}$$

のような新たなベクトル関数 $\boldsymbol{A}'$ を考えてみる．1章で学んだベクトル公式

$$\mathrm{rot}(\mathrm{grad}\,\varphi)=\boldsymbol{0} \tag{1・41}$$

より，ベクトル関数 $\boldsymbol{A}'$ に対しても

$$\mathrm{rot}\,\boldsymbol{A}'=\mathrm{rot}(\boldsymbol{A}+\mathrm{grad}\,\varphi)=\mathrm{rot}\,\boldsymbol{A}=\boldsymbol{B} \tag{3・29}$$

となり，全く同一の磁束密度 $\boldsymbol{B}$ を与える磁気ベクトルポテンシャルはいくらでも存在する．言い換えれば，スカラ関数 φ だけの不定性があることになる．そこで

$$\mathrm{div}\,\boldsymbol{A}=0 \tag{3・30}$$

となるようにスカラ関数 φ を決めて不定性をなくし，磁気ベクトルポテンシャルを一意に定めたとしよう．スカラ関数 φ を定めて磁気ベクトルポテンシャル $\boldsymbol{A}$ を一意に決定することを「ゲージ条件を課す」という．特に，式（3·30）のように $\boldsymbol{A}$ の発散が0となるようにスカラ関数 φ を決める条件を，**クーロンゲージ**という．

この場合，ベクトル解析の公式

$$\mathrm{rot}(\mathrm{rot}\,\boldsymbol{A})=\mathrm{grad}(\mathrm{div}\,\boldsymbol{A})-\nabla^2\boldsymbol{A} \tag{1・44}$$

と，式（3·3），（3·27），（3·30）より

$$\mathrm{rot}(\mu\boldsymbol{H})=-\nabla^2\boldsymbol{A} \tag{3・31}$$

となる．ここで，均一な領域を考えて μ は場所に無関係なスカラ関数と仮定すれば，場所に関する微分である回転演算子の外に出すことができ，式（3·10）を代入して以下のポアソン方程式が得られる．

$$\nabla^2\boldsymbol{A}=-\mu\boldsymbol{J} \tag{3・32}$$

式（3·32）を直角座標系で成分ごとに書き直せば

$$\frac{\partial^2 A_x}{\partial x^2}+\frac{\partial^2 A_x}{\partial y^2}+\frac{\partial^2 A_x}{\partial z^2}=-\mu J_x$$
$$\frac{\partial^2 A_y}{\partial x^2}+\frac{\partial^2 A_y}{\partial y^2}+\frac{\partial^2 A_y}{\partial z^2}=-\mu J_y \qquad (3\cdot33)$$
$$\frac{\partial^2 A_z}{\partial x^2}+\frac{\partial^2 A_z}{\partial y^2}+\frac{\partial^2 A_z}{\partial z^2}=-\mu J_z$$

となる．これらは，2章の電位 φ と電荷密度 ρ の間に成立する式（2･32）と対応させて考えることができる．

$$\nabla^2\varphi=-\frac{\rho}{\varepsilon} \qquad (2\cdot32)$$

式（3･3）を導入するにあたり，$\boldsymbol{B}=\mu\boldsymbol{H}$ を $\boldsymbol{D}=\varepsilon\boldsymbol{E}$ と対応させた．この対応を $\boldsymbol{E}$-$\boldsymbol{H}$ 対応と呼ぶ（10・2節を参照）．一方，式（2･32）と式（3･32）を比べれば，φ と $\boldsymbol{A}$，ρ と $\boldsymbol{J}$，ε と $1/\mu$ が対応している．これは $\boldsymbol{E}$-$\boldsymbol{B}$ 対応と呼ばれ，両式のもととなる式の間で $\boldsymbol{E}$ と $\boldsymbol{B}$，$\boldsymbol{D}$ と $\boldsymbol{H}$ を対応させていることに相当する．

均一な無限領域中に電荷のみが存在する場合は，式（2･32）の解は式（2･9）より

$$\varphi=\frac{1}{4\pi\varepsilon}\iiint_v \frac{\rho}{r}dv$$

であった．同様に，均一な無限領域中に定常電流のみが存在する場合は，式（3･32）の解は

$$\boldsymbol{A}=\frac{\mu}{4\pi}\iiint_v \frac{\boldsymbol{J}}{r}dv \ \text{〔Wb/m〕} \qquad (3\cdot34)$$

となる．また，電流が定常線電流 I であれば式（3･34）は以下のように書ける．

$$\boldsymbol{A}=\frac{\mu I}{4\pi}\int_C \frac{d\boldsymbol{l}}{r} \qquad (3\cdot35)$$

最後に，**図3･14**に示すように，磁気ベクトルポテンシャル $\boldsymbol{A}$ を任意の閉曲線 C に沿って線積分してみよう．ストークスの定理（1･48）を適用し，式（3･27）の関係も考慮すれば

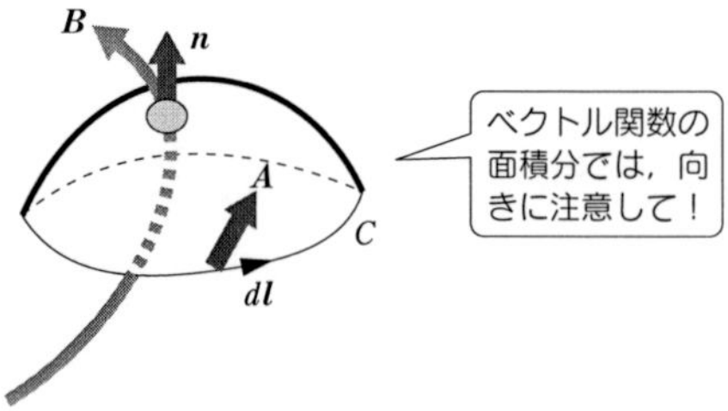
B
n
A
C
dl
ベクトル関数の
面積分では，向
きに注意して！

図 3・14 磁気ベクトルポテンシャルの周回積分と鎖交磁束

$$\oint_C \boldsymbol{A}\cdot d\boldsymbol{l}=\iint_a \mathrm{rot}\,\boldsymbol{A}\cdot d\boldsymbol{a}=\iint_a \boldsymbol{B}\cdot d\boldsymbol{a}=\Phi \text{〔Wb〕} \qquad (3\cdot 36)$$

となる．すなわち，任意の閉曲線に沿った $\boldsymbol{A}$ の線積分値は，その閉曲線を縁とする面にわたって $\boldsymbol{B}$ を面積分した値に等しい（これを**磁束** Φ といい，4 章で詳しく学ぶ）．

例　題

アンペールの周回積分の法則よりビオ・サバールの法則を導いてみよう．式（3･10）に式（3･3），（3･27）を代入すれば，ポアソン方程式（3･32）が得られ，均一な無限領域中に定常線電流 I のみが存在する場合は，磁気ベクトルポテンシャルは

$$\boldsymbol{A}=\frac{\mu I}{4\pi}\int_C \frac{d\boldsymbol{l}}{r} \qquad (3\cdot 35)$$

と書くことができた．さらに，$\boldsymbol{B}=\mu\boldsymbol{H}=\mathrm{rot}\,\boldsymbol{A}$ およびベクトル解析の公式（1･37）より

$$\boldsymbol{H}=\frac{I}{4\pi}\int_C \mathrm{rot}\left(\frac{d\boldsymbol{l}}{r}\right)=\frac{I}{4\pi}\int_C\left[\frac{1}{r}\mathrm{rot}\,(d\boldsymbol{l})+\left(\mathrm{grad}\frac{1}{r}\times d\boldsymbol{l}\right)\right]$$

とかける．ここで，rot（回転）は磁界を求めようとしている点での場所に関する微分であることに注意しよう．すなわち，$d\boldsymbol{l}$ はソース（電流）における線素ベクトルであるため，$\mathrm{rot}\,(d\boldsymbol{l})$ は $\boldsymbol{0}$ となる．最終的に

$$\begin{aligned}\boldsymbol{H}&=\frac{I}{4\pi}\int_C \mathrm{grad}\frac{1}{r}\times d\boldsymbol{l}\\&=\frac{I}{4\pi}\int_C\left(-\frac{\boldsymbol{r}}{r^3}\right)\times d\boldsymbol{l}=\frac{I}{4\pi}\int_C\frac{d\boldsymbol{l}\times\boldsymbol{r}}{r^3}\end{aligned} \qquad (3\cdot 20)$$

となり，ビオ・サバールの法則が導かれる．

3-6 磁界でもスカラポテンシャルは定義できるの？

～磁位（マグネティックスカラポテンシャル）と等価板磁石の法則～

学生 静電界では電位を定義して，場をスカラ関数で表現することができましたが，磁界でも同じようにスカラポテンシャルを定義できるのですか？

先生 常に定義できるとは限らないけれど，ある条件のもとであればスカラポテンシャルを定義できるよ．

（1） 磁位（マグネティックスカラポテンシャル）

2章で学んだ静電界は保存場であった．すなわち

$$\mathrm{rot}\,\boldsymbol{E}=\boldsymbol{0} \qquad (2\cdot 28)$$

なる式が成り立ち，スカラポテンシャルを導入することができた．式（2･28）とストークスの定理より，閉曲線に沿った電界の線積分値は0となる．

$$\oint_C \boldsymbol{E}\cdot d\boldsymbol{l}=0 \qquad (2\cdot 18)$$

すなわち，2点間の電位差は，その2点間の積分経路には無関係に決定され，電位は場所に関するスカラ関数として一意に定義できた．

これに対して磁界は式（3･10）より一般に保存場ではない．ただし，いかなる積分路も電流と鎖交しない限られた空間内に限定した条件下であれば同式は

$$\mathrm{rot}\,\boldsymbol{H}=\boldsymbol{0} \qquad (3\cdot 37)$$

となり，静電界における電位と同様に，スカラポテンシャルを導入できる．すなわち，式（2･8）と同じく，**磁位（マグネティックスカラポテンシャル）**を

$$\varphi_H=-\int_{\infty}^{P}\boldsymbol{H}\cdot d\boldsymbol{l}\ \text{〔A〕} \qquad (3\cdot 38)$$

で定義することができる．同様に，磁界の強さ $\boldsymbol{H}$ は磁位 φ_H の負の勾配として

$$\boldsymbol{H}=-\nabla\varphi_H \qquad (3\cdot 39)$$

と記述され，静磁場をスカラ関数で表現することができる．

（2） 等価板磁石の法則

真空中に閉回路電流 I が置かれ，この閉回路を見込む立体角が ω である点Pでの磁位を求めてみよう（**図3･15**）．点Pから微小距離 $\delta\boldsymbol{a}$ だけ変位した点Qを考えた場合，式（3･39）より2点PQ間での磁位差 $d\varphi_H$ は

$$\boldsymbol{H}\cdot\delta\boldsymbol{a}=-d\varphi_H \qquad (3\cdot 40)$$

と書ける．式（3·40）の右辺は，図3·15に示すように，閉回路を$-\delta\boldsymbol{a}$だけ変位させたときの点Pでの磁位の変化と考えることができる．

閉回路が$-\delta\boldsymbol{a}$だけ変位したとき，点Pから見込む立体角の変化分$d\omega$はどうなるだろう．図3·15中の閉回路上の線素ベクトル$d\boldsymbol{l}$が$-\delta\boldsymbol{a}$変位することで描く面積は$|-\delta\boldsymbol{a}\times d\boldsymbol{l}|$となる．この面積を点Pから見込む立体角は，$d\boldsymbol{l}$から点Pに向かう距離ベクトル$\boldsymbol{r}$を用いて

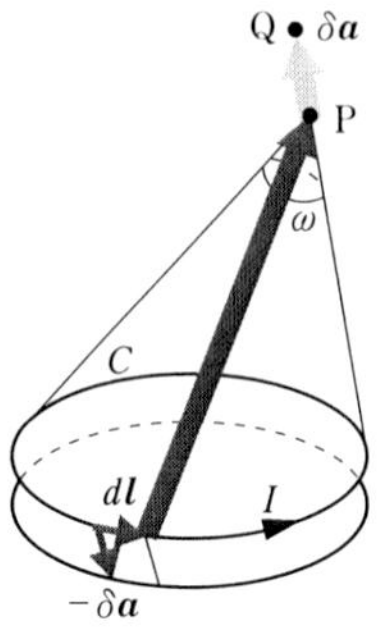

図3·15 ループ電流が作る磁位

$$\frac{\boldsymbol{r}\cdot(-\delta\boldsymbol{a}\times d\boldsymbol{l})}{r^3}=-\frac{(d\boldsymbol{l}\times\boldsymbol{r})\cdot\delta\boldsymbol{a}}{r^3} \tag{3·41}$$

と表現できる．式（3·41）を閉回路に沿って周回積分すれば，点Pから見込む立体角の変化分$d\omega$が得られる．

$$d\omega=-\oint_C\frac{(d\boldsymbol{l}\times\boldsymbol{r})\cdot\delta\boldsymbol{a}}{r^3} \tag{3·42}$$

最終的に，積分路を閉回路Cとしてビオ・サバールの法則である式（3·20）を式（3·40）の左辺に代入すると

$$\boldsymbol{H}\cdot\delta\boldsymbol{a}=\frac{I}{4\pi}\oint_C\frac{(d\boldsymbol{l}\times\boldsymbol{r})\cdot\delta\boldsymbol{a}}{r^3} \tag{3·43}$$

となる．式（3·40），（3·42），（3·43）を比べれば

$$\varphi_H=\pm\frac{I\omega}{4\pi} \tag{3·44}$$

が得られる．立体角の定義より，式（3·44）の符号は，点Pからみて電流の流れる向きが左回りのときに正，右回りのときに負である．

式（3·44）は，2章で学んだ電気二重層による電位の式（2·23）と同一の形をしている．すなわち，真空中に置かれた閉回路電流Iがつくる磁界分布と，その回路を縁として面に垂直に磁化した**磁気モーメント**

$$\boldsymbol{M}=\tau_m\boldsymbol{S}=\mu_0 I\boldsymbol{S} \tag{3·45}$$

の磁石板（磁気二重層）による磁界分布とが等しいことを意味している．これを**等価板磁石の法則**という．ここで，$\boldsymbol{S}$は面積ベクトルで，その向きは電流Iの向きと右ねじの関係にある．また，τ_mは単位面積当たりの磁気モーメントである．

3 さまざまな電流分布から生じる磁界を求めてみよう
7 ～ビオ・サバールの法則とアンペールの周回積分の法則との使い分け～

学生 3章を勉強して，現象の源である電流分布とそれがつくる磁界との関係がよくわかりました．

先生 ここでは総まとめとして，これまでに学んだビオ・サバールの法則やアンペールの周回積分の法則を上手に活用して，さまざまな電流分布がつくる磁界を求めてみよう．

(1) 円電流がつくる磁界分布

図3・16 に示す半径 a の円電流 I を考え，中心軸上で高さ h の点Pにつくられる磁界を求めてみよう．

円中心に原点を取り，中心軸を z 軸として円柱座標系を設定する．一度に円電流がつくる磁界を導出することはできないので，連続的な電流分布を扱うときの基本的な考え方として，円電流を微小な電流要素に分割し，それぞれの寄与をすべて加え合わせる．式(3・19) より，円周上の点Qの位置にある微小電流要素 Idl が点Pにつくる磁界 $d\boldsymbol{H}$ の大きさは

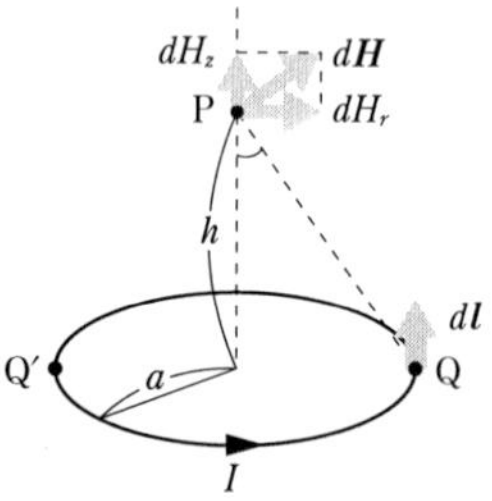

図 3・16 円電流が中心軸上につくる磁界

$$dH=\frac{I}{4\pi}\cdot\frac{\sin\frac{\pi}{2}}{a^2+h^2}dl=\frac{I}{4\pi}\cdot\frac{ad\theta}{a^2+h^2} \tag{3・46}$$

となる．$d\boldsymbol{H}$ の成分のうち，中心軸に垂直な成分は，点Qの原点に対する対称点Q′における微小電流要素がつくる磁界により打ち消される．

すなわち，各電流要素の寄与を加え合わせる際には，式(3・46) の z 成分

$$dH_z=\frac{I}{4\pi}\cdot\frac{ad\theta}{a^2+h^2}\cdot\frac{a}{r}=\frac{I}{4\pi}\cdot\frac{a^2d\theta}{(a^2+h^2)^{\frac{3}{2}}} \tag{3・47}$$

のみを考えればよい．円電流全体が点Pにつくる磁界は，式(3・47) を積分して以下のように得られる．

$$H_z=\int_0^{2\pi}\frac{I}{4\pi}\cdot\frac{a^2}{(a^2+h^2)^{\frac{3}{2}}}d\theta=\frac{I}{2}\cdot\frac{a^2}{(a^2+h^2)^{\frac{3}{2}}} \tag{3・48}$$

(2) 多角形上のコイルがつくる磁界分布

図3・17 に示すように，2辺の長さが各々 $2a$，$2b$ である長方形回路を考える．

流れる電流を I とし，長方形の重心から垂直に距離 h 離れた点Pにつくられる磁界 $\boldsymbol{H}$ を求めてみよう．

〔1〕の場合と同様に，長方形コイルの重心上の $\boldsymbol{H}$ を対象とするのであれば，コイル形状の対称性より，長方形の面に対して垂直な成分のみを考えればよい．重心軸を z 軸として，長さ $2a$ の2辺に対して式（3·23）を適用すれば

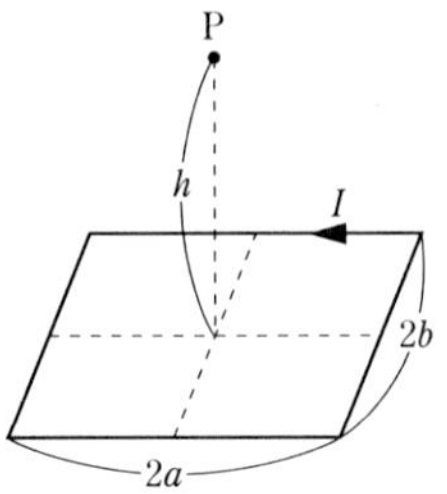

図 3・17 長方形コイルが重心軸上につくる磁界

$$\cos\theta_A = -\cos\theta_B = \frac{a}{\sqrt{a^2+b^2+h^2}}, \qquad r = \sqrt{b^2+h^2}$$

の関係より，長さ $2a$ の2辺がつくる磁界の z 成分は以下のようになる．

$$H_{z\_a} = 2H\frac{b}{r} = \frac{Iab}{\pi(b^2+h^2)\sqrt{a^2+b^2+h^2}} \tag{3・49}$$

長さ $2b$ の2辺に対しても同様であり，最終的に両者を加え合わせて

$$H_z = \frac{Iab}{\pi\sqrt{a^2+b^2+h^2}}\left(\frac{1}{a^2+h^2}+\frac{1}{b^2+h^2}\right) \tag{3・50}$$

となる．

〔3〕 無限長円柱導体に流れる電流がつくる磁界分布

図3·18に示すように，半径 a の無限長円柱導体に一様な電流密度 J で電流が流れている．導体内外の磁界 $\boldsymbol{H}$ の分布を求めてみよう．ここでは，円柱導体の中心軸を z 軸に取り，円柱座標系で考える．問題の対称性より，磁界分布は z 軸を中心に回転対称となることがわかる．3·2節の例題を思い出してほしい．z 軸からの距離が r の円周上では磁界の強さ $\boldsymbol{H}$ の大きさは一定であり，かつその向きは円周の接線方向となるので，アンペールの周回積分の法則である式（3·8）の積分はきわめて容易に計算できる．$r<a$ の場合は

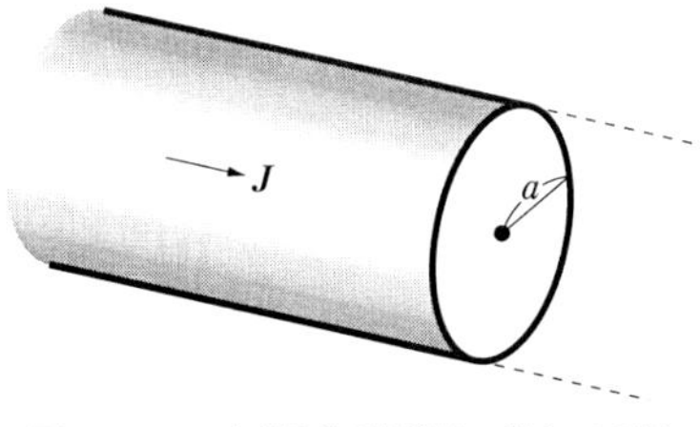

図 3・18 無限長円柱導体に流れる電流

$$\oint_C \boldsymbol{H}\cdot d\boldsymbol{l} = H\oint_C dl = H\cdot 2\pi r = \pi r^2 J \tag{3・51}$$

したがって，$H=\dfrac{rJ}{2}$ (3・52)

$r>a$ の場合は

$$\oint_C \boldsymbol{H}\cdot d\boldsymbol{l}=H\cdot 2\pi r=\pi a^2 J \tag{3・53}$$

したがって，$H=\dfrac{a^2 J}{2r}$ (3・54)

と求まる．

〔4〕 無限長のソレノイドがつくる磁界分布

最後に，**図3・19** が示すような単位長さ当たりの巻数が n で電流 I が流れる無限長のソレノイドを考えてみよう．この問題も〔3〕と同じく高い対称性を活用できる例題である．ソレノイドは無限に長いことから，磁界 $\boldsymbol{H}$ の向きはすべて軸方向であることがわかる．ソレノイド内部に設置した電流と鎖交しない長方形積分路 ABCD と，電流と鎖交する長方形積分路 EFGH に対してアンペールの周回積分の法則 (3・8) を適用する．

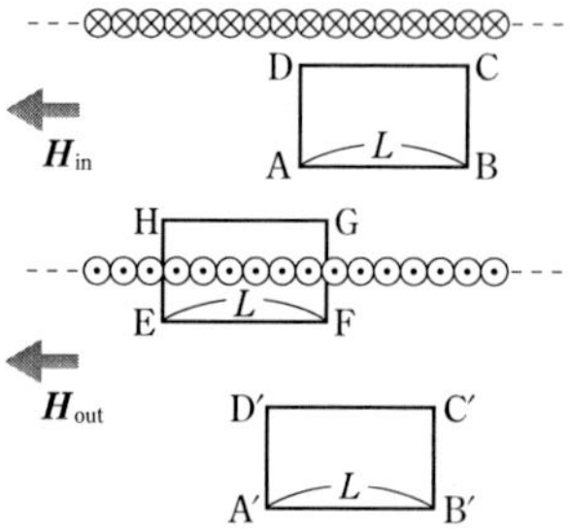

図 3・19 無限長のソレノイドがつくる磁界分布

まず

$$\oint_{ABCD} \boldsymbol{H}\cdot d\boldsymbol{l}=(-H_{AB}+H_{CD})L=0 \tag{3・55}$$

となる．ソレノイド内部であれば常に $H_{AB}=H_{CD}$ が成り立つことから，ソレノイド内部で $\boldsymbol{H}$ は均一であることがわかる．ソレノイド外部に設置した電流と鎖交しない積分路 A′B′C′D′ でも同じことがいえ，ソレノイドの軸から無限に離れた遠方では $\boldsymbol{H}=\boldsymbol{0}$ となることとあわせて考えれば，ソレノイド外部では磁界は 0 である．最後に，積分路 EFGH に式 (3・8) を適用すると，ソレノイド外部で $H_{EF}=0$ より

$$\oint_{EFGH} \boldsymbol{H}\cdot d\boldsymbol{l}=(-H_{EF}+H_{GH})L=H_{GH}L=nLI \tag{3・56}$$

したがって，ソレノイド内部の磁界は，均一で向きは軸方向，かつ大きさが

$$H=nI \tag{3・57}$$

であることがわかる．

以上のように，高い対称性を有する電流分布が形成する磁界を求める際には，ビオ・サバールの法則を用いて直接計算するよりも，アンペールの周回積分の法則を活用するのが得策な場合がある．

例　題

図3·18の問題で，電流密度 J が半径 r の関数で $J=kr$（k は比例定数）の場合，導体内外の磁界 $\boldsymbol{H}$ はどのように変わるか求めてみよう．中心軸から距離 r（$r \leqq a$）の範囲に流れる電流 I_r は

$$I_r=\int_0^{2\pi}\int_0^r kr\cdot rdrd\theta=\frac{2}{3}k\pi r^3 \tag{3·58}$$

アンペールの周回積分の法則より，$r<a$ の場合は

$$\oint_C \boldsymbol{H}\cdot d\boldsymbol{l}=H\cdot 2\pi r=\frac{2}{3}k\pi r^3 \tag{3·59}$$

したがって，$H=\dfrac{kr^2}{3}$　　(3·60)

$r>a$ の場合は

$$\oint_C \boldsymbol{H}\cdot d\boldsymbol{l}=H\cdot 2\pi r=\frac{2}{3}k\pi a^3 \tag{3·61}$$

したがって，$H=\dfrac{ka^3}{3r}$　　(3·62)

ポイント解説

3・1 動いている荷電粒子に働く力：ローレンツ力

荷電粒子に働く力のうち，粒子の速度に比例する力に基づいて磁界の大きさと向きが定義できる．

$$\boldsymbol{F}=q\boldsymbol{v}\times\boldsymbol{B}=q\mu_0\boldsymbol{v}\times\boldsymbol{H} \quad \text{〔N〕} \qquad (3\cdot1)$$

$\boldsymbol{F}$ をローレンツ力，$\boldsymbol{B}$〔T〕を磁束密度，$\boldsymbol{H}$〔A/m〕を磁界の強さと呼ぶ．

3・2 電流と磁界

磁界の強さ $\boldsymbol{H}$ や磁束密度 $\boldsymbol{B}$ の向きとそれらの源である電流の向きとの間には，アンペールの右ねじの法則が成り立つ．

磁界の強さ $\boldsymbol{H}$ を閉曲線 C に沿って線積分すると，その積分値は閉曲線 C と鎖交する総電流量に等しい．これをアンペールの周回積分の法則という．

$$\oint_C \boldsymbol{H}\cdot d\boldsymbol{l}=\sum_i N_i I_i \qquad (3\cdot8)$$

アンペールの周回積分の法則を微分形で表現すると以下のようになる．

$$\mathrm{rot}\,\boldsymbol{H}=\boldsymbol{J} \qquad (3\cdot10)$$

3・3 フレミングの左手の法則

磁界中に電流が置かれたとき，電流が流れている導線の微小長さに働く力 $d\boldsymbol{F}$ は，電流の流れる向きも考慮して線素ベクトル $d\boldsymbol{l}$ を使って

$$d\boldsymbol{F}=Id\boldsymbol{l}\times\boldsymbol{B} \qquad (3\cdot15)$$

と書ける．電流 I と磁束密度 $\boldsymbol{B}$ と働く力 $\boldsymbol{F}$ のそれぞれの向きについて成り立つ法則として，フレミングの左手の法則がある．

3・4 ビオ・サバールの法則

電流要素 $Id\boldsymbol{l}$ によって距離ベクトル $\boldsymbol{r}$ の点 P につくられる磁界の強さ $\boldsymbol{H}$ は，

$$d\boldsymbol{H}=\frac{I}{4\pi}\cdot\frac{d\boldsymbol{l}\times\boldsymbol{r}}{r^3} \qquad (3\cdot19)$$

と表すことができる．この関係式は，ビオ・サバールの法則と呼ばれる．

3・5 磁束密度に関するガウスの法則

磁界中の任意の閉曲面にわたって磁束密度 $\boldsymbol{B}$ を面積分した結果は0となる．

$$\iint_a \boldsymbol{B}\cdot d\boldsymbol{a}=0 \qquad (3\cdot 25)$$

これを，磁束密度に関するガウスの法則と呼ぶ．微分形式で書けば

$$\mathrm{div}\,\boldsymbol{B}=0 \qquad (3\cdot 26)$$

となる．この性質より

$$\boldsymbol{B}=\mathrm{rot}\,\boldsymbol{A} \qquad (3\cdot 27)$$

とおくことができ，ベクトル関数 $\boldsymbol{A}$ を磁気ベクトルポテンシャルと呼ぶ．任意の閉曲線に対する $\boldsymbol{A}$ の線積分値は，閉曲線に鎖交する磁束 $\boldsymbol{\Phi}$ に等しい（4 章参照）．

3・6 磁位（マグネティックスカラポテンシャル）と等価板磁石の法則

いかなる積分路も電流と鎖交しない限られた空間内の条件下であれば，磁位（マグネティックスカラポテンシャル）を

$$\varphi_H=-\int_\infty^P \boldsymbol{H}\cdot d\boldsymbol{l}\ \text{〔A〕} \qquad (3\cdot 38)$$

で定義することができ，磁界の強さ $\boldsymbol{H}$ は磁位 φ_H の負の勾配

$$\boldsymbol{H}=-\nabla\varphi_H \qquad (3\cdot 39)$$

で記述され，場をスカラ関数で表現することができる．

真空中に置かれた閉回路電流 I がつくる磁界分布は，その回路を縁として面に垂直に磁化した磁気モーメント

$$\boldsymbol{M}=\tau_m\boldsymbol{S}=\mu_0 I\boldsymbol{S} \qquad (3\cdot 45)$$

の磁石板（磁気二重層）による磁界に等しく，これを等価板磁石の法則という．

3・7 ビオ・サバールの法則とアンペールの周回積分の法則との使い分け

高い対称性を有する電流分布が形成する磁界分布を求める際には，ビオ・サバールの法則を用いて直接計算するよりも，アンペールの周回積分の法則を活用するのが得策な場合がある．

4 磁束を求めるにはどうすればよいの？

1 ～磁束密度 B（ベクトル）の面積分～

先生 2章で静止した電荷がつくり出す電気現象（静電界）を学び，続く3章で時間的に一定な電流がつくり出す磁気現象（静磁界）について学んだね．

学生 はい．いずれも時間的に変化しない現象なので，「静」という文字が付くんでしたよね．

先生 そのとおり．これまで学んだ範囲では，電気現象と磁気現象とが無縁のようにもみえるけど，実は違うんだよ．

学生 両者にどんな関係があるんですか？

先生 磁気現象が時間的に変化すると電気現象が生じるんだよ．

学生 電荷がなくても，電気現象をつくり出すことができるんですね．

先生 この電磁誘導現象を勉強するに当たり，初めに「**磁束**」という概念を学ぼう．

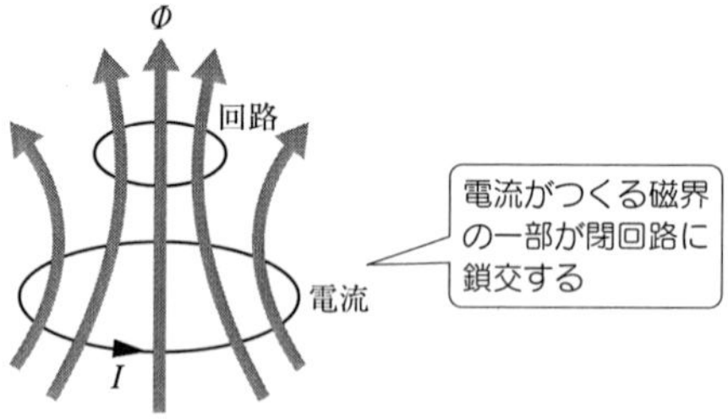

Φ
回路
電流がつくる磁界の一部が閉回路に鎖交する
電流
I

図 4・1　閉回路と鎖交磁束

図 **4・1** のように，電流と閉回路とが存在する真空の空間を考えてみよう．3章で勉強したとおり，電流により磁界が生じる．磁界は向きと大きさをもつベクトル量だよね．もっと正確にいえば，空間中の位置と時間を決めれば一意に定めることができるベクトル関数で，磁界の強さ $\boldsymbol{H}$ や磁束密度 $\boldsymbol{B}$ で表現される．

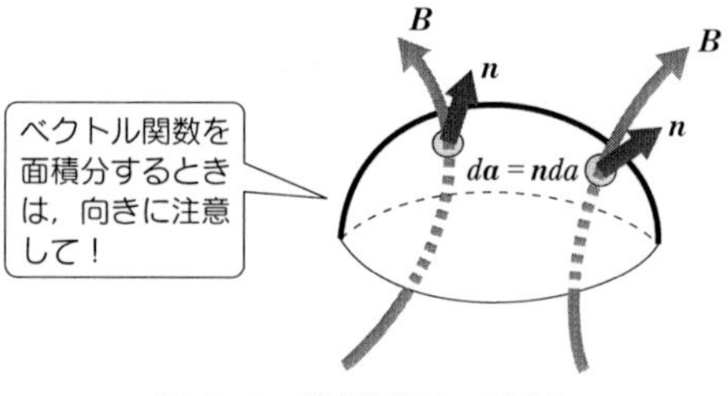

B
n
B
n
ベクトル関数を面積分するときは，向きに注意して！
da = nda

図 4・2　磁束密度 B の面積分

当然，図 **4・1** 中の閉回路の周辺にも，磁界は存在する．ここで，この閉回路の**鎖交磁束** Φ を，次のように定義する．すなわち，図 **4・2** に示すように，この閉回路を縁とする面にわたって磁束密度 $\boldsymbol{B}$ を面積分し

$$\Phi = \iint_a \boldsymbol{B} \cdot d\boldsymbol{a} = \iint_a \boldsymbol{B} \cdot \boldsymbol{n} da \text{〔Wb〕} \qquad (4 \cdot 1)$$

で与えられるものとするんだ．被積分関数の磁束密度 $\boldsymbol{B}$ については，各面素の単位法線ベクトル $\boldsymbol{n}$ の方向の成分 $\boldsymbol{B}\cdot\boldsymbol{n}$ のみが積分に関与してくることに注意してほしい．

例　題

図 4･3 に示すように，真空中で同一平面内に無限長の直線電流と 1 辺が L の 1 巻正方形コイルが置かれていたとする．コイルに鎖交する磁束を求めてみよう．

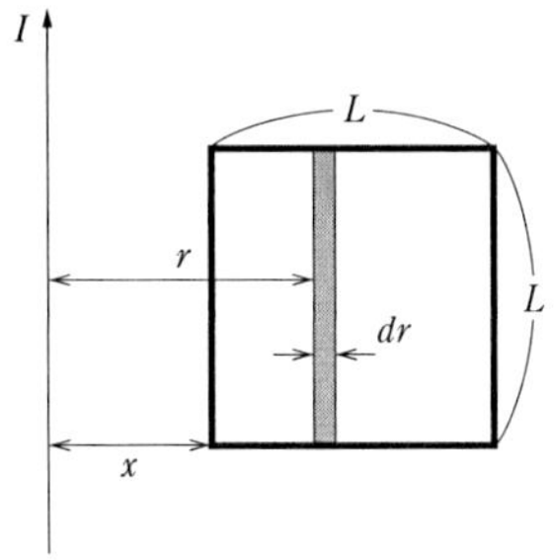

図 4・3　無限長直線導線がつくる磁界と正方形回路

【解説】 3･2 節，3･4 節で求めたように，無限長の直線状線電流から距離 r の点における磁束密度の大きさは

$$B=\frac{\mu_0 I}{2\pi r} \tag{4・2}$$

だね．したがって，正方形コイルでの鎖交磁束は

$$\Phi=\iint_a \boldsymbol{B}\cdot d\boldsymbol{a}=\iint_a \frac{\mu_0 I}{2\pi r}\cdot L dr=\frac{\mu_0 IL}{2\pi}[\log_e r]_x^{x+L}=\frac{\mu_0 IL}{2\pi}\log_e\left(\frac{x+L}{x}\right) \tag{4・3}$$

もし，コイルが N 巻きだった場合は

$$\Psi=N\Phi \tag{4・4}$$

を**鎖交磁束数**と呼ぶので，覚えておいてほしい．

4-2 磁束が時間的に変化すると何が起きるの？
～電磁誘導の法則～

先生 ここでは，磁束の時間的変化により電界が発生するという**電磁誘導現象**を勉強しよう．

学生 電磁誘導現象は誰がみつけたんですか？

先生 英国のファラデー，および米国のヘンリーが各々独自に「磁束の時間的変化により回路に電流が生じる」ことを 1831 年に発見したんだ．

学生 静電界や静磁界の場合，それらを表現するベクトル関数は，空間中の位置を決めさえすれば一意に定めることができましたよね．

先生 そうだね．ここでは，時間的に変化する現象を扱うので，時間と場所のベクトル関数として，磁界と電界との関連（電磁界）を考えていくことになる．

図 4･4 に示すように，ある閉回路に鎖交する磁束 Φ が時間的に変化しているとする．このとき，回路には起電力 e_i が生じるんだ．e_i の大きさは，Φ の時間変化の割合に等しい．また，e_i の向きは，Φ の変化を妨げるように電流を生じさせる向きとなる．この向きについての法則は**レンツの法則**と呼ばれている．したがって，閉回路に鎖交する磁束の向きと誘導される起電力の向きとの間で，右ねじの関係で正負を定めれば

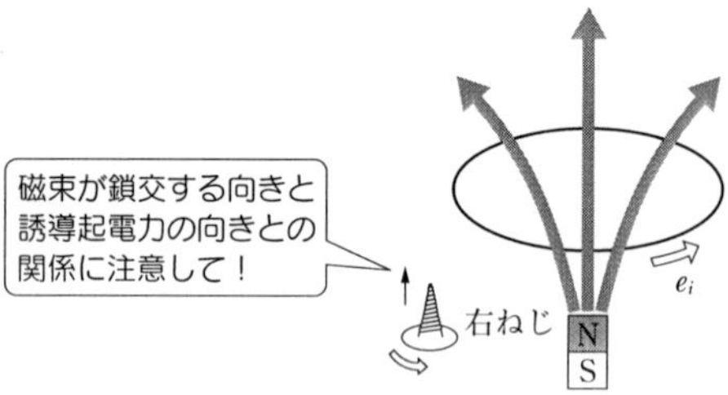

磁束が鎖交する向きと
誘導起電力の向きとの
関係に注意して！
右ねじ
e_i
N
S

図 4・4　閉回路に鎖交する磁束の向きと誘導される起電力の向き

$$e_i = -\frac{d\Phi}{dt} \text{〔V〕} \tag{4・5}$$

と表現できるよね．これが**（ファラデーの）電磁誘導の法則**だ．

コイルが N 巻の場合，全鎖交磁束の時間変化は 1 巻の場合の N 倍になる．巻数 N が一定であれば

$$e_i = -N\frac{d\Phi}{dt} = -\frac{d\Psi}{dt} \text{〔V〕} \tag{4・6}$$

となる．

ここで，簡単な例題を使って，もう少し詳しく電磁誘導現象を調べてみよう．

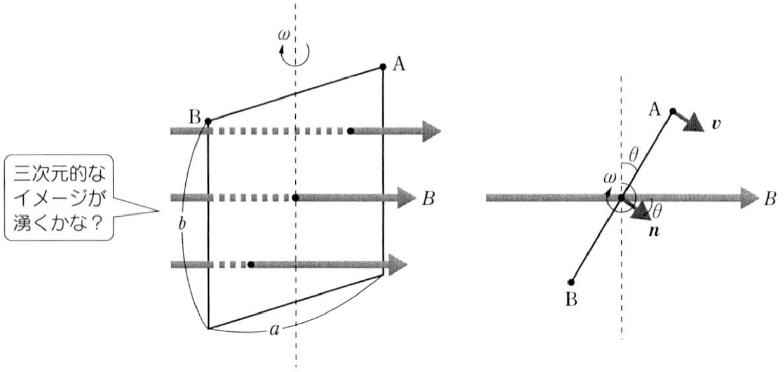

図 4・5　一様な磁界中に設置された可動コイル

図 4・5 は，真空中に一様な磁束密度 $\boldsymbol{B}$ が分布しており，その中に 2 辺がそれぞれ a，b である 1 巻の長方形コイルが設置されたようすを示している．コイルは磁界に垂直な軸の回りに回転することができる．このとき，コイルの鎖交磁束 Φ が変化するには，いくつかのケースが考えられるよね．

- まず，コイルは静止しているけれども，空間中の磁界の分布が時間的に変化することで鎖交磁束数が変化するケース．
- 次に，空間中の磁界の分布は時間的に変化していないけれども，コイルが時間的に変位（回転）することによって鎖交磁束数が変化するケース．
- 最後に，空間中の磁界分布が時間的に変化し，コイルも時間的に変位するケース．当然，コイルの鎖交磁束数は変化する．

各ケースについて，次節以降で詳しく考えてみよう．

例　題

図 4・3 で示した 1 巻正方形コイルに誘導される起電力は，どのように表現できるか考えてみよう．ただし，正方形コイルは動かないものとし，無限長の直線電流の大きさが変化するものとする．

【解説】　正方形コイルでの鎖交磁束は式（4・3）で表される．この時，電流値 I のみが時間の関数であり，式（4・5）より誘導起電力は以下のようになる．

$$e_i = -\frac{d\Phi}{dt} = -\frac{d}{dt}\iint_a \boldsymbol{B}\cdot d\boldsymbol{a} = -\frac{\mu_0 L}{2\pi}\log_e\left(\frac{x+L}{x}\right)\frac{dI}{dt}$$

4-3 時間的に変化する磁界中のコイルに生じる起電力を求めるには？
～電磁誘導の法則の微分形～

先生 図4･5において，コイルは静止したままで，空間中の磁束密度 $\boldsymbol{B}$ の分布が時間的に変化する場合を考えてみよう．このとき，コイルの鎖交磁束はどうなるだろう．

学生 鎖交磁束は，磁束密度 $\boldsymbol{B}$ をコイル面に対して面積分したものですから，$\boldsymbol{B}$ が時間的に変化すれば鎖交磁束も変化しますね．

先生 そのとおり．式（4･1），（4･5）より

$$e_i = -\frac{d\Phi}{dt} = -\frac{d}{dt}\iint_a \boldsymbol{B}\cdot d\boldsymbol{a} \qquad (4\cdot7)$$

となる．

学生 はい，ベクトル関数の面積分では，その成分のうち面素の単位法線ベクトル方向の成分のみが関与してくることに注意するんでしたね．

先生 コイルに起電力が誘導されれば，電流 I が流れることとなる．コイル全体の抵抗を R，磁束密度 $\boldsymbol{B}$ の時間変化で新たに生じた起電力を e_i として回路を描けば，コイル中の電界の強さ $\boldsymbol{E}$ のようすはちょうど**図4･6**の状況になっていると考えればいいよね．

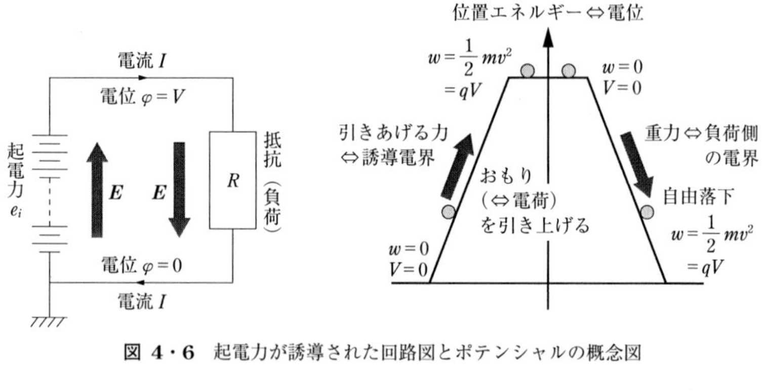

図 4・6 起電力が誘導された回路図とポテンシャルの概念図

式（4･7）をさらに変形していこう．式（4･7）の右辺には，磁束密度 $\boldsymbol{B}$ とコイル面における面素ベクトル $d\boldsymbol{a}$ が含まれている．ここではコイルは静止しているので，コイル面は時間に無関係だよね．すなわち，面素ベクトル $d\boldsymbol{a}$ は時間に無関係ということになる．一方，磁束密度 $\boldsymbol{B}$ は場所と時間のベクトル関数なの

で，時間微分項は $\boldsymbol{B}$ の方にだけかかってくる．したがって，式（4·7）は次のように変形することができる．

$$e_i = -\frac{d\Phi}{dt} = -\iint_a \frac{\partial \boldsymbol{B}}{\partial t} \cdot d\boldsymbol{a} \tag{4・8}$$

2章で学んだ電位差の概念を思い出してみよう．電界の強さ $\boldsymbol{E}$ は単位電荷当たりに働く力で定義でき，単位電荷の移動に伴って生じるエネルギー差が電位差だったよね．すなわち，電位差（エネルギー差）は電界の強さ $\boldsymbol{E}$ を線積分することで求めることができる．

ここで，円形の加速器の中で電磁誘導によって電界が生じている状況を考えてみよう．加速器の中に置かれた電荷は電界により加速され，円形加速器を1周した段階で，式（2·6）を円周に沿って積分したことに相当し

$$W = q\oint_C \boldsymbol{E} \cdot d\boldsymbol{l} \tag{4・9}$$

のエネルギーを得ることになる．すなわち，加速器を1周したとき，その電荷は式（4·9）の右辺にあるように，電界の強さ $\boldsymbol{E}$ の1周分の線積分値に相当するぶんだけ高い電位に移ったことと等価になる．したがって，加速器1周の誘導起電力は

$$e_i = \oint_C \boldsymbol{E} \cdot d\boldsymbol{l} \tag{4・10}$$

で与えられることになる．抵抗 R 側（負荷側）での視点の式（2·6）と，起電力側での視点の式（4·10）は，図4·6のように電界の強さ $\boldsymbol{E}$ の向きと線積分の向きの関係が逆になっていることに注意してほしい．

さらに，式（4·10）の右辺にストークスの定理の式（1·48）を適用すれば次のように書ける．

$$e_i = \oint_C \boldsymbol{E} \cdot d\boldsymbol{l} = \iint_a \mathrm{rot}\,\boldsymbol{E} \cdot d\boldsymbol{a} \tag{4・11}$$

式（4·8）と式（4·11）を比較してごらん．最終的に，次の関係が得られることがわかるかな．

$$\mathrm{rot}\,\boldsymbol{E} = -\frac{\partial \boldsymbol{B}}{\partial t} \tag{4・12}$$

これは，電磁誘導の法則を微分形で表現したものなんだ．式（4·12）をみる

と，考察している点が，導体内であるか誘電体内であるか真空中なのかなどにかかわらず，磁束密度 $\boldsymbol{B}$ が時間的に変化している点においては電界 $\boldsymbol{E}$ が誘導されることがわかる．

この式（4･12）から，静電荷による電界と電磁誘導による電界の違いが理解できるかな．2章で学んだ静電荷による静電界は $\mathrm{rot}\,\boldsymbol{E}=\boldsymbol{0}$ であり，保存場の性質をもっていたよね．これに対し，電磁誘導による電界（誘導電界）は式（4･12）から保存場ではないことがわかる．同じ電界でも，誘導電界と静電界とは性質が異なるんだ．

例　題

〔1〕 真空中で同一平面内に無限長の直線電流と一辺が L の1巻正方形コイルが置かれていたとする（図4･3参照）．直線電流 I が

$$I=I_0\cos(\omega t+\varphi) \tag{4・13}$$

のとき，コイルに誘導される起電力を求めてみよう．

【解説】 無限長の直線状線電流から距離 r の点における磁束密度の大きさは

$$B=\frac{\mu_0 I_0}{2\pi r}\cos(\omega t+\varphi) \tag{4・14}$$

となるので，その時間微分を求めると

$$\frac{\partial B}{\partial t}=-\frac{\mu_0 I_0\omega}{2\pi r}\sin(\omega t+\varphi) \tag{4・15}$$

したがって，起電力は式（4･8）より

$$\begin{aligned} e_i&=-\iint_a\frac{\partial\boldsymbol{B}}{\partial t}\cdot d\boldsymbol{a}=\iint_a\frac{\mu_0 I_0\omega}{2\pi r}\sin(\omega t+\varphi)\cdot Ldr\\ &=\frac{\mu_0 I_0\omega L\sin(\omega t+\varphi)}{2\pi}[\log_e r]_x^{x+L}=\frac{\mu_0 I_0\omega L\sin(\omega t+\varphi)}{2\pi}\log_e\left(\frac{x+L}{x}\right) \end{aligned} \tag{4・16}$$

となる．これは，同じく式（4･8）の第2項 $-d\Phi/dt$ の計算結果，すなわち，時刻 t でのコイルの鎖交磁束数

$$\Phi=\iint_a\boldsymbol{B}\cdot d\boldsymbol{a}=\iint_a\frac{\mu_0 I_0\cos(\omega t+\varphi)}{2\pi r}\cdot Ldr=\frac{\mu_0 I_0 L\cos(\omega t+\varphi)}{2\pi}\log_e\left(\frac{x+L}{x}\right) \tag{4・17}$$

を求めてから，その時間微分を計算しても，同じ結果が得られる．

〔2〕 図 4·5 において，コイル面の法線と磁束密度 $\boldsymbol{B}$ のなす角が θ のまま一定としよう．そして，磁束密度 $\boldsymbol{B}$ の大きさが $B=B_0\sin(\omega t+\varphi)$ で時間的に変化しているとする．このとき，コイルに生じる誘導起電力を求めてみよう．

【解説】 磁束密度 $\boldsymbol{B}$ の時間変化は

$$\frac{\partial B}{\partial t}=B_0\omega\cos(\omega t+\varphi) \tag{4・18}$$

となる．したがって起電力は，式（4·8）より

$$e_i=-\iint_a \frac{\partial \boldsymbol{B}}{\partial t}\cdot d\boldsymbol{a}=-B_0\omega\cos(\omega t+\varphi)\cdot ab\cos\theta \tag{4・19}$$

となる．これは，同じく式（4·8）の第 2 項 $-d\Phi/dt$ の計算結果，すなわち，時刻 t でのコイルの鎖交磁束数

$$\Phi=B_0\sin(\omega t+\varphi)\cdot ab\cos\theta \tag{4・20}$$

を求めてから，その時間微分を計算しても，同じ結果が得られる．

4　導体が磁界中を変位したときに生じる誘導起電力を求めるには？
4　～磁束切断による誘導起電力～

先生　次に，図 4·5 において，磁束密度 $\boldsymbol{B}$ の分布は時間的に一定で変わらないけれども，コイルが変位（回転）することでコイルの鎖交磁束 Φ が変化する場合を考えてみよう．

学　生　確かに，不均一な磁界分布の中でコイルが移動したり，一様な磁界分布でも磁界の方向とコイル面の向きが変わったりすれば，コイルに鎖交する磁束数は変化しますね．

先　生　ここでは**図 4·7** に示すように，コイルの変位について一般性をもたせた表現として，コイルが dt の時間の間に速度 $\boldsymbol{v}$ で移動したとしよう．コイルの鎖交磁束量の変化分を図 4·7 で説明できるかな．

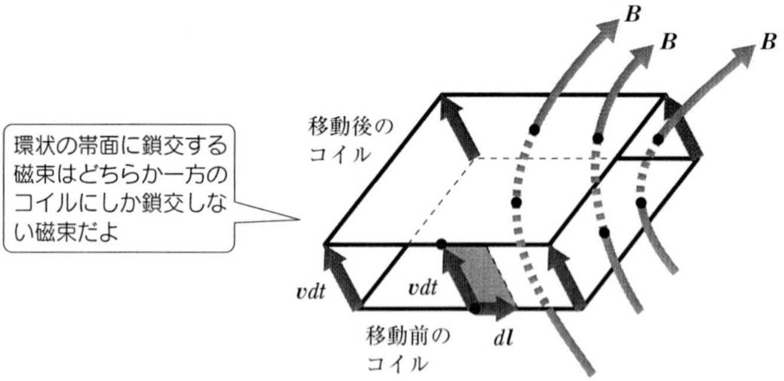

B
B
B
移動後の
コイル
環状の帯面に鎖交する
磁束はどちらか一方の
コイルにしか鎖交しな
い磁束だよ
vdt
vdt
移動前の
コイル
dl

図 4·7　コイルの移動による鎖交磁束数の変化

学　生　……（沈黙）

先　生　磁束密度 $\boldsymbol{B}$ の発散は 0（$\mathrm{div}\,\boldsymbol{B}=0$）となることを 3 章で学んだね．すなわち，移動前後のコイルで形造られた六面体の表面にわたって $\boldsymbol{B}$ を面積分した結果は 0 になるということだね．したがって，移動によりコイルが描く環状の帯面に鎖交する磁束量が，移動前後のコイルの鎖交磁束量の変化分 $d\Phi$ に相当することになるんだ．

　コイルの移動ベクトル $\boldsymbol{v}dt$ とコイル上の線素ベクトル $d\boldsymbol{l}$ とで，帯面での面素ベクトル $d\boldsymbol{a}$ は

$$d\boldsymbol{a}=\boldsymbol{v}dt\times d\boldsymbol{l} \qquad (4\cdot21)$$

と表現できる．この面素ベクトルの向きは六面体の内部に向いている．

したがって，式（4・21）と磁束密度 $\boldsymbol{B}$ との内積をとれば，それは鎖交磁束数の増加分に相当する．これをコイルに沿って周回積分することで，帯面全体での鎖交磁束数の増加分は

$$d\Phi = \iint_a \boldsymbol{B}\cdot d\boldsymbol{a} = \oint_C \boldsymbol{B}\cdot(\boldsymbol{v}\times d\boldsymbol{l})\,dt \tag{4・22}$$

と得られる．最終的に，式（4・5）およびスカラ三重積の公式（1・22）により，誘導起電力は

$$e_i = -\frac{d\Phi}{dt} = \oint_C (\boldsymbol{v}\times\boldsymbol{B})\cdot d\boldsymbol{l} \tag{4・23}$$

と表される．ここで，式（4・10），（4・23）を比較してごらん．

$$\boldsymbol{E} = \boldsymbol{v}\times\boldsymbol{B} \tag{4・24}$$

の関係が得られるよね．磁束密度 $\boldsymbol{B}$ の中を速度 $\boldsymbol{v}$ で移動する電荷 q には

$$\boldsymbol{F} = q\boldsymbol{v}\times\boldsymbol{B} \tag{4・25}$$

のローレンツ力が働くことを3章で学んだけれど，覚えているかな．磁界中で導体を移動させた場合でも，導体中の電荷は同じように式（4・25）の力を受ける．これは，導体中で電界が生じたと考えることができ，式（4・24）がそれを表現しているんだ．すなわち，導体がループを形成しているかいないかにかかわらず，磁界中で導体を移動させたときに電界が誘導される（起電力が誘導される）ことを式（4・24）は表しているんだね．

ここで，式（4・24）の $\boldsymbol{v}\times\boldsymbol{B}$ が $\boldsymbol{0}$ とならない角度をもって磁束線に対して導体が移動して交差することを，**磁束切断**と呼ぶことにしよう．この磁束切断による誘導起電力の式（4・24）において，導体の移動速度 $\boldsymbol{v}$，磁束密度 $\boldsymbol{B}$，誘導起電力 e_i の方向について，フレミングの右手の法則が成り立つ．**図4・8**に示すように，互いに直角に開いた右手の親指，人差し指，中指が，それぞれ $\boldsymbol{v}$，$\boldsymbol{B}$，e_i の方向となる．

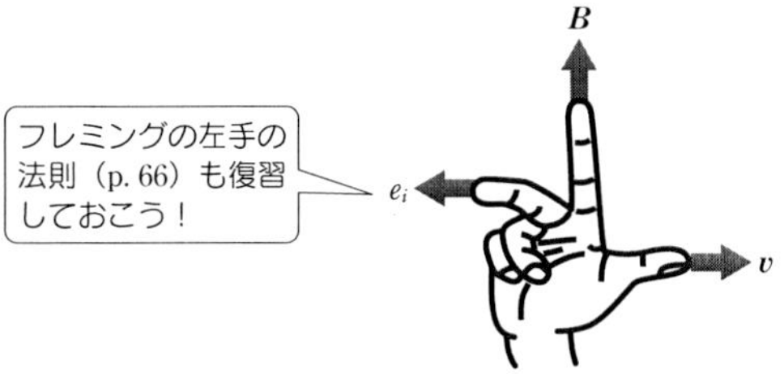
B
e_i
v
フレミングの左手の法則（p. 66）も復習しておこう！

図 4・8　フレミングの右手の法則

例　題

図 4·5 において，磁束密度 $\boldsymbol{B}$ は時間的に一定で変わらないとし，磁界に垂直な軸の回りに角速度 ω でコイルを回転させた場合を考えよう．このとき，コイルに生じる誘導起電力はどのようになるか．

【解説】 式（4·23）より $\boldsymbol{v}$，$\boldsymbol{B}$，$d\boldsymbol{l}$ の方向を考えれば，長さ a のコイル辺では起電力は発生しない．ここでは，長さ b の辺のみ考えればよい．長さ b の辺の速度 $\boldsymbol{v}$ は

$$|\boldsymbol{v}|=\frac{a}{2}\omega \tag{4・26}$$

である．コイル面の法線と磁束密度 $\boldsymbol{B}$ のなす角を $\theta=\omega t$ とすれば

$$|\boldsymbol{v}\times\boldsymbol{B}|=\frac{a\omega}{2}B\sin\omega t \tag{4・27}$$

となる．式（4·23）の線積分は，長さ b の辺 2 本にわたって行うことになるので

$$e_i=\oint_C(\boldsymbol{v}\times\boldsymbol{B})\cdot d\boldsymbol{l}=\frac{a\omega}{2}B\sin\omega t\cdot 2b=Bab\omega\sin\omega t \tag{4・28}$$

が得られる．

別解として，式（4·23）の第 2 項（鎖交磁束数の時間変化）を用いて，誘導起電力を求めてみよう．コイル面の法線と磁束密度 $\boldsymbol{B}$ のなす角が $\theta=\omega t$ であるから，時刻 t でのコイルの鎖交磁束数は

$$\Phi=B\cdot ab\cos\omega t \tag{4・29}$$

と表現できる．したがって

$$e_i=-\frac{d\Phi}{dt}=Bab\omega\sin\omega t \tag{4・30}$$

となり，式（4·28）と同じ結果が得られる．

最後に，図 4·5 において，磁束密度 $\boldsymbol{B}$ が時間的に変化すると同時にコイルも移動し，両者の影響でコイルの鎖交磁束 $\boldsymbol{\Phi}$ が変化する場合を考えてみよう．

学　生 何だかとても複雑になるような気がします．

先　生 いやいや，そんなことはないよ．4·3 節および 4·4 節で考察した鎖交磁束の変化を，両方とも加え合わせることで対応できる．すなわち，式（4·8），

(4·23) の両者を加え合わせ，誘導起電力は

$$e_i = -\frac{d\Phi}{dt} = -\iint_a \frac{\partial \boldsymbol{B}}{\partial t} \cdot d\boldsymbol{a} + \oint_C (\boldsymbol{v} \times \boldsymbol{B}) \cdot d\boldsymbol{l} \qquad (4 \cdot 31)$$

となる．いずれにしても，鎖交磁束数の時間変化として，誘導起電力を表現できることがわかるね．

例　題

図 4·5 において，磁束密度 $\boldsymbol{B}$ の大きさが $B = B_0 \sin(\omega t + \varphi)$ で時間的に変化し，かつ磁界に垂直な軸の回りに角速度 ω でコイルを回転させたとき，コイルに生じる誘導起電力を求めてみよう．

【解説】　コイル面の法線と磁束密度 $\boldsymbol{B}$ のなす角を $\theta = \omega t$ とすれば，式 (4·31) は

$$\begin{aligned} e_i &= -\iint_a \frac{\partial \boldsymbol{B}}{\partial t} \cdot d\boldsymbol{a} + \oint_C (\boldsymbol{v} \times \boldsymbol{B}) \cdot d\boldsymbol{l} \\ &= -B_0 \omega \cos(\omega t + \varphi) \cdot ab \cos \omega t + B_0 \sin(\omega t + \varphi)\, ab\omega \sin \omega t \qquad (4 \cdot 32) \\ &= -B_0 \omega ab \cos(2\omega t + \varphi) \end{aligned}$$

となる．

別解として，時刻 t でのコイルの鎖交磁束数は，コイル面の法線と磁束密度 $\boldsymbol{B}$ のなす角が $\theta = \omega t$ であるから

$$\begin{aligned} \Phi &= B_0 \sin(\omega t + \varphi) \cdot ab \cos \omega t \\ &= \frac{1}{2} B_0 ab \{\sin(2\omega t + \varphi) + \sin \varphi\} \end{aligned} \qquad (4 \cdot 33)$$

である．鎖交磁束数の時間変化を用いて，誘導起電力を求めれば

$$e_i = -\frac{d\Phi}{dt} = -B_0 \omega ab \cos(2\omega t + \varphi) \qquad (4 \cdot 34)$$

となり，やはり式 (4·32) と同じ結果が得られる．

電気機器の分野では，式 (4·31) の第 1 項を変圧器起電力，第 2 項を速度起電力と呼ぶこともある．

回路に流れる電流が変化すると自身の回路にも誘導起電力を生じるの？

5 ～自己インダクタンスと相互インダクタンス～

学生 ここまで磁界が存在する空間中にコイルが置かれている設定で問題を考えてきましたが，磁界を発生させているのも，電流が流れているコイルですよね．

先 生 そうだね．

学 生 そうすると，ある回路に電流が流れると磁界が発生し，その回路自身に磁束が鎖交していることになりますよね．

先 生 磁界を発生している巻数 N の回路が線形の媒質中に置かれているとしよう．電流 I と全鎖交磁束数 $\Psi=N\Phi$ の間に比例関係が成り立ち，その比は

$$L=\frac{\Psi}{I}=N\frac{\Phi}{I} \qquad (4\cdot35)$$

と表現できる．式（4･35）の L を，その回路の**自己インダクタンス**と呼ぶ．L の単位は〔H〕（ヘンリー）であり，以下の関係式が成り立つ．

$$\left.\begin{array}{l}1\,\mathrm{H}=1\,\mathrm{Wb/A}=1\,\mathrm{V\cdot s/A}\\ 1\,\mathrm{Wb}=1\,\mathrm{V\cdot s}=1\,\mathrm{H\cdot A}\end{array}\right\} \qquad (4\cdot36)$$

閉回路に流れる電流が時間的に変化すると，回路自身に鎖交する磁束数も時間的に変化する．したがって，4･2 節で学んだように電磁誘導現象により回路に起電力 e_i が誘導される．式（4･5），（4･35）より，起電力 e_i は

$$e_i=-\frac{d\Psi}{dt}=-L\frac{dI}{dt} \qquad (4\cdot37)$$

と表すことができる．この e_i を**自己誘導起電力**と呼ぶ．

次に，**図 4･9** のように近距離に置かれた二つのコイルを考えてみよう．このとき，回路 1 に流れる電流 I_1 で生じた磁束は，回路 1 自身だけでなく，回路 2 にも鎖交する．その全鎖交磁束数 $\Psi_{21}=N_2\Phi_{21}$ と電流 I_1 の比

$$M_{21}=\frac{\Psi_{21}}{I_1}=N_2\frac{\Phi_{21}}{I_1} \qquad (4\cdot38)$$

を，**相互インダクタンス**と呼ぶ．逆も同様で，回路 2 に電流 I_2 が流れて磁束が生じ，そ

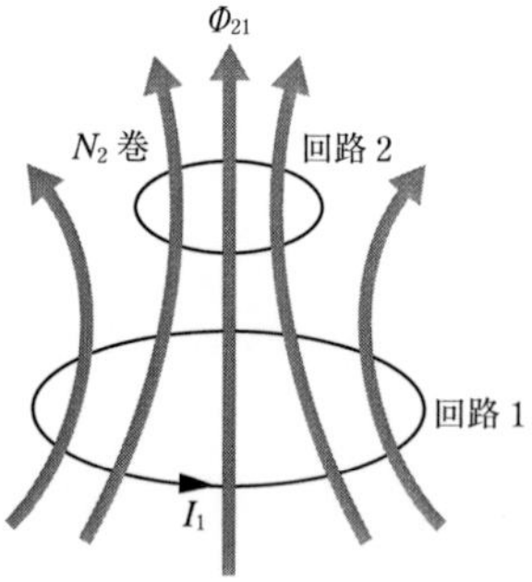

図 4･9 二つのコイルと鎖交磁束数

の磁束による回路1の全鎖交磁束数 $\Psi_{12}=N_1\Phi_{12}$ においても，相互インダクタンスを定義できる．

$$M_{12}=\frac{\Psi_{12}}{I_2}=N_1\frac{\Phi_{12}}{I_2} \qquad (4\cdot 39)$$

ここで，M_{12} と M_{21} の大きさを比較してみよう．**図 4·10** において，回路1上の微小な電流線素ベクトル $N_1I_1d\boldsymbol{l}_1$ が，回路2の線素ベクトル $d\boldsymbol{l}_2$ の位置につくる磁気ベクトルポテンシャル $d\boldsymbol{A}$ は，式（3·35）より

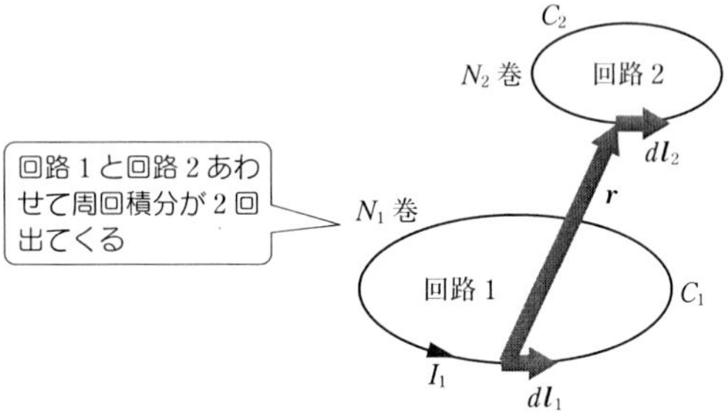

図 4・10　ノイマンの公式

$$d\boldsymbol{A}=\frac{\mu N_1 I_1}{4\pi}\frac{d\boldsymbol{l}_1}{r} \qquad (4\cdot 40)$$

と表せる．ここで r は，$d\boldsymbol{l}_1$ から $d\boldsymbol{l}_2$ に向かう距離ベクトルの大きさである．式（4·40）を回路1にわたって周回積分すれば，回路1に流れる電流が $d\boldsymbol{l}_2$ の位置につくる磁気ベクトルポテンシャルを求めることができる．

$$\boldsymbol{A}=\frac{\mu N_1 I_1}{4\pi}\oint_{C_1}\frac{d\boldsymbol{l}_1}{r} \qquad (4\cdot 41)$$

式（3·36）で学んだように，磁気ベクトルポテンシャルを閉回路に沿って周回積分すると，閉回路を縁とする面に対する磁束密度の面積分値，すなわち閉回路の鎖交磁束数となる．したがって，式（4·41）を回路2に沿ってさらに周回積分すれば，回路2に鎖交する磁束 Φ_{21} が求められる．

$$\Phi_{21}=\oint_{C_2}\boldsymbol{A}\cdot d\boldsymbol{l}_2=\frac{\mu N_1 I_1}{4\pi}\oint_{C_1}\oint_{C_2}\frac{d\boldsymbol{l}_1\cdot d\boldsymbol{l}_2}{r} \qquad (4\cdot 42)$$

式（4·42）を式（4·38）に代入すれば

$$M_{21}=\frac{\mu N_1 N_2}{4\pi}\oint_{C_1}\oint_{C_2}\frac{d\boldsymbol{l}_1\cdot d\boldsymbol{l}_2}{r} \qquad (4\cdot 43)$$

が得られる．これを，**ノイマンの公式**という．同様に，回路2がつくる磁界のうち回路1に鎖交する磁束量を求めて M_{12} を求めれば

$$M = M_{12} = M_{21} \tag{4・44}$$

となることは，式（4･43）の右辺の添字 1，2 を入れ換えても同一の式が得られることから明らかである．

最後に，近距離に置かれた二つの閉回路において，流れる電流が時間的に変化する場合を考えてみよう．例えば，回路 1 に流れる電流 I_1 が時間的に変化すれば，回路 2 に鎖交する磁束数が変化するので，回路 2 には起電力 e_2 が誘導される．

式（4･5），（4･38），（4･44）より，起電力 e_i は

$$e_2 = -\frac{d\Psi_{21}}{dt} = -M\frac{dI_1}{dt} \tag{4・45}$$

と表せる．回路 2 に流れる電流 I_2 が時間的に変化した場合，回路 1 に誘導される相互誘導起電力 e_1 についても，同様に

$$e_1 = -\frac{d\Psi_{12}}{dt} = -M\frac{dI_2}{dt} \tag{4・46}$$

で表される．これら，e_1，e_2 を**相互誘導起電力**と呼ぶ．

例 題

〔1〕 真空中に置かれた単位長さ（1 m）当たりの巻数が n，断面積が S〔m^2〕の無限長のソレノイドを考える．このソレノイドの単位長さ（1 m）当たりの自己インダクタンスを求めよう．

【解説】

3･7 節で求めたように，無限長のソレノイドの内部の磁束密度の大きさは

$$B = \mu_0 n I \tag{4・47}$$

である．したがって，単位長さ当たりの鎖交磁束数は

$$\Psi = n\Phi = \mu_0 n^2 I S \tag{4・48}$$

式（4･35）より，自己インダクタンス L は

$$L = \frac{\Psi}{I} = \mu_0 n^2 S \ \text{〔H/m〕} \tag{4・49}$$

と表される．

〔2〕 図 4･3 に示すような，真空中で同一平面内に置かれた無限長の直線状導線（直線電流）と 1 辺が L の n 巻正方形コイルを考える．両者の相互インダク

タンスを求めてみよう．

【解説】

3·2 節，3·4 節で求めたように，無限長の直線状線電流から距離 r の点における磁束密度の大きさは

$$B=\frac{\mu_0 I}{2\pi r} \tag{4・50}$$

である．正方形コイルでの鎖交磁束数は

$$\begin{aligned}\Psi&=n\Phi=n\iint_a \boldsymbol{B}\cdot d\boldsymbol{a}\\&=n\iint_a\frac{\mu_0 I}{2\pi r}\cdot L\,dr=\frac{\mu_0 nIL}{2\pi}[\log_e r]_x^{x+L}=\frac{\mu_0 nIL}{2\pi}\log_e\left(\frac{x+L}{x}\right)\end{aligned} \tag{4・51}$$

となる．したがって，式（4·38）あるいは式（4·39）よりインダクタンス M は

$$M=\frac{\Psi}{I}=\frac{\mu_0 nL}{2\pi}\log_e\left(\frac{x+L}{x}\right)\text{〔H〕} \tag{4・52}$$

と表わされる（4·3 節の例題〔1〕参照）．

4章 電磁誘導

ポイント解説

4・1　磁束密度 $\boldsymbol{B}$（ベクトル）の面積分

閉回路に鎖交する磁束 $\varPhi$ を求めるには，その閉回路を縁とする面にわたって磁束密度 $\boldsymbol{B}$ を面積分すればよい．

$$\varPhi=\iint_a \boldsymbol{B}\cdot d\boldsymbol{a}=\iint_a \boldsymbol{B}\cdot\boldsymbol{n}da \text{〔Wb〕} \qquad (4\cdot 1)$$

4・2　電磁誘導の法則

閉回路に鎖交する磁束 $\varPhi$ が時間的に変化すると，回路には起電力 e_i が生じる（ファラデーの電磁誘導の法則）．e_i の大きさは $\varPhi$ の時間変化の割合に等しい．e_i の向きは $\varPhi$ の変化を妨げるように電流を生じさせる向きとなる（レンツの法則）．

$$e_i=-\frac{d\varPhi}{dt} \text{〔V〕} \qquad (4\cdot 5)$$

4・3　電磁誘導の法則の微分形

コイルは静止しているけれども，空間中の磁界の分布が時間的に変化することで鎖交磁束数が変化するケースでは，起電力 e_i は以下のように表現できる．

$$e_i=-\frac{d\varPhi}{dt}=-\iint_a \frac{\partial \boldsymbol{B}}{\partial t}\cdot d\boldsymbol{a} \qquad (4\cdot 8)$$

$$\mathrm{rot}\,\boldsymbol{E}=-\frac{\partial \boldsymbol{B}}{\partial t} \qquad (4\cdot 12)$$

微分形の式（4･12）より，考察点が導体内であるか誘電体内であるか真空中なのかなどにかかわらず，磁束密度 $\boldsymbol{B}$ が時間的に変化している点においては電界 $\boldsymbol{E}$ が誘導されることがわかる．また，電磁誘導による電界（誘導電界）は保存場ではなく，静電界とは性質が異なっている．

4・4　磁束切断による誘導起電力

空間中の磁界の分布は時間的に変化していないけれども，コイルが時間的に変位（回転）することによって鎖交磁束数が変化するケースでは，誘導起電力は

$$e_i=-\frac{d\varPhi}{dt}=\oint_c (\boldsymbol{v}\times\boldsymbol{B})\cdot d\boldsymbol{l} \qquad (4\cdot 23)$$

と表される．ここで

$$\boldsymbol{E}=\boldsymbol{v}\times\boldsymbol{B} \qquad (4\cdot 24)$$

として，導体がループを形成しているかいないかにかかわらず，磁界中で導体を移動させたときに電界が誘導される（起電力が誘導される）ことがわかる．また，式中の導体の移動速度 $\boldsymbol{v}$，磁束密度 $\boldsymbol{B}$，誘導起電力 e_i の方向について，フレミングの右手の法則が成り立つ．

4・5 自己インダクタンスと相互インダクタンス

自己インダクタンスは，電流 I と全鎖交磁束数 $\Psi = N\Phi$ との比

$$L = \frac{\Psi}{I} = N\frac{\Phi}{I} \tag{4・35}$$

で定義される．二つのコイル間では同様に，相互インダクタンス

$$M = N_2\frac{\Phi_{21}}{I_1} = N_1\frac{\Phi_{12}}{I_2} \quad (4・38),\ (4・39)$$

を定義できる．自己インダクタンスや相互インダクタンスを用いて，起電力 e_i は

$$e_i = -\frac{d\Psi}{dt} = -L\frac{dI}{dt} \tag{4・37}$$

$$e_2 = -\frac{d\Psi_{21}}{dt} = -M\frac{dI_1}{dt} \tag{4・45}$$

$$e_1 = -\frac{d\Psi_{12}}{dt} = -M\frac{dI_2}{dt} \tag{4・46}$$

と表される．

5 1 電子レンジはなぜ食品だけを温められる？

～電気双極子の配向～

先生，電子レンジってどうして食品だけあったまるんですか？

先　生 食品っていうのは，ほとんど水でできているよね．電子レンジではマイクロ波という電磁波を食品に照射して，マイクロ波を吸収した食品中の水が発熱する．だから，水分のない容器などは熱くならず，食品だけがあったまるんだよ．

学　生 どうして，マイクロ波を照射すると水は熱を発生するんですか？

先　生 それは水が，2章で学んだ電気双極子で構成されているからだよ．水分子は H_2O だから，**図 5･1** に示すように，水素二つと酸素一つにより構成されている．水分子自体は，水素が1個，酸素が6個の最外殻電子を共有することで結合しており（共有結合），水分子内の電子と陽子の数は同じだから，水分子は電気的に中性のはずであるが，酸素は4個の非共有電子対（孤立電子対）をもつために，分子内の電子を引き付ける力（電気陰性度）が大きく，逆に水素は電気陰性度が小さいため，分子内で電子の分布に偏りができて，酸素原子の方が負，水素の方が正の電荷を帯びたようになる．つまり，**図 5･2** に示すように，本来，電気的には中性の分子であっても電子雲の分布に偏りがあれば，負電荷と正電荷の対，すなわち電気双極子が生じる．この電気双極子の大きさは，2章で学んだように**電気双極子モーメント** $p=ql$ として表される．水分子の電気双極子は図 **5･3** のように一つの負の電荷と二つの正電荷で表されるが，そのベクトルの方向を考慮すれば，図 5･3 のように一つのベクトルで表すことができる．また，電気双極子が電界中に

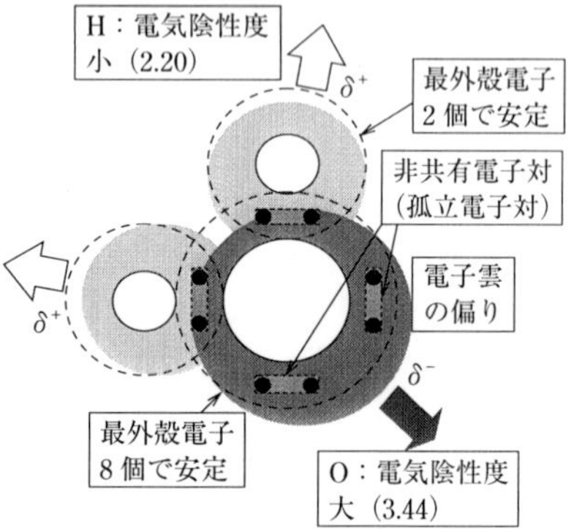

図 5・1　水分子の電気双極子

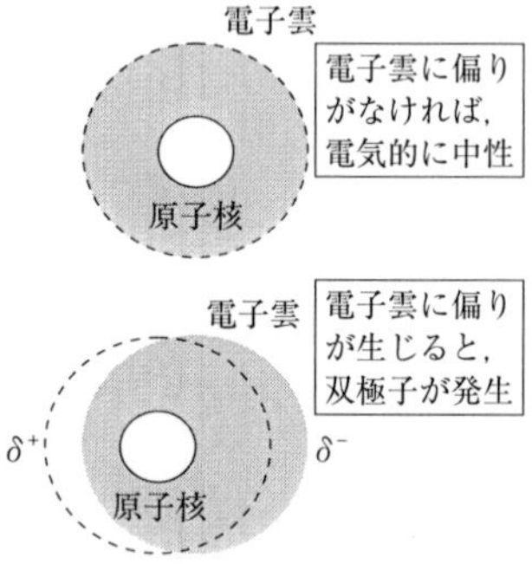

図 5・2　電子雲の偏りによる双極子分極

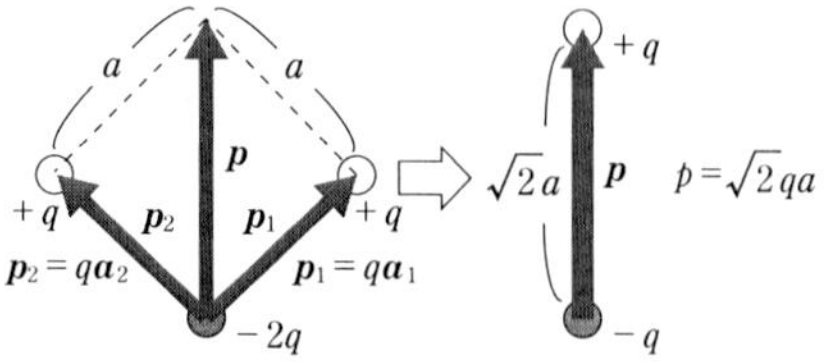

図 5・3　二つの正電荷と一つの負電荷による電気双極子モーメント

置かれると，2章で示したように，電気双極子モーメントが電界の方向に向こうとするので，分子が回転しようとする．水分子に電磁波であるマイクロ波が照射されると，電磁波の電界方向は**図5·4**のように変化するため，水分子の回転方向も電界とともに変化し，水分子が激しく振動し，発熱するんだよ．

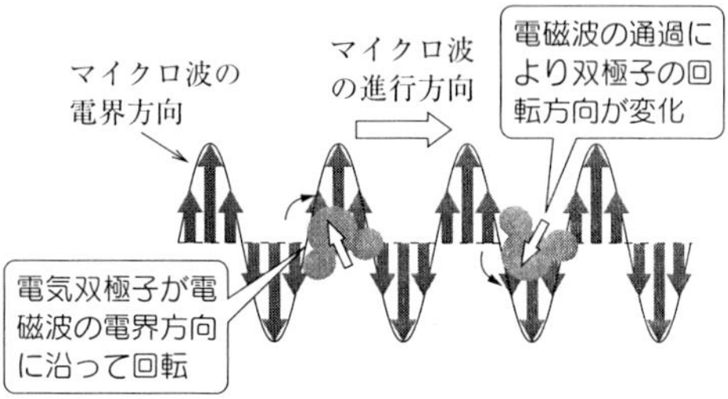

図 5・4　電磁波と電気双極子

このように，電気双極子モーメントが電界の方向に向くことにより，分子の向きが変わる現象は，**配向分極**と呼ばれ，液晶表示素子にも応用されている．**図5·5**のように，液晶分子は細長く，かつ電気双極子をもっている．また，この分子を光が透過する性質は，分子の方向によって異なっている．つまり，この長い分子を電極に平行に並べるか，垂直に並べるかで光の透過する性質が異なるので，配向分極により光のオン・オフを制御できるのが液晶素子である．

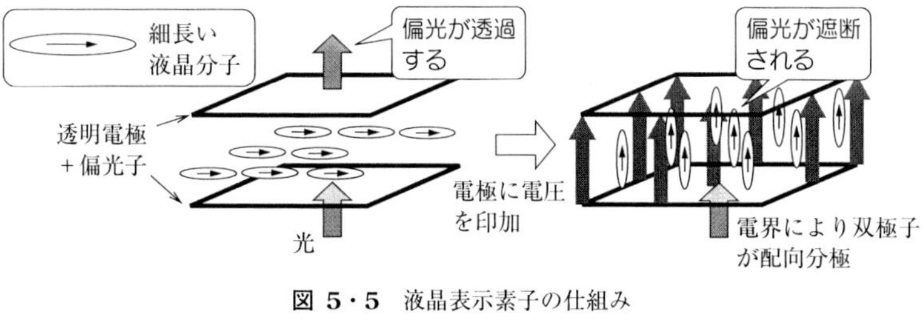

図 5・5　液晶表示素子の仕組み

5-2 分極って何だ？

～分極の種類～

学生 水分子に電界を印加すると双極子の「配向分極」が発生することはわかりましたが，「分極」という言葉の意味がよくわかりません．具体的にはどういうことですか？

先生 水分子のような電気双極子をあらかじめもっている分子で構成されている物質でも，**図 5･6**(a) に示すように，普通，最初は双極子モーメントの向きがばらばらで，大きくみると電気的な異方性は存在していない．しかし，液晶の説明のように電圧を加えると，図 5･6(b) のように，双極子が電界方向に向こうとする．もちろん，必ずしもすべての双極子が完全に電界方向に向くわけではないが，図 5･6(c) のように，一部の双極子が完全に電界方向を向いていることと等価の図で表される．このような等価の図では，材料内部の双極子どうしは非常に近接して存在しているため，電気的には中性に見え，結局は図 5･6(d) に示すような状態で表すことができるんだ．すなわち，もともとは電気的に中性だった電

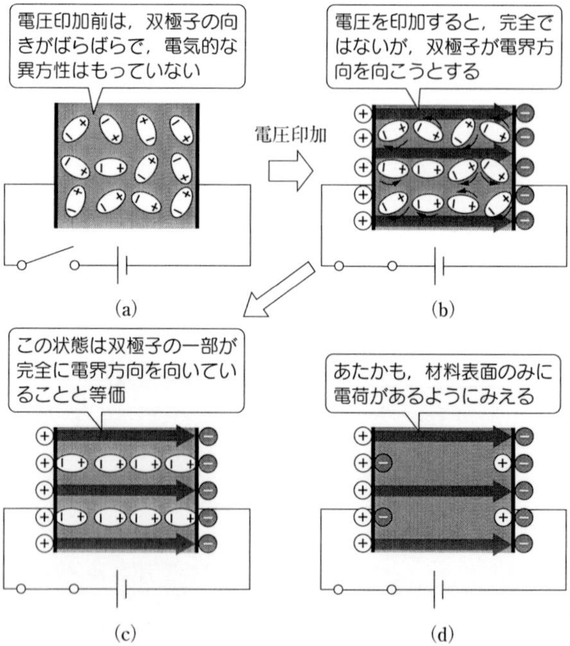

図 5・6 電圧印加による分極

気双極子をもつ材料に，電圧を加えると，双極子が電界の向きに配向して，材料の電極に接している部分（界面）には，電荷が発生し，あたかも電極のような状態が現れるね．つまり，材料表面に陰極と陽極のようなものが発生して，極が分かれたようになるので，この現象を**分極**と呼んでいるんだよ．また，この現象は電圧を加えた方向と加えなかった方向で明らかに電気的特性に違いがあるので，向きによる違い，すなわち**異方性**をもっていることもわかるね．

ただし分極には，水分子のようにあらかじめ電気双極子をもつものとは別の形態も存在する．例えば，**図 5･7** のように，もともと電気的に中性で，電子雲に偏りのない原子であったとしても，電圧を加えることにより，原子中の電子雲と原子核の位置に偏りが生じ，微小な分極が生じる．これは，**電子分極**と呼ばれている．また，**図 5･8** に示すように，イオン性結晶の場合は，もともと正と負のイオンが規則正しく並んでいるが，電圧を加えることで，元の配置からのずれが生じ，分極が生じる．この現象は**原子分極**と呼ばれる．**図 5･9** に示すように，あらかじめ電気双極子をもった材料（水はこれに相当する）に電圧を加えることで生じる分極は，**双極子分極**と呼ばれている．

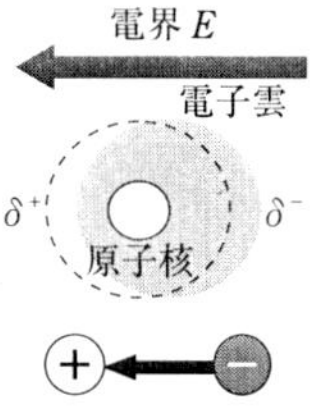

図 5・7　電子分極

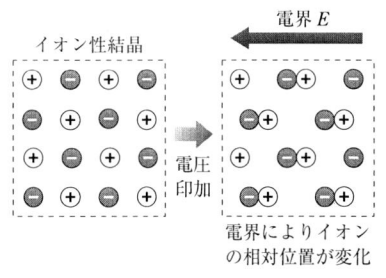

図 5・8　原子分極

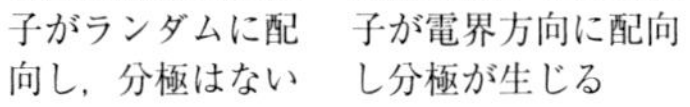

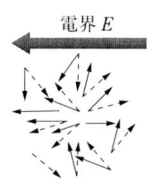

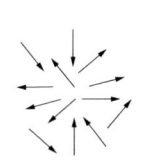

図 5・9　双極子分極

5-3 誘電体って何だ？
～誘電体と双極子モーメント～

〔1〕 誘電体と導体

先生 このように，電圧を印加すると分極を引き起こすような物質を**誘電体**（dielectric）と呼ぶんだ．

学生 先生，分極の中でも電子分極のようなものはおそらくどんな材料にでも生じますよね？　分極が発生する材料を誘電体と呼ぶのであれば，どんなものでも誘電体っていえるんじゃないですか？

先生 そうだね．物質は多かれ少なかれ，誘電体としての性質はもっているといえるね．ただし，電流を流す金属のような**導体**（conductor）とはまったく異なる性質をもつので，電流を流さない**絶縁体**（insulator）が誘電体であると考えてもよいね．

学生 導体は分極を起こさないんですか？

先生 導体中には原子核からの束縛を受けずに動き回れる**自由電子**（free electron）が無数にあるため，**図 5･10** のように，電界中に導体を置くと，電気力線のぶんだけ導体表面に自由電子が現れる．一方，導体の反対側は，移動した自由電子のぶんだけ，正電荷が導体表面に現れるため，そこから電気力線が発生する．すなわち，導体中には電気力線が入らない（貫かない）ことになり，分極としては完璧な分極が生じていることになる．なお，電気力線がないということは，導体中に電界は発生しないし，電位差も生じないことになる．一方，絶縁体では電子は原子核から強い束縛を受けているため動き回ることができない．したがって，分極としては，先に説明した電子分極，原子分極，双極子分極という形態をとり，図 5･6 に示したように，電気力線が材料中を通る（貫く）ので，材料中にも電界は発生するし，電位差も生じる．この性質が導体とまったく異なる性質といえる．

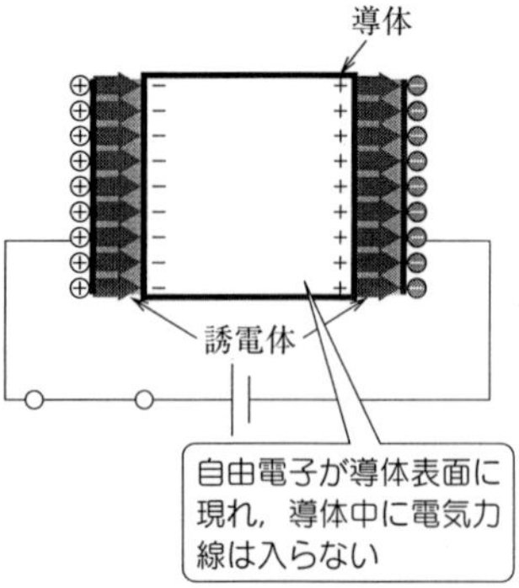

図 5・10　電界中の導体

〔2〕 誘電分極と双極子モーメント

学生 誘電体に電圧を加えると分極することはわかりましたが，どのくらいの量が分極するのかは，どう表すんですか？

先 生 それでは分極の状態を数値により表してみよう．いま図**5·11**(a) に示すように，平行平板電極間に置いた誘電体に電圧を印加すると，双極子モーメントの向きがランダムな状態から，電界方向に向こうとする．ただし，前述したように全部の双極子がきれいに電界方向を向くわけではないが，考えやすいように，図5·11(a) のように整然と双極子が並んでいると仮定して考えよう（ここで注意してほしいのは，ここで考える双極子モーメントは，水分子のように電荷量と電荷の距離が決まっている物質固有のものを考えるのではなく，電圧印加によって生じる分極によって発生した双極子モーメントを想定していることである．だから，後述するように，印加する電界が変われば，この双極子モーメントも変わることになる）．この場合，図5·11(b) のように，電極表面付近の体積 $\varDelta V$ に n 個の双極子モーメント $\boldsymbol{p}$ があり，その双極子の電荷対の電荷量を q，電荷間の距離を l とすると，双極子モーメントの大きさは $p=ql$ で表される．また，この体積のうち，電極表面の面積を S とすると $\varDelta V=lS$ となる．このとき，この $\varDelta V$ の中に n 個の双極子があるのだから，この双極子に対応する電極表面の正電荷の量は，n 個の双極子の電荷量 nq に等しくなる．つまり，双極子に対応する電極表面の電荷密度を σ_p とすると

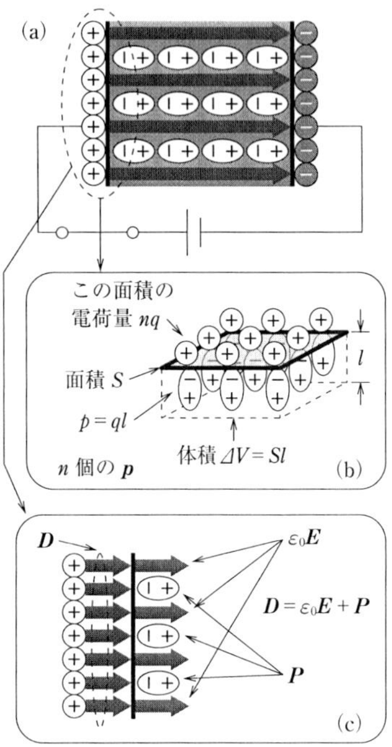

図 5・11 誘電分極 P と双極子モーメント p の関係

$$\sigma_p = nq/S \ \text{〔C/m}^2\text{〕} \qquad (5\cdot1)$$

一方，単位体積当たりの双極子モーメントの大きさは $np/\varDelta V$ で表され，それを q と l を使って表すと，以下のようになる．

$$np/\varDelta V = nql/lS = nq/S \ \text{〔C/m}^2\text{〕} \qquad (5\cdot2)$$

すなわち，単位体積当たりの双極子モーメントの大きさ p が，双極子の分極

により電極表面に現れる電荷密度 σ_p に等しくなる．この電荷密度 σ_p を**分極電荷**と呼ぶ．また，単位体積当たりの双極子モーメント $\boldsymbol{p}$ に対応した分極によるベクトル $\boldsymbol{P}$ を**誘電分極ベクトル**（dielectric polarization）と呼ぶ．図5･11(a) で明らかなように，電極表面の電荷には，双極子に対応したものと，誘電体内の電界ベクトル $\boldsymbol{E}$ にかかわる電荷がある．これを $\boldsymbol{E}$ と $\boldsymbol{P}$ の和として（誘）**電束密度**（electric flux density）$\boldsymbol{D}$ を新たに考える．

$$\boldsymbol{D}=\varepsilon_0\boldsymbol{E}+\boldsymbol{P}\ \text{〔C/m}^2\text{〕} \qquad (5\cdot3)$$

この $\boldsymbol{D}$ は面電荷密度の単位をもっている．ところで上で述べたように，$\boldsymbol{P}$ は平行平板間に電圧を印加したときに，双極子が電界方向を向くことより電極上の電荷密度として現れるが，印加する電圧が大きくなり，平行平板間の電界が増加すれば，図5･6(b) に示された，ばらばらな方向の双極子がさらに電界の向きにそろおうとするので，図5･11(a) で考えた $\boldsymbol{p}$ は平板電極間の $\boldsymbol{E}$ に比例して大きくなり，$\boldsymbol{P}$ も $\boldsymbol{E}$ に比例することがわかる．そこで $\boldsymbol{P}$ の $\boldsymbol{E}$ に対する比例定数を**分極率**（polarizability：単位電界当たりの分極する割合）と定義して χ〔F/m〕とおくと，$\boldsymbol{P}$ は以下のように表される．

$$\boldsymbol{P}=\chi\boldsymbol{E}=\varepsilon_0\chi^*\boldsymbol{E} \qquad (5\cdot4)$$

なお，上式中の χ^* は真空の誘電率に対する比を表し，**比分極率**（relative polarizability）と呼ばれる．

電界の大きさにより，どの程度双極子が電界方向を向くかについては，材料によってさまざまである．例えば，水のような液体中では双極子は容易に電界方向を向くため，分極率は大きいことが予想されるが，固体中の電気双極子は自由に向きを変えられないため，分極率は低いと考えられる．すなわち，分極率や比分極率は物質固有の量である．

さらに，式 (5･3)，(5･4) より，以下の式が得られる．

$$\boldsymbol{D}=\varepsilon_0\boldsymbol{E}+\boldsymbol{P}=(\varepsilon_0+\chi)\boldsymbol{E}=\varepsilon_0(1+\chi^*)\boldsymbol{E} \qquad (5\cdot5)$$

ここで，以下のように誘電率 ε を定める．

$$\varepsilon=\varepsilon_r\varepsilon_0=\varepsilon_0+\chi=\varepsilon_0(1+\chi^*) \qquad (5\cdot6)$$

ここで，ε_r は**比誘電率**（relative permittivity）と呼ばれ，誘電率の真空の誘電率 ε_0 に対する割合を示している．誘電率 ε と電束密度の関係は，結局以下のように表される.

$$\boldsymbol{D}=\varepsilon\boldsymbol{E} \tag{5・7}$$

すなわち，誘電率 ε は電束密度 $\boldsymbol{D}$ の電界 $\boldsymbol{E}$ に対する比例係数であり，電束によって材料中にどの程度の電界が発生するかを意味している．ところで，ε_0 は真空の誘電率だが，真空でなく，物質に電圧が加われば，必ず分極が生じるので，物質の誘電率 $\varepsilon>\varepsilon_0$ となる．つまり，式（5·6）から考えて，$\chi>0$ であり，$\varepsilon_r>1$ となる．ここで，電界 $\boldsymbol{E}$ については，2章の式（2·18）で示したように，誘電率が一定であれば以下のガウスの定理が成り立つ．

$$\iiint_v \mathrm{div}\,\boldsymbol{E}dv=\iiint_v \frac{\rho}{\varepsilon}dv \tag{5・8 a}$$

この関係を式（5·7）を用いて，$\boldsymbol{D}$ について考えてみる．上式左辺は

$$\iiint_v \mathrm{div}\,\boldsymbol{E}dv=\iiint_v \mathrm{div}\frac{\boldsymbol{D}}{\varepsilon}dv=\frac{1}{\varepsilon}\iiint_v \mathrm{div}\,\boldsymbol{D}dv$$

したがって，上の2式の最右辺どうしを比較して，以下が成り立つ．

$$\mathrm{div}\,\boldsymbol{D}=\rho \tag{5・8 b}$$

式（5·8 b）は，電磁気学を構成する最も基本的な**マクスウェル**（Maxwell）**方程式**の一つであり，（誘）電束密度の源は電荷密度 ρ であること，すなわち，電荷があれば必ず（誘）電束が生じることを表している．

また，1章で学んだガウスの定理より

$$\iiint_v \mathrm{div}\,\boldsymbol{D}dv=\iint_a \boldsymbol{D}\cdot d\boldsymbol{a}$$

であり，$\iiint_v \rho dv=\sum_i Q_i$（$Q_i$：体積 v の中に含まれる電荷）であるので

$$\iint_a \boldsymbol{D}\cdot d\boldsymbol{a}=\sum_i Q_i=\iiint_v \rho dv \tag{5・8 c}$$

となり，（誘）電束密度を任意の閉曲面の表面上で面積分すれば，その閉曲面に含まれる電荷の総量となる．式（5·8 b），（5·8 c）は常に成り立つ大切な式だ．この二つの式に比べると，式（5·8 a）や，その中の被積分項である

$$\mathrm{div}\,\boldsymbol{E}=\frac{\rho}{\varepsilon} \tag{5・8 d}$$

という式は ε が一定でなくて場所によって変動すると成り立たない．

5 4 誘電体中の電界を計算してみよう ～電荷分布とポアソンの方程式～

〔1〕 誘電体中の電界と誘導される電荷

学生 先生，以前，電気力線の本数を真空の誘電率で割ったものの密度が電界に相当すると教わりました．ところで，電界中の誘電体の電気力線を描いてみると，誘電体中では分極のぶんだけ電気力線の本数が減っていますよね？つまり，誘電体中では電界が小さくなるということですか？

先 生 そのとおりだね．真空中と誘電体中の電気力線の数を比較してみよう．**図 5･12** に示すように，平行平板電極があり，一つは平板間が真空，もう一つにはある誘電体があるとしよう．この両平行平板の電極上に，同じ電荷密度 σ〔C/m^2〕の電荷が均一にあるとすると，真空中では図のように，電荷から出た電気力線はすべて真空中を貫くことになり，この場合真空中の電界 $E_0=\sigma/\varepsilon_0$ となる．一方，誘電体中では，電気力線の一部は分極により誘電体中を貫かないので，当然，誘電体を貫く電気力線の本数は少ない．したがって，この場合は電気力線の密度である電界も誘電体中では小さくなる．

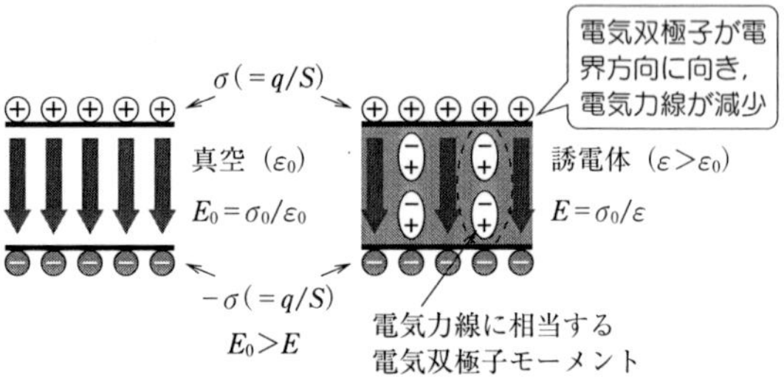

図 5・12 平行平板電極間の電界（電荷 q が等しいとき）

一方，同じ電圧 V_{dc} を両方の平行平板電極に印加した場合を考えてみよう．**図 5･13** に示すように，電界を積分すれば電位差を求めることができる．いま，電極間の距離を d とすれば，電位差 $V_{dc}=Ed$ で表される．つまり，どちらにも同じ電圧 V_{dc} を印加した場合は，両者の電極間の電界 E は同じでなければならない．ということは，誘電率が ε の誘電体の場合，電極に誘導される電荷は $\sigma=\varepsilon E$ となり $\varepsilon>\varepsilon_0$ なので，$\sigma>\sigma_0=\varepsilon_0 E$ となる．つまり，誘電率

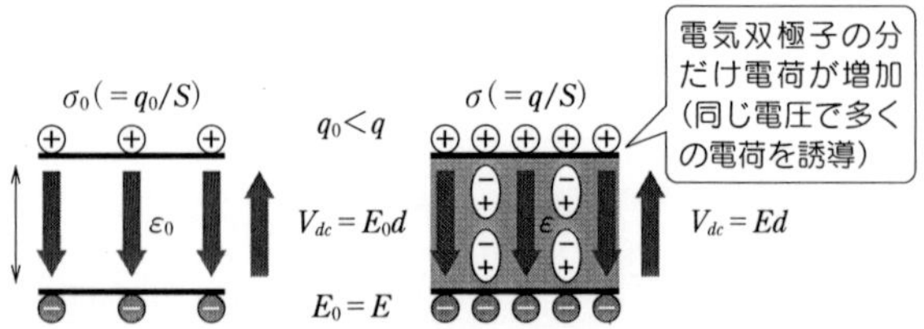

図 5・13 平行平板電極間の電界（電極間の電位差が等しいとき）

の大きな物質ほど，同じ電圧を加えたときに，多量の電荷が誘導されることになる．後に述べるコンデンサなどで，多くの電荷を蓄積するときに誘電率の大きな材質を使うのはこのためである．

〔2〕 電荷による電界と電位

1章で学んだように，ポアソンの方程式から以下が成り立つ．

$$\nabla^2\varphi=-\frac{\rho}{\varepsilon}$$

つまり，電荷分布 ρ がわかれば，電位分布 φ を算出できる．例として誘電体中の空間的な一次元の電荷分布 ρ から，電界分布 E，電位分布 φ を求めてみよう．**図 5･14**(a) に示すように平行平板電極間に誘電率 ε の誘電体があり，誘電体内に一定の電荷密度 ρ_0 で正電荷が均等に分布しており，両電極は接地されているとする．電極が接地されているので，両電極に誘導される負電荷の量は，誘電体内部に存在する電荷量に等しい．また，正電荷は均等に分布しているので，両電極に誘導される電荷は

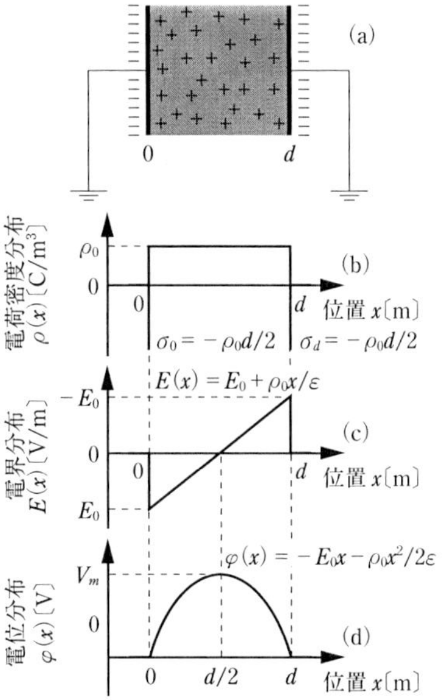

図 5･14　誘電体中の電荷分布，電界分布，電位分布

$$\sigma_0=-\frac{\rho_0 d}{2},\qquad \rho(x)=\rho_0,\qquad \sigma_d=-\frac{\rho_0 d}{2}$$

式 (2･16) に示したガウスの定理より，電界分布 $E(x)$ は電荷分布を積分すればよいので

$$E(x)=E_0+\frac{\rho_0}{\varepsilon}x=-\frac{\rho_0 d}{2\varepsilon}+\frac{\rho_0}{\varepsilon}x$$

さらに，電位分布 $\varphi(x)$ は式 (2･6) より，$E(x)$ を積分すれば求められる．

$$\varphi(x)=-E_0x-\frac{\rho_0}{2\varepsilon}x^2=\frac{\rho_0 d}{2\varepsilon}x-\frac{\rho_0}{2\varepsilon}x^2$$

これらを図に示すと，図 5･14 のようになる．

図 5･14 で $E_0=-\frac{\rho_0 d}{2\varepsilon}<0$.

5 静電容量とは何だろう？

5 ～静電容量の定義と静電容量の計算～

学生 先生，ポアソンの方程式から考えると，電荷の空間的な分布の形状から電位が決まるんですよね．電荷分布の形状が決まっていれば，電荷の量に比例して電位が決まるということですか？

先生 なかなか鋭い視点だね．そうだよ．電荷分布の形状が決まっていれば，電荷量と電位は比例関係にある．

学生 じゃあその比例定数は，電荷分布の形状によって決まることになりますよね．

先生 そうだね．その係数を静電容量と呼ぶんだよ．例として，**図5・15**に示すように，真空中に置かれた，一様に帯電した半径 R の導体球の静電容量 C を考えよう．帯電した電荷の総量が Q〔C〕であるとすると，この導体球からは，2章で学んだように電気力線が Q/ε_0 本涌き出している．電気力線の密度が電界となるので，導体球の中心より r〔m〕離れた位置（ただし，$r>R$ とする）の電界 $E(r)$ は，ガウスの定理より

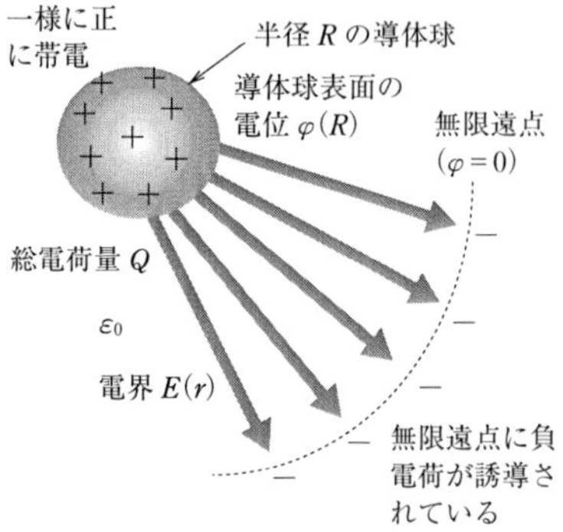

図 5・15 帯電した導体球が作る電界

$$E(r)=\frac{Q}{4\pi\varepsilon_0 r^2}\ \text{〔V/m〕}$$

となる．ここで無限遠点を電位の基準（$\varphi=0$）とし，以下のように $E(r)$ を無限遠点から導体球の表面まで積分することで電位 $\varphi(R)$ が求められる．

$$\varphi(R)=-\int_{\infty}^{R}E(r)\,dr=\frac{Q}{4\pi\varepsilon_0 R}\ \text{〔V〕}$$

この式をみれば明らかなように，導体球表面の電位 $\varphi(R)$ は帯電している電荷量 Q に比例している．この比例係数を C とおくと，C は以下の式で表される．

$$C=\frac{Q}{\varphi}\ \text{〔F〕} \qquad (5\cdot 9)$$

つまり，導体について電位 φ と電荷量 Q の関係がわかれば静電容量 C が決ま

る．静電容量の単位は〔F〕（ファラド）であり式（5·9）から明らかなように，$1\,\mathrm{F}=1\,\mathrm{C/V}$ となる．通常，〔F〕は単位として大きすぎるので，〔μF〕（$=10^{-6}$F）や〔pF〕（$=10^{-12}$F）などが用いられる．

図 5·15 に示した導体球の例では，静電容量 C は以下のように求めることができる．

$$C=\frac{Q}{\varphi(R)}=4\pi\varepsilon_0 R\ \text{〔F〕}$$

ただし，静電容量は電荷が分布する形状によって異なる．例えば，**図 5·16** に示した二重の同心導体球殻間の静電容量を考える．内側の球殻の半径を a，外側の球殻半径を b とし，外側の球殻が接地されているとして，内側の球殻に電荷が一様に帯電しており，その総量が Q〔C〕であるとする．この場合，外側の球殻は接地されているので，一様な負電荷が誘導され，その総量は $-Q$〔C〕である．この球殻間の位置 r（$a<r<b$）における電界 $E(r)$ は

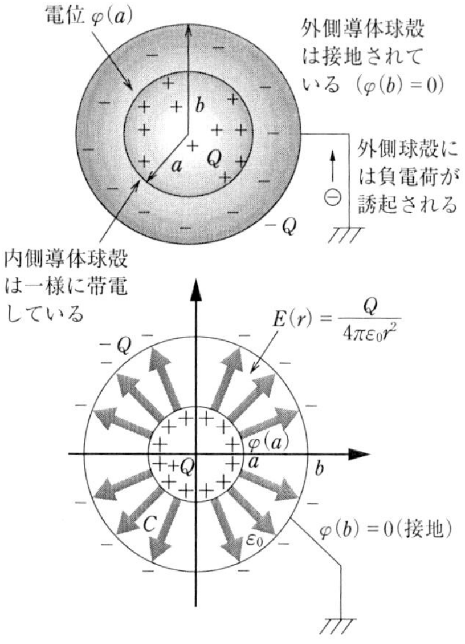

図 5·16　帯電した同心導体球

$$E(r)=\frac{Q}{4\pi\varepsilon_0 r^2}\ \text{〔V/m〕}$$

となる．また，外側の球殻は接地されているので電位 $\varphi(b)=0$ となる．

2 個の導体がそれぞれ $+Q$〔C〕，$-Q$〔C〕，それらの電位がそれぞれ φ_1〔V〕，φ_2〔V〕であるとき，両導体間の静電容量は以下の式で表される．

$$C=\frac{Q}{\varphi_1-\varphi_2}\ \text{〔F〕} \qquad (5\cdot10)$$

また，内側の球殻表面の電位は以下の式で求めることができる．ただし，電位の基準が b 点なので，積分範囲は $b\rightarrow a$ となる．

$$\varphi(a)-\varphi(b)=\varphi(a)=-\int_b^a E(r)\,dr=\frac{Q}{4\pi\varepsilon_0}\left(\frac{1}{a}-\frac{1}{b}\right)\ \text{〔V〕}$$

よって，式（5･9）より両球殻間の静電容量 C は

$$C=\frac{Q}{\varphi(a)-\varphi(b)}=4\pi\varepsilon_0\left(\frac{ab}{b-a}\right)\ \text{〔F〕}$$

このように，静電容量とは単位電圧当たりに誘導される電荷量の比例係数（もしくは単位電荷量により発生する電圧の比例係数の逆数）を意味している．

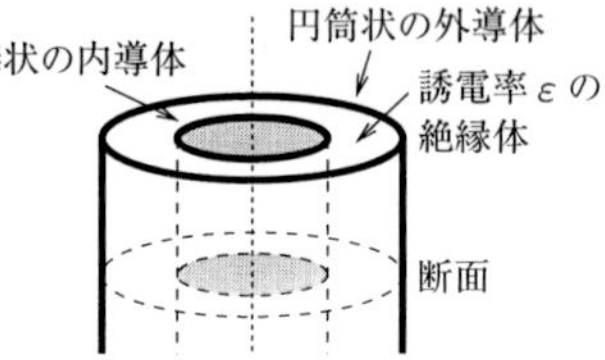

図 5・17　同軸ケーブルの構造

例　題

テレビなどの電波の信号伝達に用いられる同軸ケーブルについても静電容量を考えてみよう．同軸ケーブルは，**図 5･17** に示すように，通常，銅線でできた内導体，ポリエチレンなどでできた絶縁層，網状の銅でできた外導体，ポリ塩化ビニルなどでできた被覆の 4 層構造になっている（ただし，図 5･17 では，静電容量には関係のない被覆を省略している）．同軸ケーブルでは，外導体を接地することにより，内導体と外導体間の電磁波を，外乱に影響されることなく伝達する構造になっている．

いま，同軸ケーブルが無限に長く，内導体の半径を a〔m〕，これと同軸の円筒状外導体の半径を b〔m〕とし，外導体は接地され，内導体は電圧 V_0〔V〕の電源に接続されているとする．また，絶縁層の絶縁材料の誘電率を ε〔F/m〕とする．この場合，内導体に加えた電圧により，1 m 当たりに λ〔C/m〕の電荷が均一に内導体に存在していると仮定すると，このケーブルの 1 m 当たりの静電容量を求めよ．

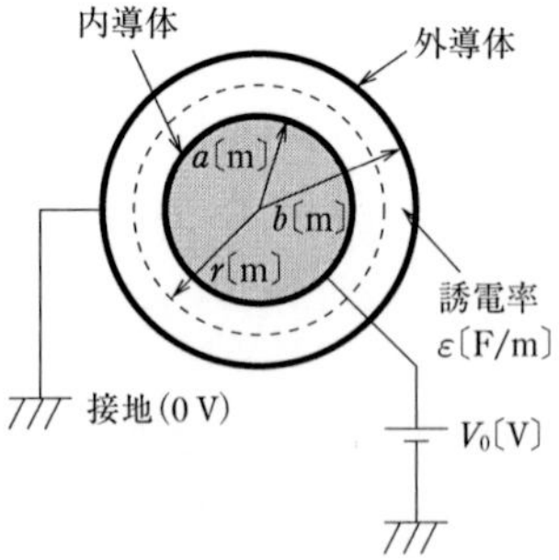

図 5・18　同軸ケーブル

【解説】

この構造の場合，電気力線は円筒形の導体から円筒断面に平行に，かつ放射状に外導体に向かって出ていることになり，電気力線の単位長さ当たりの本数は λ/ε となる．一方，中心か

ら半径 r〔m〕離れた地点（ただし，$a<r<b$ とする）では，この λ/ε 本の電気力線が通過する単位長さ当たりの表面積は，円筒形状を考慮すると $2\pi r$〔m^2〕となるので（半径 r〔m〕，単位長さ 1 m の円筒形状の表面積），電界は以下の式で表される．

$$E(r)=\frac{\lambda}{2\pi\varepsilon r}$$

ab 間の電位 φ_{ab}（$=V_0$）は，電界の積分により求められ，外側導体が接地されていることを考慮して

$$\varphi_{ab}=-\int_b^a E(r)\,dr=-\int_b^a \frac{\lambda}{2\pi\varepsilon r}\,dr=\frac{\lambda}{2\pi\varepsilon}\log_e\frac{b}{a}$$

と表される．したがって，式（5·9）より，同軸ケーブルの単位長さ当たりの静電容量 C〔F/m〕は以下の式で表される．

$$C=\frac{\lambda}{\varphi_{ab}}=\frac{2\pi\varepsilon}{\log_e\dfrac{b}{a}}$$

5 6 コンデンサの静電容量を考えてみよう！

～コンデンサの静電容量の計算～

学生 先生，高校のときにコンデンサというものを勉強しましたが，コンデンサの静電容量も電極の形状によって決まるんですね．

先 生 そうだね．ちなみに日本ではコンデンサと呼ばれるけれど，英語では**キャパシタ**（capacitor）と呼ばれている．コンデンサは，**図 5･19** に示すように，平行平板の電極形状であることが多いね．

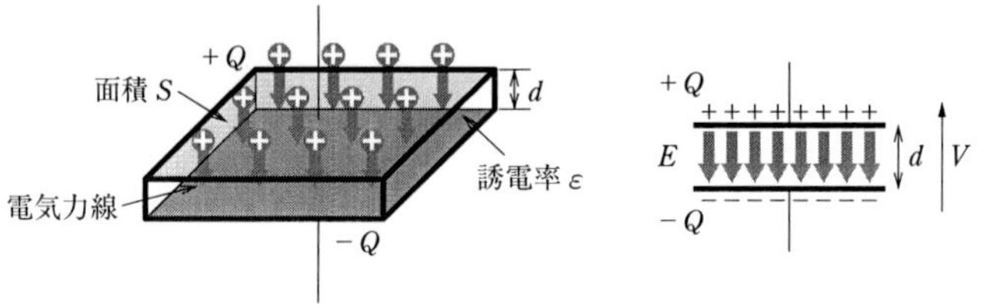

図 5・19　コンデンサの電荷，電界，電位

学 生 ということは，平行平板形状を考えて，両電極の電位差がわかれば，式（5･9）から静電容量 C が求められますね．

先 生 そうだね．ちなみに，図 5･19 のように誘電体を挟み込んだ平行平板電極のうち，正の電位となる電極を**陽極**（anode），負の電位となる電極を**陰極**（cathode）と呼ぶから覚えておいてね．図 5･19 のように，電極間に電圧（電位差）V が印加されているとすると，陽極に $+Q$〔C〕，陰極に $-Q$〔C〕が蓄積し，この電位差と電荷量の間には，式（5･8）より以下の関係が成り立つ．

$$Q = CV \qquad (5 \cdot 11)$$

この平行平板電極で誘電体を挟んだコンデンサの静電容量がどのように決まるのかを考えてみる．いま平行平板の面積を S〔m^2〕，電極間距離を d〔m〕とし，誘電体の誘電率を ε とする．直流電圧 V〔V〕を印加したところ，Q〔C〕の電荷が蓄積したとすると，陽極から陰極へ向かう電気力線は平行平板に垂直の向きのみで，その総量は Q/ε 本となる．電気力線の密度が電界となるが，図 5･19 から明らかなように，平行平板電極間では電気力線の密度は（理想的には）どこでも同じとなり，電界 E は以下の式で表される．

$$E = \frac{Q}{\varepsilon S} = \frac{\sigma}{\varepsilon} \ \text{〔V/m〕}$$

なお，σ は並行平板電極に蓄積する電荷の，単位面積当たりの電荷密度（$\sigma = Q/S$〔C/m²〕）である．

この電界 E を電極距離だけ積分すると電極間の電位差 V が求められる．今，x を平行平板間の厚さ方向とすると，E は距離によらず一定なので，以下の式が成り立つ．

$$V = -\int_d^0 E dx = \int_0^d E dx = Ed = \frac{dQ}{\varepsilon S}$$

上式と式（5·11）を比較することで，この平行平板コンデンサの静電容量 C は

$$C = \frac{\varepsilon S}{d} \text{〔F〕} \qquad (5 \cdot 12)$$

のように求められる．したがって，静電容量 C は誘電体の誘電率 ε と電極面積 S に比例し，電極間距離 d に反比例することがわかる．すなわち，C を大きくするためには，電極面積を広くとり，電極間隔を狭くし，電極間に誘電率の大きな材質を挿入すればよい．

例えば，**図5·20** は，一般に大きな静電容量をもつ電解コンデンサの構造を示している．電解コンデンサは静電容量を大きくするために，薄い電解紙を薄いアルミ箔で挟み，巻き込むことで，大きな面積の電極をコンパクトに納めるように工夫されている．また，誘電率の大きな電解液を電解紙にしみこませて封入することにより，電極間に誘電率の大きな誘電体を挟み込む構造にしている．

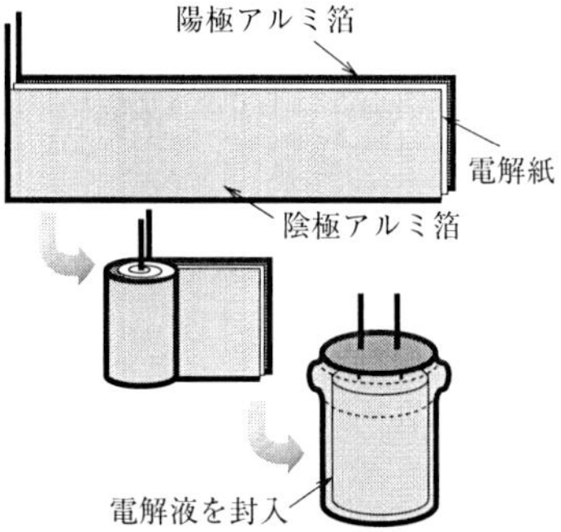

図 5・20　電界コンデンサの構造

5-7 コンデンサは電気を貯める？

～コンデンサの充電と放電～

学生 先生，たしかコンデンサは電気を貯めるために使うと聞いたことがあります．「電気を貯める」ってどういうことですか？

先生 例えば，コンデンサに電圧を加えると，電荷がコンデンサに蓄積される．これを**充電**（charge）と呼ぶ．一旦，電荷がコンデンサに蓄積されると，しばらくはコンデンサ内に蓄積されているけれども，蓄積された電荷は徐々に減少する．これを**放電**（discharge）と呼ぶ．この放電の時間が長ければ長いほど，電荷が蓄積している時間は長いといえる．例えば，**図5•21**のような回路でスイッチを閉じたとする．スイッチを閉じた瞬間は，電荷がコンデンサに急激に流れ込むため，コンデンサはまるで導体のように無制限に電流を流すようにみえるけれど，徐々に電荷が蓄積するとコンデンサには電流が流れにくくなり，電流は抵抗 R の方のみに流れるようになるので，十分長い間スイッチを閉じておくと，最終的にはコンデンサをつけていない場合と同様に電流が流れる（定常状態）．しかし，今度はスイッチを開いて，抵抗 R を電源から切り離した場合，今度はコンデンサの両端に発生していた電位差により，コンデンサから抵抗へ電荷が流れ出し，抵抗 R を流れる電流となる．しかし流れ出る電荷の量は徐々に減少するので，抵抗 R に加わる電圧も徐々に減少するようになる．この定常状態からスイッチを開いた後の，抵抗 R に加わる電圧 V_R の時間変化をグラフに書くと**図5•22**のようになる．つまり，電源を切っても，しばらくは抵抗 R に電圧が発生する状態が生まれる．この抵抗に加わる電圧 V_R の減衰は，静電容量 C と接続する抵抗 R の積によって決まっていて，以下の式で表される．

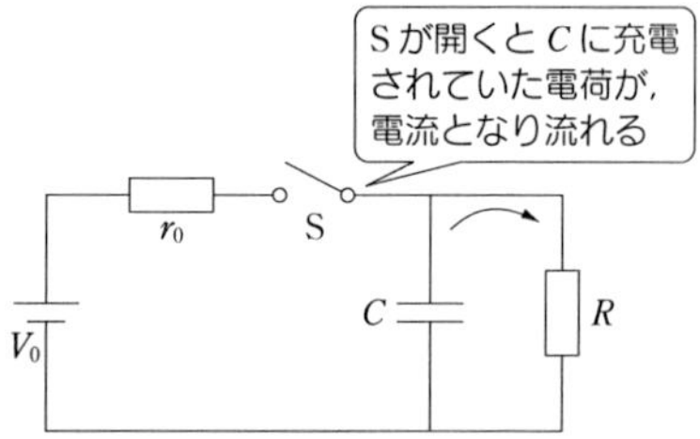

図 5・21 コンデンサによる放電

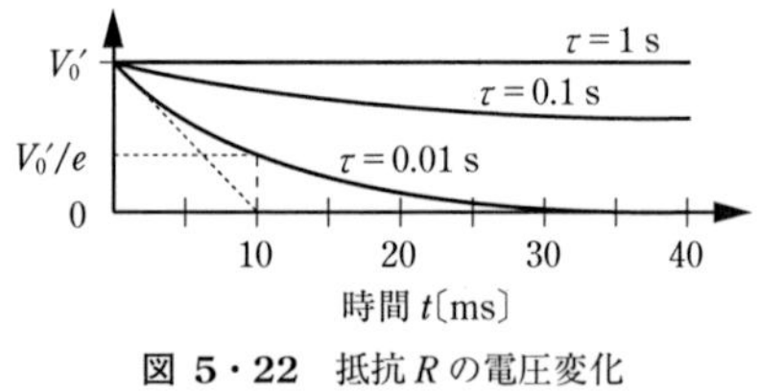

図 5・22 抵抗 R の電圧変化

$$V_R(t) = V_0 e^{-\frac{t}{RC}} \qquad (5 \cdot 13)$$

式（5·13）より，回路の時定数 $\tau(=RC)$ が大きければ大きいほど，抵抗 R に発生している電圧 V_R は減少し難いことになる．つまり，電源が切れても抵抗に電圧がかかり続けることを「電気を貯める」と称しているわけだね．この現象は，交流電圧から直流電圧をつくり出す「整流回路」に応用されている．**図 5·23** のように，交流をダイオードと呼ばれる電流を一方向に流す素子を四つ使ったダイオードブリッジというものを介すと，**図 5·24** の波線に示すような波形（全波整流波形）になる．この場合，電源の電圧は変動しているが，コンデンサを使うと，電源からの電圧が減少している時間もコンデンサから抵抗 R に電荷が供給されるので，抵抗 R に加わる電圧は急激には下がらず，一定の電圧を保ち続ける．この場合，容量の大きなコンデンサを使用し，回路の時定数 τ が大きいと，図 5·24 の実線で示すように直流に近い波形が得られる．これがコンデンサの平滑作用である．しかし，コンデンサの容量が小さく，τ が小さくなると，図 5·24 中に点線や破線で示したように，波形は直流にはならず，脈動（リプル）というわずかな変動が残る．

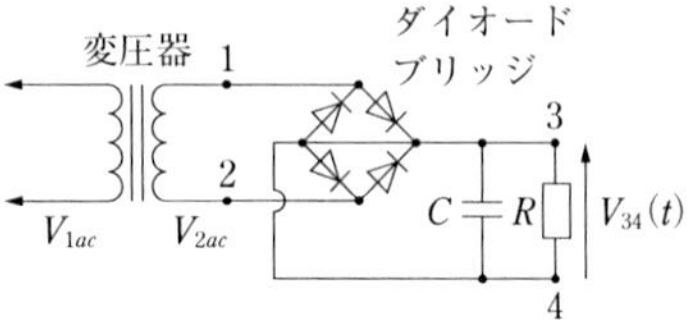

図 5・23　整流回路

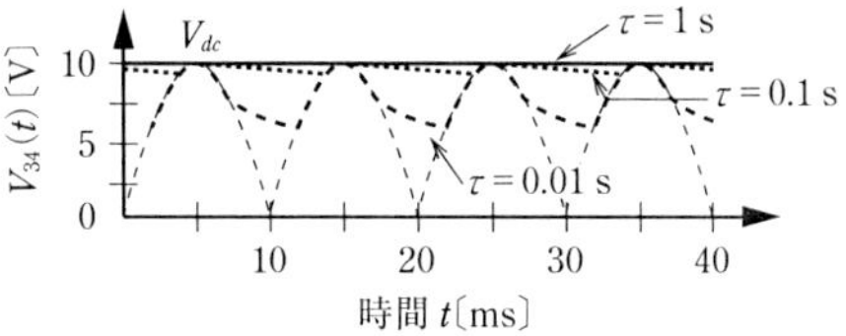

図 5・24　全波整流波形の平滑化

電力会社から一般家庭には交流電圧が供給されているんだけれど，テレビやステレオなどの電子機器は，一般に直流で使用されるので，交流を直流に変換することが必要だ．コンデンサはこの平滑化のために使われているんだ．

5-8 コンデンサをつないでみると？ ～コンデンサの接続と静電容量～

〔1〕 並列接続

先生，複数のコンデンサを接続したとき，合成の静電容量はどうなりますか？

先 生 まず，静電容量の異なるコンデンサを並列に接続した場合を考えよう．いま，**図 5・25** のように静電容量が C_1 と C_2 のコンデンサを並列に導線で接続し電圧 V を印加したとする．二つのコンデンサの陽極および陰極は，それぞれ導線で接続されているため，同電位となる．すなわち，C_1 および C_2 には同じ電圧 V が印加されているので，それぞれのコンデンサに蓄積される電荷量 Q_1 および Q_2 は式（5・11）より，以下のように表される．

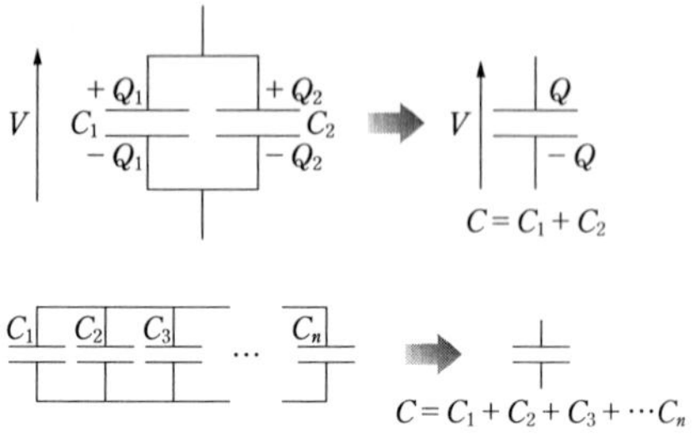

図 5・25 コンデンサの並列接続

$$Q_1 = C_1 V$$

$$Q_2 = C_2 V \qquad (5・14)$$

したがって，この二つのコンデンサに蓄積される電荷量の総和は（$Q_1 + Q_2$）となり，以下の式が成り立つ．

$$Q = Q_1 + Q_2 = C_1 V + C_2 V \qquad (5・15)$$

これを静電容量 C の一つのコンデンサとみなすと，以下の式が成り立つ．

$$C = C_1 + C_2 \qquad (5・16)$$

したがって，静電容量がそれぞれ，$C_1, C_2, \cdots\cdots C_n$ の n 個のコンデンサを並列に接続すると，合成の静電容量は，以下のようにそれぞれの静電容量の単純な和として表されることがわかる．

$$C = C_1 + C_2 + \cdots\cdots + C_n \qquad (5・17)$$

〔2〕 直列接続

次に静電容量の異なるコンデンサを直列に接続した場合の合成の静電容量を考える．**図 5・26** のように静電容量 C_1 と C_2 のコンデンサを直列に導線で接続し電圧 V を印加したとする．このとき，C_1 の陽極に電荷 $+Q$ が蓄積しているとすると，C_1 の陰極には $-Q$ が蓄積していることになる．C_1 の陰極側と C_2 の陽極側は導線で結ばれており，電圧が印加される前は，この電極および導線部分の電荷量の総和は 0 であるはずなので，電圧印加後のこの部分の電荷量の総和も 0 となる．したがって，C_2 の陽極側に蓄積する電荷量は C_1 の陽極側と同様に $+Q$ となる．すなわち，このような状況では，C_1 と C_2 に蓄積する電荷量は等しく Q となっている．この場合，C_1 および C_2 に印加されている電圧をそれぞれ V_1, V_2 とすると，式（5・12）より以下のような関係が成り立つ．

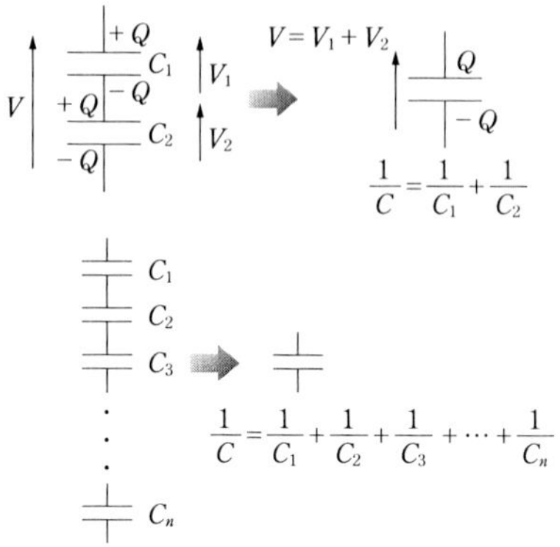

図 5・26　コンデンサの直列接続

$$Q = C_1 V_1 = C_2 V_2 \tag{5・18}$$

また，コンデンサの電位差の和が，印加された電圧 V に等しくなるので

$$V = V_1 + V_2 = \frac{Q}{C_1} + \frac{Q}{C_2} = \left(\frac{1}{C_1} + \frac{1}{C_2}\right)Q \tag{5・19}$$

となる．これを静電容量 C の一つのコンデンサとしてみなすと

$$\frac{1}{C} = \frac{1}{C_1} + \frac{1}{C_2} \tag{5・20}$$

したがって，静電容量がそれぞれ $C_1, C_2, \cdots\cdots C_n$ の n 個のコンデンサを直列に接続すると，合成した静電容量 C は以下のように表される．

$$\frac{1}{C} = \frac{1}{C_1} + \frac{1}{C_2} + \cdots\cdots + \frac{1}{C_n} \tag{5・21}$$

このようにコンデンサを並列もしくは直列に接続したときの合成の静電容量は，抵抗を並列および直列に接続したときの合成抵抗と全く逆の関係になっていることがわかる．

〔3〕　特殊な接続による合成静電容量～△接続，Y接続とその変換～

次に**図 5・27**(a) に示すような三つの素子の接続を，その形状から△接続，同図 (b) に示すような接続をY接続と呼ぶ．コンデンサを図のように△接続した回路を，Y接続に変換したり，逆にY接続から△接続に変換したりすることを考える．

△接続の回路を丫接続に変換する場合，まず，図（a）の回路において端子Cを開放した（何も接続しない）場合の端子AB間の静電容量が図（b）の丫接続回路における端子 C を開放した場合の端子AB間の静電容量と一致しなければならない．この場合の図（a）の△接続回路における端子AB間の静電容量を C_{AB} とおくと，C_{AB} は以下のように表される．

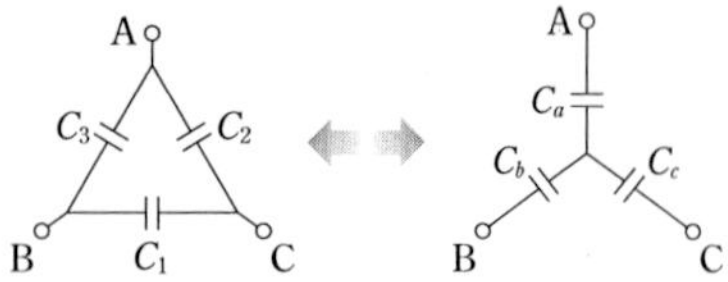

（a）Δ接続　（b）丫接続

図 5・27　静電容量のΔ接続と丫接続

$$C_{AB}=C_3+\frac{1}{1/C_1+1/C_2}=\frac{C_1C_2+C_2C_3+C_3C_1}{C_1+C_2}\quad（△接続）$$

一方，図（b）の丫接続回路においては，C_{AB} は以下のように表される．

$$C_{AB}=\frac{1}{1/C_a+1/C_b}=\frac{C_aC_b}{C_a+C_b}\quad（丫接続）$$

同様のことを，端子BC間，端子CA間についても考慮する．ただし，$C_1C_2+C_2C_3+C_3C_1=A$ とおくと，以下の式が成り立つ．

$$\frac{C_1+C_2}{A}=\frac{1}{C_a}+\frac{1}{C_b}\quad(\mathrm{AB})$$

$$\frac{C_2+C_3}{A}=\frac{1}{C_b}+\frac{1}{C_c}\quad(\mathrm{BC})$$

$$\frac{C_3+C_1}{A}=\frac{1}{C_c}+\frac{1}{C_a}\quad(\mathrm{CA})$$

したがって，上式を解くと以下が得られ，△接続から丫接続への変換ができる．

$$C_a=\frac{A}{C_1},\qquad C_b=\frac{A}{C_2},\qquad C_c=\frac{A}{C_3}$$

一方，上式より以下が成り立つ．

$$C_a+C_b+C_c=A\left(\frac{1}{C_1}+\frac{1}{C_2}+\frac{1}{C_3}\right)=A^2\left(\frac{1}{C_1C_2C_3}\right)$$

したがって，$C_1=\dfrac{C_1C_2C_3}{A^2}\dfrac{A^2}{C_2C_3}=\dfrac{C_bC_c}{C_a+C_b+C_c}=\dfrac{C_aC_bC_c}{C_a+C_b+C_c}\dfrac{1}{C_a}$.

ここで，$B=\dfrac{C_aC_bC_c}{C_a+C_b+C_c}$ とおくと，C_1，C_2，C_3 は B と C_a，C_b，C_c を使

って以下のように表される．

$$C_1=\frac{B}{C_a},\quad C_2=\frac{B}{C_b},\quad C_3=\frac{B}{C_c}$$

これによりY接続から△接続への変換ができる．

例　題

図 5·28 に示すとおり3個のコンデンサの容量と電源電圧が与えられているとき，以下の問に答えよ．

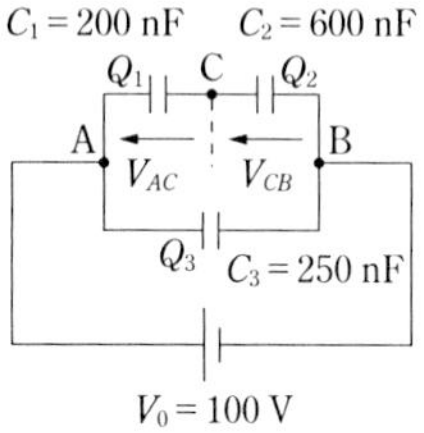

図 5·28

（1）　AB 間の合成静電容量を求めよ．

（2）　コンデンサ C_1，C_2 の両端の電位差 V_{AC}，V_{CB} はそれぞれいくらか．

（3）　コンデンサ C_1，C_2，C_3 の電荷量 Q_1，Q_2，Q_3 はそれぞれいくらか．

【解説】

（1）　C_1 と C_2 は直列に接続されているので，その合成の静電容量 C_{12} は

$$C_{12}=\frac{C_1C_2}{C_1+C_2}=\frac{200\times10^{-9}\times600\times10^{-9}}{(200+600)\times10^{-9}}=150\times10^{-9}\mathrm{F}$$

$$=150\ \mathrm{nF}$$

この C_{12} と C_3 が並列に接続されているので，この合成静電容量 C_{AB} は

$$C_{AB}=C_{12}+C_3=(150+250)\times10^{-9}=400\times10^{-9}\mathrm{F}$$

$$=400\ \mathrm{nF}$$

（2）　C_1 と C_2 は直列に接続されており，それぞれのコンデンサには同量の電荷が蓄積する．よって，$C_1V_{AC}=C_2V_{CB}$ の関係が成り立ち，AB 間に電圧 100 V が印加されているので，$V_{AC}+V_{CB}=100$ V の関係が成り立つ．したがって，$V_{AC}=75$ V，$V_{CB}=25$ V．

（3）　それぞれに印加されている電圧を考慮して，$Q_1=15\mu$C，$Q_2=15\mu$C，$Q_3=25\mu$C．

5-9 異種の誘電体の界面では何が起こる？

～誘電体の境界面での境界条件～

学生 先生，これまでは1種類の誘電体中の電界や(誘)電束を考えてきましたが，誘電率の違う誘電体の界面では電界や（誘）電束はどうなるんですか？

先生 異なる誘電体の界面では，電界や電束が光のように屈折したりするんだよ．いま**図5・29**のように，誘電率 ε_1 と ε_2 の誘電体が接している曲面があり，その微小部分を考える．なお，微小部分であれば，図5・29のように，平面で考えることができる．この界面における電界ベクトル $\boldsymbol{E}$ と電束密度ベクトル $\boldsymbol{D}$ の境界条件を考える．

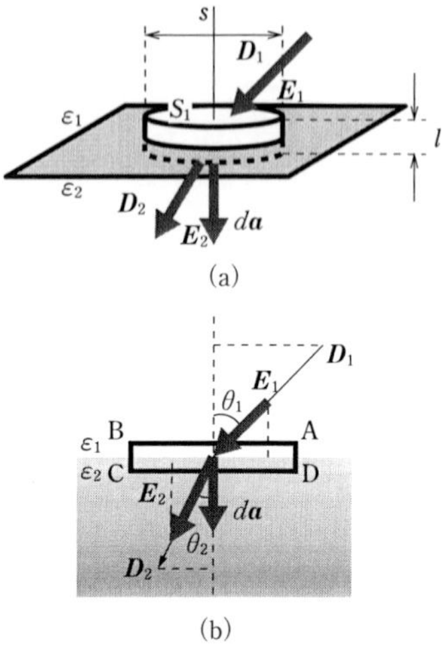

図 5・29 界面の（誘）電束密度 D と電界 E の関係

（i） 2章の式（2・28）で示したように，$\mathrm{rot}\,\boldsymbol{E}=\boldsymbol{0}$ なので，1章で示したストークスの定理より，以下が成り立つ．

$$\oint_C \boldsymbol{E}\cdot d\boldsymbol{l}=0$$

いま，この界面で上記の周回積分を考える．経路 C を両誘電体をまたぐ断面における領域ABCDについて考えると

経路ABでは積分方向が電界方向と一致しているので，$E_1 s\cdot\sin\theta_1$

経路BCでは積分方向が電界方向と一致しているので，$\dfrac{l}{2}E_1\cos\theta_1+\dfrac{l}{2}E_2\cos\theta_2$

経路CDでは積分方向と電界方向が逆になるので，$-E_2 s\cdot\sin\theta_2$

経路DAでは積分方向と電界方向が逆になるので，$-\dfrac{l}{2}E_2\cos\theta_2-\dfrac{l}{2}E_1\cos\theta_1$

これらの和が0になるので，以下の条件が成り立つ．

$$E_1\sin\theta_1=E_2\sin\theta_2 \qquad (5\cdot22)$$

（ii） 電束密度 $\boldsymbol{D}$ については，式（5・8 b）より以下の式が成り立つ．

$\mathrm{div}\,\boldsymbol{D}=\rho$

ここで，図5・29(a) の微小円筒をモデルとして上式を考える．いま，きわめて薄い円筒領域を考えているので，円筒の側面から $\boldsymbol{D}$ が出ることはないと考え

る．円筒の体積を Δv，上面および下面の面積をそれぞれ S_1，S_2 とする．ただし，S_1 と S_2 は平行であるとし，両面に垂直な面要素ベクトルを $\boldsymbol{da}$ とすると，以下の式が成り立つ．

$$\iint_S \boldsymbol{D}\cdot d\boldsymbol{a} = -\iint_{S_1} \boldsymbol{D}\cdot d\boldsymbol{a} + \iint_{S_2} \boldsymbol{D}\cdot d\boldsymbol{a} = \rho\cdot\Delta v$$

上式は S_1 および S_2 についての $\boldsymbol{D}\cdot d\boldsymbol{a}$ の差を算出する式である．$\boldsymbol{da}$ は S_1 および S_2 に垂直なベクトルなので，結局 $\boldsymbol{D}$ の S_1 および S_2 に対する垂直成分の差を計算することになり，以下の関係が成り立つ．

$$-D_1\cos\theta_1 + D_2\cos\theta_2 = \rho\cdot\Delta v/dS = \sigma \qquad (5\cdot23)$$

誘電体の界面に真電荷 σ が存在しない場合，式（5·23）は以下のようになる．

$$-D_1\cos\theta_1 + D_2\cos\theta_2 = 0 \qquad (5\cdot24)$$

式（5·22）と式（5·24），および式（5·7）より，以下の式が成り立つ．

$$\frac{\tan\theta_1}{\tan\theta_2} = \frac{\varepsilon_1}{\varepsilon_2} \qquad (5\cdot25)$$

これは，tangential law と呼ばれる．すなわち，誘電体の界面で，電界，電束密度は屈折する．このことは**図 5·30** に示すように異種の誘電体界面近傍では，$\boldsymbol{D}$ の界面に垂直な成分 $\boldsymbol{D}_\perp$ は，材質の違いにかかわらず等しく，水平方向 $\boldsymbol{D}_{/\!/}$ は異なる．一方 $\boldsymbol{E}$ の界面に水平な成分 $\boldsymbol{E}_{/\!/}$ は，材質の違いにかかわらず等しく，垂直成分 $\boldsymbol{E}_\perp$ は異なることを意味している．

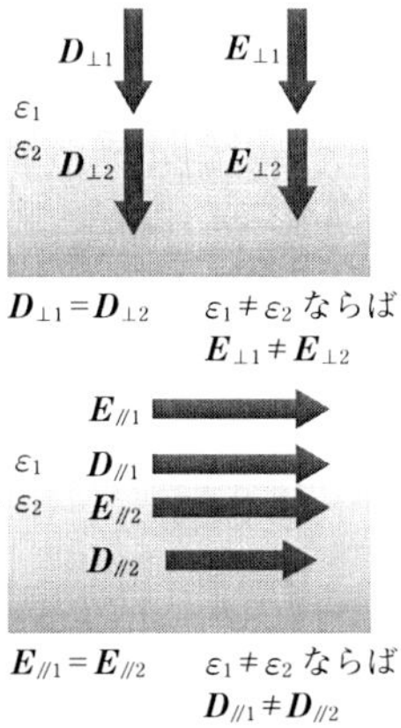

図 5・30　（誘）電束密度 D と電界 E の界面垂直成分と水平成分

ポイント解説

5・1　電気双極子の配向

電気双極子を有する分子に電界を加えると，電界方向に分子が回転する（配向する）．

5・2　分極の種類

材料に電界を印加することにより生じる分極には，原子中の電子雲が偏ることにより生じる電子分極，イオン結晶中のイオンの位置に偏りが生じる原子分極，双極子の向きが電界方向に向くことにより生じる双極子分極がある．

5・3　誘電体と双極子分極

・誘電体は絶縁体と同義語であり，電界を印加すると分極する．
・分極の大きさを示す誘電分極ベクトル $\boldsymbol{P}$ は，単位面積当たりの双極子モーメントである．
・（誘）電束密度 $\boldsymbol{D}$ は，電界 $\boldsymbol{E}$ と誘電分極ベクトル $\boldsymbol{P}$ を使って以下のように定義され，面電荷密度と同じ単位をもつ．

$$\boldsymbol{D}=\varepsilon_0\boldsymbol{E}+\boldsymbol{P}\ \text{〔C/m}^2\text{〕} \tag{5・3}$$

・誘電分極 $\boldsymbol{P}$ は電界 $\boldsymbol{E}$ に比例し，その比例定数を分極率 χ〔F/m〕と呼ぶ．

$$\boldsymbol{P}=\chi\boldsymbol{E}=\varepsilon_0\chi^*\boldsymbol{E} \tag{5・4}$$

なお上式中の χ^* は真空の誘電率に対する比を表し，比分極率と呼ばれる．
・分極率 χ と真空の誘電率 ε_0 を使って，（誘）電束密度 $\boldsymbol{D}$ は以下で表される．

$$\boldsymbol{D}=\varepsilon_0\boldsymbol{E}+\boldsymbol{P}=(\varepsilon_0+\chi)\boldsymbol{E}=\varepsilon_0(1+\chi^*)\boldsymbol{E} \tag{5・5}$$

ここで，誘電率 ε，比誘電率 ε_r が以下のように定められる．

$$\varepsilon=\varepsilon_r\varepsilon_0=\varepsilon_0+\chi=\varepsilon_0(1+\chi^*) \tag{5・6}$$

また（誘）電束密度 $\boldsymbol{D}$ は，以下のように表される．

$$\boldsymbol{D}=\varepsilon\boldsymbol{E} \tag{5・7}$$

・ガウスの定理より，以下の式が成り立つ．

$$\mathrm{div}\,\boldsymbol{D}=\rho \tag{5・8 b}$$

5・4　電荷分布とポアソンの式

電荷分布を位置により積分すると電界分布に，電界分布を位置により積分することにより電位分布が算出できる（ポアソンの式）．

5・5 静電容量の定義と静電容量の計算

・電荷量 Q と電位 φ は比例し，その比例定数を静電容量 C〔F/m〕と呼ぶ．

$$C=\frac{Q}{\varphi}\text{〔F〕} \tag{5・9}$$

・平行平板コンデンサに蓄積している電荷量 Q，電極間の電位差 V，コンデンサの静電容量 C には以下の関係がある．

$$Q=CV \tag{5・11}$$

・平行平板コンデンサの電極間距離 d，電極面積 S，電極間の誘電体の誘電率 ε の関係は以下のようになる．

$$C=\frac{\varepsilon S}{d}\text{〔F〕} \tag{5・12}$$

5・6 コンデンサの充電と放電

コンデンサに充電された電荷を放電することにより，電源電圧の変動を補償できる．放電する際の電圧の減衰は以下の式で表される．

$$V_R(t)=V_0e^{-\frac{t}{RC}} \tag{5・13}$$

5・7 コンデンサの結合

・$C_1, C_2, \cdots\cdots C_n$ のコンデンサを並列に結合したときの合成容量は以下の式で表される．

$$C=C_1+C_2+\cdots\cdots+C_n \tag{5・17}$$

・$C_1, C_2, \cdots\cdots C_n$ のコンデンサを直列に結合したときの合成容量は以下の式で表される．

$$\frac{1}{C}=\frac{1}{C_1}+\frac{1}{C_2}+\cdots\cdots+\frac{1}{C_n} \tag{5・21}$$

5・8 誘電体の境界面での境界条件

誘電率が異なる誘電体の界面では，電界 E と（誘）電束密度 D に以下の関係が成り立つ（図 5・29 参照）．

$$E_1\sin\theta_1=E_2\sin\theta_2 \tag{5・22}$$

$$-D_1\cos\theta_1+D_2\cos\theta_2=\rho\cdot\Delta v/dS=\sigma \tag{5・23}$$

特に誘電体の界面に真電荷 σ が存在しない場合，以下のようになる．

$$-D_1\cos\theta_1+D_2\cos\theta_2=0 \tag{5・24}$$

このとき以下の式が成り立つ．

$$\frac{\tan\theta_1}{\tan\theta_2}=\frac{\varepsilon_1}{\varepsilon_2}\quad\text{(tangential law)} \tag{5・25}$$

6 電流に関する現象を式で表現するには？
1 〜オームの法則〜

先生 3章で勉強したように，磁界を発生させる源（source）は電流だったよね．

学 生 電流は，言い換えると，移動する電荷のことですね．

先 生 そのとおり．この章では，電荷の移動，すなわち電流に関する現象を，式を用いて定量的に表現できるようになろう．

〔1〕 電流の定義と電荷保存則

電流の大きさは，導体のある断面を単位時間に通過する電荷量で定義することができる．Δt〔s〕の時間に ΔQ〔C〕の電荷がある断面を通過するとしよう．ある時刻にその断面を流れる電流 I は，定義より以下のようになる．

$$I=\lim_{\Delta t\to 0}\frac{\Delta Q}{\Delta t}=\frac{dQ}{dt}\ \text{〔A〕} \qquad (6\cdot 1)$$

電流の単位は，〔A〕（アンペア）である．

ここで**図 6•1** のように，電流が流れる向きに垂直な断面を考えてみよう．単位面積当たりに流れる電流の大きさを**電流密度**と呼ぶ．面積 S の断面全体にわたって電流が一様であれば，電流密度 J の大きさは定義より以下のようになる．

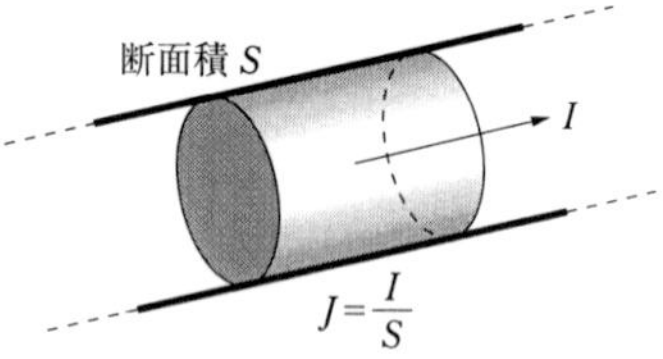

図 6・1 導体を流れる電流と電流密度

$$J=\frac{I}{S}\ \text{〔A/m}^2\text{〕} \qquad (6\cdot 2)$$

一般に，断面全体にわたって電流が一様とは限らない．各点における電流密度 J の大きさは，断面上の微小な面素 ΔS を考えて，以下のように書ける．

$$J=\lim_{\Delta S\to 0}\frac{\Delta I}{\Delta S}\ \text{〔A/m}^2\text{〕} \qquad (6\cdot 3)$$

電流は流れる向きがあるので，同じ向きの大きさ J のベクトルを**電流密度ベクトル** $\boldsymbol{J}$ と呼ぶ．

電流密度ベクトル $\boldsymbol{J}$ を用いて，任意の曲面をある時刻に通過する電流を表すことができる（**図 6•2** 参照）．$\boldsymbol{J}$ は時間のベクトル関数であると同時に，場所のベクトル関数でもある．電流を求めるには，対象とする曲面を微小な面素に分割

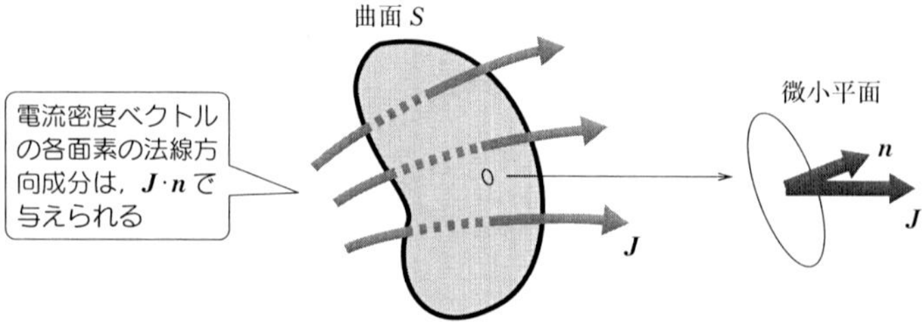

図 6・2 曲面を通過する電流

して各面素で電流密度を乗じて加え合わせる，すなわち，電流密度ベクトルを面積分することになる．このとき，被積分関数の電流密度ベクトル $\boldsymbol{J}$ については，各面素の単位法線ベクトル $\boldsymbol{n}$ の方向の成分 $\boldsymbol{J}\cdot\boldsymbol{n}$ のみが積分に関与してくることに注意してほしい．最終的に，ある時刻に任意の曲面を通過する電流は

$$I=\iint_S \boldsymbol{J}\cdot\boldsymbol{n}da=\iint_S \boldsymbol{J}\cdot d\boldsymbol{a} \qquad (6\cdot 4)$$

次に，**図 6･3** に示すような内部に電荷量 Q を含む閉曲面を考えて，閉曲面の中から外に向かって電流が流れ出る状況を考察してみよう．式（6･4）を考えた場合，閉曲面外部に流出する電流を正とするので，閉曲面上の面素ベクトルの向きは外向きである．また，電流の流出に伴い内部電荷は減少するので，式（6･1）の右辺（電荷の時間微分項）は負となる．したがって，式（6･1）の左辺に負号をつけて全体を正とし，式（6･4）と合わせて以下の関係が得られる．

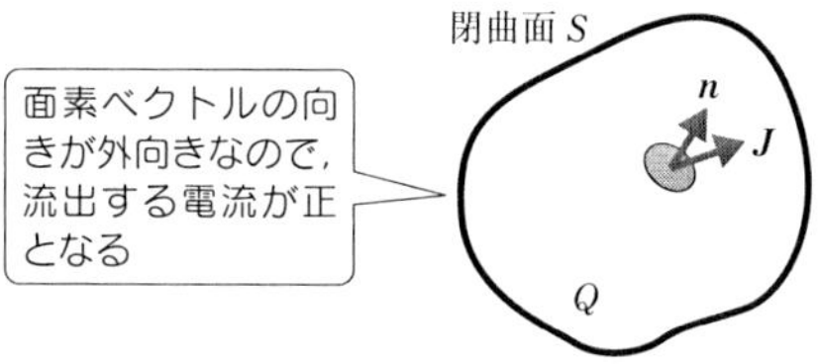

図 6・3 閉曲面から流れ出る電流

$$\iint_S \boldsymbol{J}\cdot d\boldsymbol{a}=-\frac{dQ}{dt}=-\iiint_v \frac{\partial\rho}{\partial t}dv \qquad (6\cdot 5)$$

ここで，ρ〔C/m³〕は体積電荷密度である．式（6･5）の左辺をガウスの定理（1･47）で変形すれば，最終的に

$$\mathrm{div}\,\boldsymbol{J}=-\frac{\partial\rho}{\partial t} \qquad (6\cdot 6)$$

となる．これは，図 6･3 の閉曲面で囲まれる体積を極限まで小さくしていった状

況に相当し，電荷は保存されることを意味している．すなわち，電荷は発生も消滅もすることなく，閉曲面内から電流が流れ出れば（流入すれば），そのぶん，閉曲面内の電荷は減少する（増加する）ことを意味している．式（6･6）を，**電荷の保存則**，あるいは**電流連続の式**と呼ぶ．

時間的に一定な定常電流の場合，式（6･6）はどのようになるだろう？時間的な変化がないので，右辺の時間微分項は 0 となる．したがって，定常電流では

$$\mathrm{div}\,\boldsymbol{J}=0 \tag{6・7}$$

となる．

〔2〕 オームの法則

図 6･4 のように，導線の 2 点間に電位差 $\Delta\varphi$ が与えられると，電位の高い方から低い方に向かって電流が流れる．電位差 $\Delta\varphi$ と流れる電流の大きさ I の間には比例関係が成り立ち，以下のように書ける．

$$R=\frac{\Delta\varphi}{I}\ \text{〔}\Omega\text{〕} \tag{6・8}$$

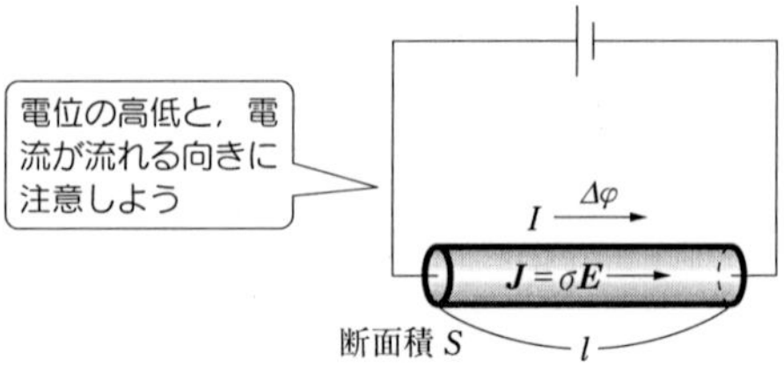

図 6・4　導体を流れる電流と電位差

式（6･8）を，**オームの法則**と呼ぶ．ここで，導線の材質と形状で決まる比例定数 R は抵抗と呼ばれ，単位は〔Ω〕（オーム）である．一般に，均一な導線の場合，抵抗の大きさは導線の長さに比例し，導線の断面積に反比例する．したがって導線の長さを l，断面積を S とすれば

$$R=\rho\frac{l}{S}=\frac{1}{\sigma}\frac{l}{S} \tag{6・9}$$

と書ける．ここで，ρ を**抵抗率**，σ を**導電率**と呼び，それぞれの単位は〔Ω･m〕，〔S/m〕である．S はジーメンスで，Ω^{-1} に相当する．

式（6·2），（6·8），および式（6·9）より，電流密度の大きさに関して，以下の関係式が導かれる．

$$J=\frac{I}{S}=\sigma\frac{\Delta\varphi}{l}$$

また，電流密度の向きは，電位の高い方から低い方に向かって流れる電流と同じである．したがって，上式で電流密度の向きも考慮して $l\to 0$ の極限を考えれば，式（2·11）より電流密度ベクトル $\boldsymbol{J}$ は

$$\boldsymbol{J}=\sigma\left(-\frac{d\varphi}{dl}\right)=\sigma\boldsymbol{E} \qquad (6 \cdot 10)$$

と書くことができる．式（6·10）は，オームの法則の微分形の表現である．

6-2 抵抗を組み合わせたときの全体の抵抗は？ ～抵抗の接続～

学生 抵抗を組み合わせると，その全体を新たな抵抗とみなせますよね．全体の抵抗値はどのような値になるんでしょう？

先生 組み合わせる各抵抗の値から，全体の抵抗値を求めてみよう．

(1) 直列接続

図 6·5 のように n 個の抵抗を直列に接続した場合を考えてみよう．流れる電流の大きさは，いずれの抵抗でも同じになる．各抵抗における電位差（電圧降下）を加え合わせれば，全体の電位差となる．式 (6·8) より

$$\varDelta\varphi = R_1 I + R_2 I + \cdots + R_n I = (R_1 + R_2 + \cdots + R_n) I \tag{6・11}$$

したがって，全体の抵抗を $R_{\rm all}$ とすれば

$$R_{\rm all} = R_1 + R_2 + \cdots + R_n \tag{6・12}$$

となることがわかる．

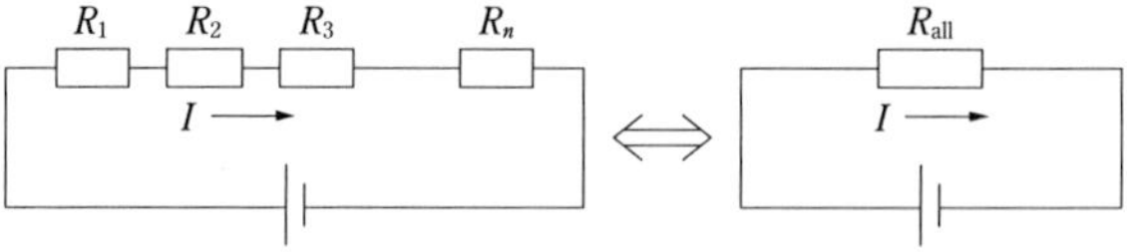

図 6・5 抵抗の直列接続と全体抵抗

(2) 並列接続

図 6·6 のように n 個の抵抗を並列に接続した場合を考えてみよう．各抵抗における電位差は，いずれの抵抗でも同じになる．各抵抗に流れる電流を加え合わせれば，全体の電流となる．式 (6·8) より

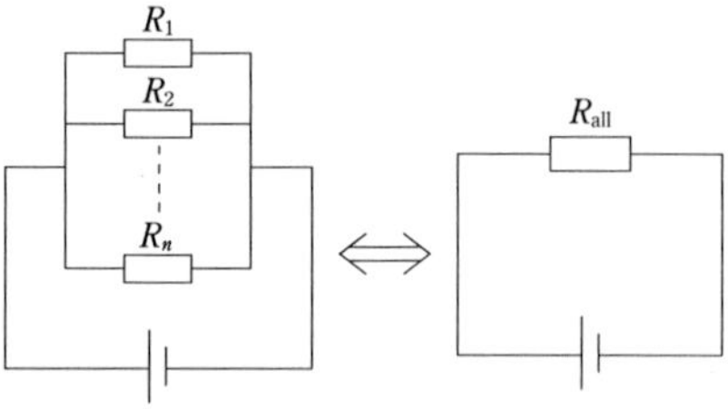

図 6・6 抵抗の並列接続と全体抵抗

$$I = \frac{\varDelta\varphi}{R_1} + \frac{\varDelta\varphi}{R_2} + \cdots + \frac{\varDelta\varphi}{R_n} \tag{6・13}$$

したがって，全体の抵抗を $R_{\rm all}$ とすれば

$$\frac{1}{R_{\rm all}} = \frac{1}{R_1} + \frac{1}{R_2} + \cdots + \frac{1}{R_n} \tag{6・14}$$

となることがわかる．

例　題

図 6·7 に示す抵抗率 ρ の円錐台導体において，面間 S_1S_2 の抵抗を求めてみよう．面 S_1 から距離 x の位置での導体断面の半径は

$$r(x)=a+(b-a)\frac{x}{l} \tag{6・15}$$

となる．したがって，$x\sim x+dx$ の領域の厚さ dx の円板導体の抵抗値は，式 (6·9) より

$$dR=\rho\frac{dx}{\pi r^2} \tag{6・16}$$

これらの抵抗が直列につながれていると考えればよいので，式 (6·12) のように加え合わせる，すなわち式を積分する．最終的に面 S_1S_2 間の抵抗は

$$R=\int_0^l \rho\frac{dx}{\pi r^2}=\frac{\rho}{\pi}\frac{l}{b-a}\left(\frac{1}{a}-\frac{1}{b}\right)=\frac{\rho l}{\pi ab} \tag{6・17}$$

となる．

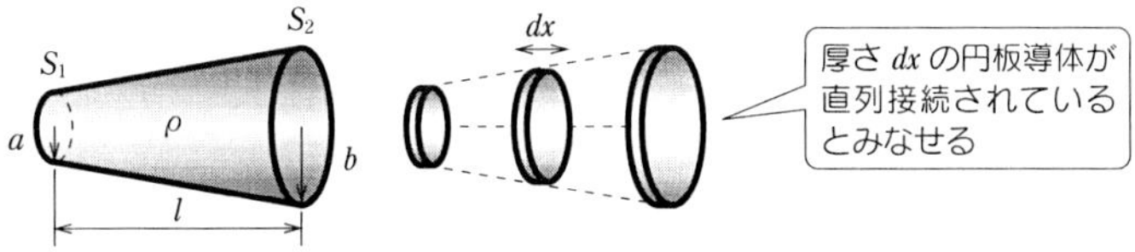

図 6・7　円錐台形状の導体

6-3 複雑な回路網に流れる電流を求めるには？
～回路網の電流に関する諸定理～

学生 抵抗をいろいろと組み合わせても，全体の抵抗値を求められるようになったので，さまざまな回路の解析ができますね．

先生 複数の電源や抵抗など，さまざまな要素を結線した回路のことを，**回路網**というんだ．その例として，図6･8に示す回路網を使って，回路に流れる電流を求めてみよう．これは**ホイートストンブリッジ**と呼ばれる回路なんだ．

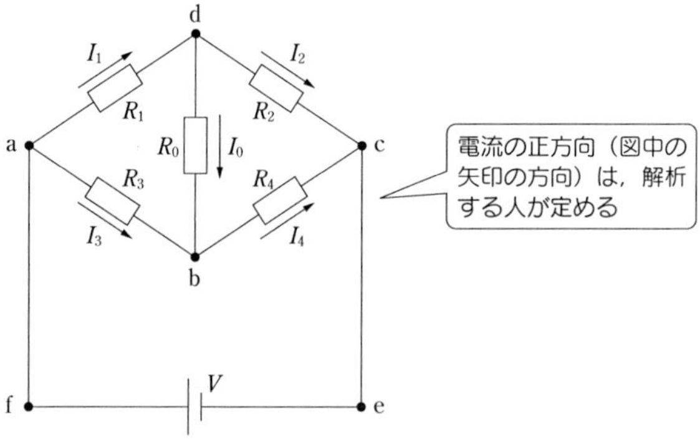

図 6・8　ホイートストンブリッジ

学生 今までの回路より，複雑にみえます．

先生 このような複雑な回路に流れる電流を求める際に便利な，二つの法則をここで勉強しよう．

一つ目は，**キルヒホッフの第一法則**と呼ばれるもので，「回路中のあらゆる節点において，流入する電流の総和は0となる」．このとき，節点に流入する電流は正とし，流出する電流は負として考えることに注意してほしい．図6･8の節点b，dでそれぞれ以下の関係式が成り立つ．

$$I_1 - I_0 - I_2 = 0 \qquad (6\cdot18)$$

$$I_3 + I_0 - I_4 = 0 \qquad (6\cdot19)$$

二つ目は，**キルヒホッフの第二法則**と呼ばれるもので，「回路中のあらゆる閉ループにおいて，抵抗の電圧降下の和と起電力の和は等しい」．起電力の向きと電流の向きに注意して，図6･8の閉ループa-b-d，b-c-d，a-b-c-e-fで以下の関係式が導ける．

$$I_1R_1+I_0R_0-I_3R_3=0 \tag{6・20}$$

$$I_2R_2-I_4R_4-I_0R_0=0 \tag{6・21}$$

$$I_3R_3+I_4R_4 \qquad =V \tag{6・22}$$

解くべき未知数は I_0～I_4 の五つであり，式（6・18）から式（6・22）までの五つの式を連立すれば求めることができる．頑張って解いてみてほしい．例えば，回路中の d-b を流れる電流は

$$I_0=\frac{R_2R_3-R_1R_4}{R_2R_3(R_1+R_4)+R_1R_4(R_2+R_3)+R_0(R_1+R_2)(R_3+R_4)}V \tag{6・23}$$

となる．

例　題

図 6・8 で R_1，R_2 を値が既知の抵抗とし，R_3 を可変抵抗としよう．このとき，未知の抵抗 R_4 の値を求めるにはどうしたらよいだろうか．

可変抵抗 R_3 を調整し，回路中の d-b を流れる電流 I_0 を 0 にしたとする．このとき，節点 b，d は等電位なので，抵抗R_1，R_3 による電圧降下は等しい．これは R_2，R_4 においても同様である．R_1，R_2 に流れる電流を I とし，R_3，R_4 に流れる電流を I' とすれば

$$IR_1=I'R_3 \tag{6・24}$$

$$IR_2=I'R_4 \tag{6・25}$$

となるので，両式の比をとれば

$$R_4=\frac{R_2R_3}{R_1} \tag{6・26}$$

と求められる．これは，式（6・23）の分子からも明らかである．

6 抵抗で消費されるエネルギーを表わすには？
4 〜電力〜

抵抗に電流が流れると，抵抗が熱くなりますよね．

先 生 そうだね．電位差の定義を覚えているかな．

学 生 はい，1 C の電荷の移動に伴う仕事でした．

先 生 電流が流れるということは，2 点間の電位差を電荷が移動していることだよね．抵抗 R に電圧 V が印加されて電流 I が流れている場合を考えてみよう．電流の定義（6･1）より，単位時間当たりに流れる電荷は I〔C〕である．また，抵抗での電圧降下（電位差）は，オームの法則（6･8）より $V=IR$ となる．したがって，単位時間当たり

$$P=IV=I^2R=\frac{V^2}{R} \tag{6・27}$$

のエネルギーが失われている．このエネルギーを**電力**と呼び，単位は〔W〕（ワット）である．式（6･27）に時間をかけることで，その時間にわたってのエネルギーが求められ，これを**電力量**と呼ぶ．単位は〔J〕（ジュール）（=〔W･s〕）である．対象とする時間内で電力が刻一刻と変化する場合は，電力量を求めるために，電力の時間積分を行うこととなる．

次に，塊状の導体中などを電流が分布して流れている場合を考えてみよう．導体中に**図 6･9** のような微小領域を考える．

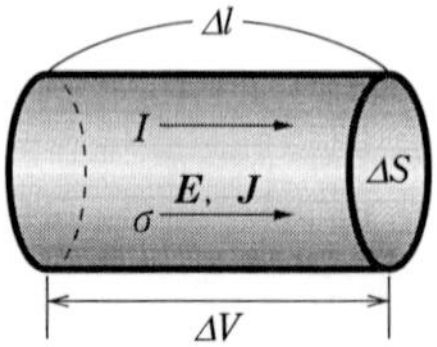

図 6・9 微小領域における電荷の強さと電流密度ベクトル

微小領域は電流の方向に沿ったものとし，式（6･10）の関係も用いて，この微小領域で消費される電力を求めると

$$\Delta P=\Delta I\Delta V=\boldsymbol{J}\cdot\Delta S\boldsymbol{E}\cdot\Delta \boldsymbol{l}=\sigma\boldsymbol{E}\cdot\Delta S\boldsymbol{E}\cdot\Delta\boldsymbol{l}=\sigma E^2\Delta S\Delta l$$

したがって，単位体積当たりの消費電力は

$$p=\frac{\Delta P}{\Delta S\Delta l}=\sigma E^2 \tag{6・28}$$

となる．

式（6・27）に相当するエネルギーが，形を変えて熱エネルギーとなり，抵抗が熱くなる．これをジュール熱と呼ぶ．

例　題

図 6·10 に示す内半径 r_1，外半径 r_2，高さ h，抵抗率 ρ の円筒導体を考えよう．円筒の内側と外側に電位差 V を与えたとき，消費電力を求めてみよう．

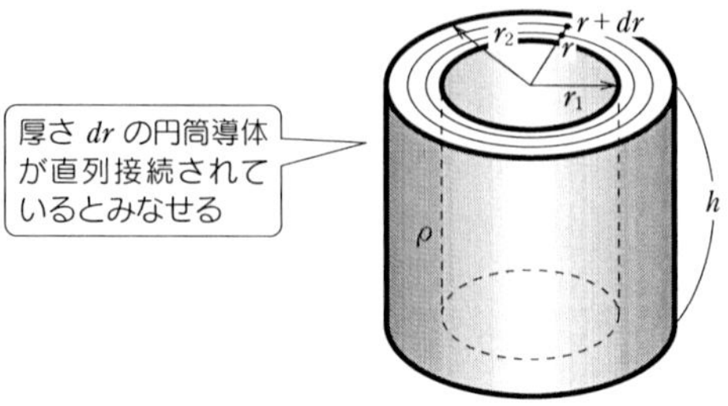

r + dr
r2
r
r1
厚さ dr の円筒導体が直列接続されているとみなせる
h
ρ

図 6・10　円筒導体の消費電力

中心軸から距離 $r \sim r+dr$ の領域の厚さ dr の円筒導体の抵抗値は，式（6·9）より

$$dR = \rho \frac{dr}{2\pi rh} \tag{6・29}$$

これらの抵抗が直列につながれていると考えればよいので，式（6·12）のように加え合わせる，すなわち式を積分する．最終的に $r_1 \sim r_2$ 間の抵抗は

$$R = \int_{r_1}^{r_2} \rho \frac{dr}{2\pi rh} = \frac{\rho}{2\pi h} \log_e \frac{r_2}{r_1} \tag{6・30}$$

となる．したがって，式（6·27）より消費電力は

$$P = \frac{2\pi h V^2}{\rho \log_e \dfrac{r_2}{r_1}} \tag{6・31}$$

と得られる．

6 5 材質の異なる導体を電流が流れるとどうなるの？

～電流の境界条件～

学生　これまでは均質な抵抗を流れる電流について勉強しましたが，抵抗内で導電率が変化する場合は，電流はどのように流れるんでしょう．

先生　図 **6･11** に示すように異なる材質の導体が接しているとき，その境界上で電流はどのように流れるか，考えてみよう．

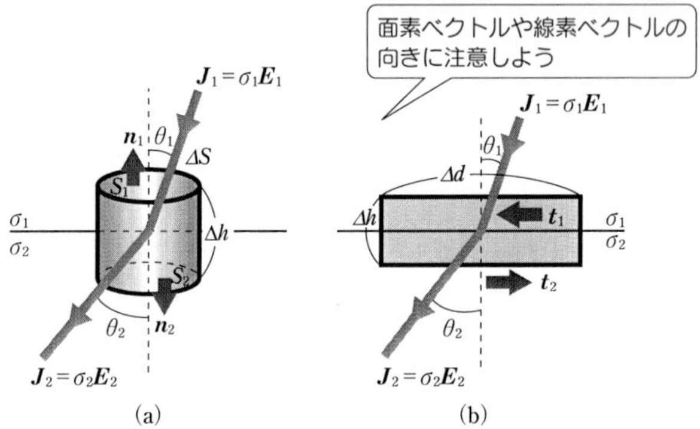

図 6・11　導電率が異なる 2 導体間の境界

まず，図 6･11(a) のように，断面積 ΔS，高さ Δh の薄い円柱状の微小領域表面（閉曲面）において，電流密度ベクトル $\boldsymbol{J}$ を面積分してみよう．定常電流の場合，式（6･7）のとおり，電流密度ベクトルの発散は 0 だった．境界上で考えるので $\Delta h\to 0$ の極限を考え，ガウスの定理（1･47）を用いれば

$$\iint_S \boldsymbol{J}\cdot d\boldsymbol{a}=\iint_{S_1}\boldsymbol{J}\cdot d\boldsymbol{a}+\iint_{S_2}\boldsymbol{J}\cdot d\boldsymbol{a}=\iiint_v \mathrm{div}\,\boldsymbol{J}dv=0 \qquad (6\cdot 32)$$

となる．面 S_1 と S_2 での単位法線ベクトル $\boldsymbol{n}$ の向きに注意して

$$(\boldsymbol{J}_1\cdot\boldsymbol{n}_1+\boldsymbol{J}_2\cdot\boldsymbol{n}_2)\Delta S=(-J_1\cos\theta_1+J_2\cos\theta_2)\Delta S=0 \qquad (6\cdot 33)$$

が得られるので，最終的に式（6･10）より

$$\sigma_1E_1\cos\theta_1=\sigma_2E_2\cos\theta_2 \qquad (6\cdot 34)$$

の関係が導出できる．

次に，図 6･11(b) のように，幅 Δd，高さ Δh の薄い矩形状の経路（閉曲線）に沿って，電界 $\boldsymbol{E}$ を線積分してみよう．ここでは時間的な変化のない定常電流を議論しているので，2 章の静電界で学んだように $\mathrm{rot}\,\boldsymbol{E}=\boldsymbol{0}$ が成り立つ．境界

矩形とは長方形のことで，矩形波という信号波形もあるので知っておこう．

上で考えるので $\Delta h \to 0$ の極限を考え，ストークスの定理（1·48）を用いれば

$$\oint_C \boldsymbol{E}\cdot d\boldsymbol{l} = \int_{C_1} \boldsymbol{E}\cdot d\boldsymbol{l} + \int_{C_2} \boldsymbol{E}\cdot d\boldsymbol{l} = \iint_S \mathrm{rot}\,\boldsymbol{E}\cdot d\boldsymbol{a} = 0 \tag{6・35}$$

となる．C_1 と C_2 での線素の向き（単位接線ベクトル $\boldsymbol{t}$）の向きに注意して

$$(\boldsymbol{E}_1\cdot\boldsymbol{t}_1 + \boldsymbol{E}_2\cdot\boldsymbol{t}_2)\Delta d = (E_1 \sin\theta_1 - E_2 \sin\theta_2)\Delta d = 0 \tag{6・36}$$

が得られるので

$$E_1 \sin\theta_1 = E_2 \sin\theta_2 \tag{6・37}$$

の関係が導出できる．

導出した式（6·34），（6·37）が，異なる導電率の導体が接している境界上において成り立つ電流の境界条件である．

例　題

先に求めた境界条件より，異なる導電率の導体が接している境界上において電流は屈折することがわかる．図 6·11 で書かれた電流の角度 θ と導電率 σ の関係を導いてみよう．

式（6·34）と式（6·37）との比をとれば

$$\frac{\tan\theta_1}{\tan\theta_2} = \frac{\sigma_1}{\sigma_2} \tag{6・38}$$

の関係が異なる導電率の導体が接している境界上において成り立つことがわかる．

ポイント解説

6・1　オームの法則

電流の大きさは，導体のある断面を単位時間に通過する電荷量で定義することができる．また，単位面積当たりに流れる電流の大きさを電流密度と呼ぶ．

$$I=\lim_{\Delta t\to 0}\frac{\Delta Q}{\Delta t}=\frac{dQ}{dt}\quad \text{〔A〕} \tag{6・1}$$

体積電荷密度 ρ と電流密度ベクトル $\boldsymbol{J}$ を用いて，電荷の保存則（電流連続の式）は以下のように表される．

$$\operatorname{div}\boldsymbol{J}=-\frac{\partial\rho}{\partial t} \tag{6・6}$$

特に，定常電流の場合

$$\operatorname{div}\boldsymbol{J}=0 \tag{6・7}$$

となる．

電位差 $\Delta\varphi$ と流れる電流の大きさ I の間には比例関係が成り立ち

$$R=\frac{\Delta\varphi}{I}\ \text{〔Ω〕} \tag{6・8}$$

をオームの法則と呼ぶ．オームの法則の微分形の表現は

$$\boldsymbol{J}=\sigma\boldsymbol{E} \tag{6・10}$$

と書くことができる．

6・2　抵抗の接続

n 個の抵抗を接続した場合，全体の抵抗 R_{all} は，直列接続では

$$R_{\mathrm{all}}=R_1+R_2+\cdots+R_n \tag{6・12}$$

となり，並列接続では

$$\frac{1}{R_{\mathrm{all}}}=\frac{1}{R_1}+\frac{1}{R_2}+\cdots+\frac{1}{R_n} \tag{6・14}$$

となる．

6・3　回路網の電流に関する諸定理

複雑な回路に流れる電流を求める際に便利な法則として

キルヒホッフの第一法則：

「回路中のあらゆる節点において，流入する電流の総和は 0 となる」

キルヒホッフの第二法則：

「回路中のあらゆる閉ループにおいて抵抗の電圧降下の和と起電力の和は等しい」の二つがある．

6・4 電力

抵抗 R に電圧 V が印加されて電流 I が流れている場合，単位時間当たり

$$P=IV=I^2R=\frac{V^2}{R} \tag{6・27}$$

のエネルギーが消費される．電流が分布して流れている場合，単位体積当たりの消費電力は

$$p=\sigma E^2 \tag{6・28}$$

と書ける．

6・5 電流の境界条件

異なる導電率の導体が接している境界上において，電流の境界条件として

$$\sigma_1 E_1 \cos\theta_1=\sigma_2 E_2 \cos\theta_2 \tag{6・34}$$

$$E_1 \sin\theta_1=E_2 \sin\theta_2 \tag{6・37}$$

が成り立つ．この関係から，境界上において屈折する電流の角度 θ と導電率 σ の関係として

$$\frac{\tan\theta_1}{\tan\theta_2}=\frac{\sigma_1}{\sigma_2} \tag{6・38}$$

が得られる．

7 磁石はなぜ磁界を発生するの？
1 ～磁石に関する二つのモデルと div *B* =0～

学生 以前に（3·2 節），「**磁界の原因は電流**である」と習いました．でも，普通の磁石（永久磁石）も磁界を発生させます．なぜですか？

先 生 考えるためのヒントとして，長い棒磁石を二つに折るとどうなる？

学 生 折れた二つが，やはり，磁石として働きます．

先 生 そうだ．また二つに折っても磁石になる．どこまで小さくしても同じだ．したがって，磁石の中は，こんな風（**図 7·1**(a)）になっていると考えられる．以前教えたように（3·6 節），小さな磁石は小さな循環電流と同じだから，磁石はこの図（図 7·1(b)）のようにも書ける．磁石は，本当は，原子内で原子核の回りを回る電子や電子自身の自転（スピン）による微小な電流がつくる**図 7·2** のような磁界が合わさって外部に磁界が発生しているのだよ．

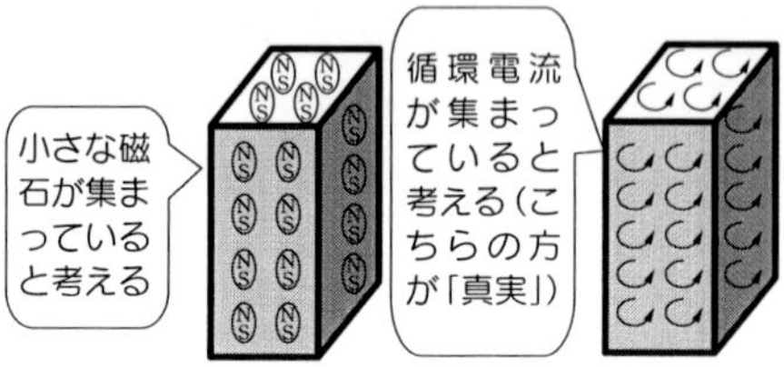

小さな磁石が集まっていると考える
循環電流が集まっていると考える(こちらの方が「真実」)

(a)　磁極モデル　　　(b)　電流モデル

図 7·1　磁石の磁極モデルと電流モデル

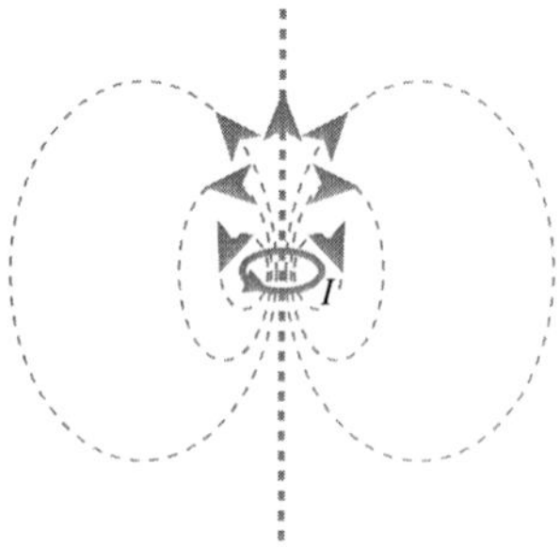

I

図 7·2　円電流により生じる磁界

〔1〕 磁極と磁荷

磁石の両端に現れる N 極および S 極を**磁極**と呼ぶんだ．この磁極から，**磁束**が出入りしている状況は，電荷から電束が出入りする状況と似ているね．だから，磁極には正か負の**磁荷** ±m（単位は〔Wb〕（ウェーバ））があるとも考えられるね．でもね，上で述べたように磁石をどんなに小さく分割しても磁石になるのだから，**正と負の磁荷は必ずペア**になっていて，**単独の磁荷はないんだ**．つまり，**真磁荷は存在しない**よ．電界では，電束は正電荷より生じ，負電荷に終わるので，式（2·19）が成り立ったね．でも，単独では存在できない磁荷においては，磁束の出発点も終わりもないので，**磁束は**図 7·2 のように**必ず閉じた曲線となり**，表 7·1 中に示した式（7·1），つまり div $\boldsymbol{B}=0$ となる．表 7·1 では，わかりやすいように電界と磁界を並べて示した．

表 7・1　（誘）電束密度と磁束密度の類似点と相違点

	$\boldsymbol{D}$：（誘）電束密度	$\boldsymbol{B}$：磁束密度
微分形	$\mathrm{div}\boldsymbol{D}=\rho$（$\rho$：真電荷密度）　(5・8 b)	$\mathrm{div}\,\boldsymbol{B}=0$　(7・1)
積分形	$\iint\boldsymbol{D}\cdot d\boldsymbol{a}=\sum Q_i$（$Q_i$：電荷） または $=\iiint\rho dv$（ρ：電荷密度）　(5・8 c)	なし なし

〔2〕　磁石の引き合う力　～磁気クーロンの法則～

磁石のN極とS極は引き合い，N極やS極どうしは反発するね．これは，電荷と似ているね．**図 7・3** に示す二つの棒磁石に働く力を考えてみよう．左側の磁石のN極に m_1（>0），右側の磁石のN極には m_2（>0）の磁荷があって，その間のベクトルを $\boldsymbol{r}$ とすると，両磁荷の間の力 $\boldsymbol{F}$ は，次の式となることがわかっている．

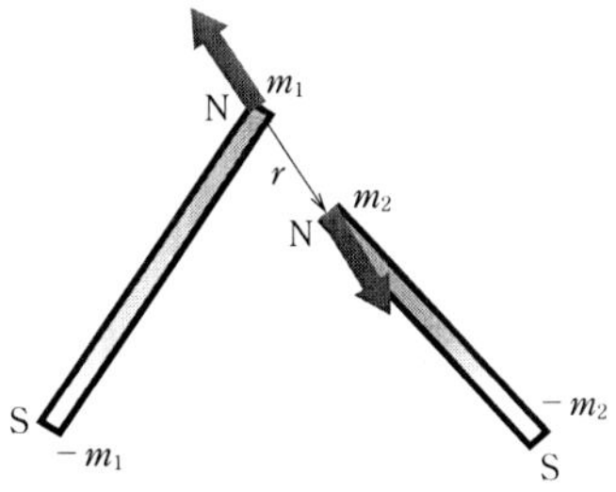

図 7・3　棒磁石に働く力

$$\boldsymbol{F}=\frac{m_1m_2}{4\pi\mu r^2}\frac{\boldsymbol{r}}{r} \tag{7・2}$$

この式は，電荷間のクーロンの法則（式 (2・2)）と同じ形なので，**磁気クーロンの法則**と呼ばれるんだ．今の例では，$m_1>0$，$m_2>0$ だから，$F>0$，つまり斥力となるね．μ は磁石の周りの空間の**透磁率**で，単位は〔H/m〕だ．式 (7・2) だけれど，m_1 の磁荷が m_2 の位置に式 (7・3) の磁界 $\boldsymbol{H}$〔A/m〕を生じ，その $\boldsymbol{H}$ が m_2 に式 (7・4) の力を与えていると考えることもできるね．

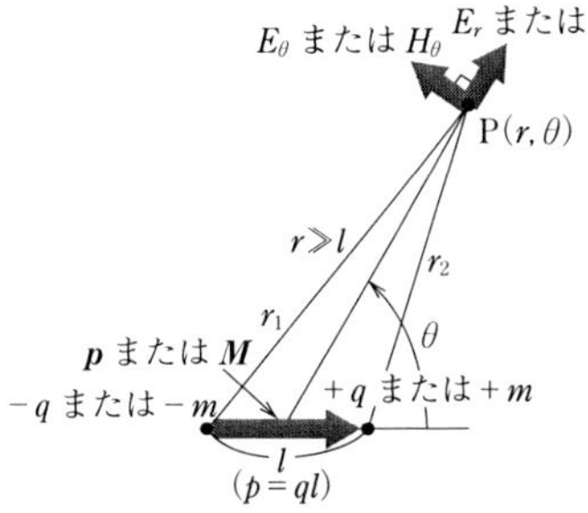

図 7・4　電気または磁気双極子

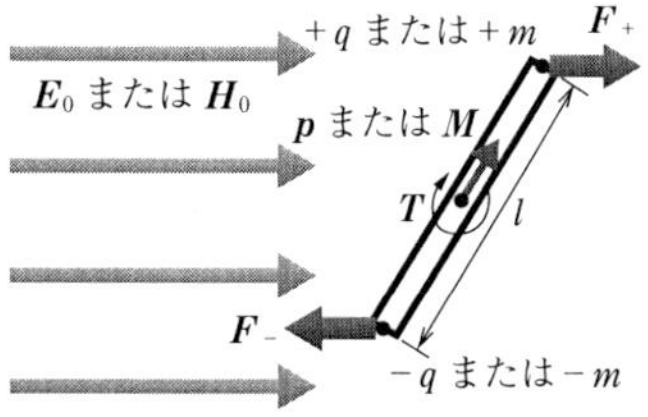

図 7・5　外部電界中の電気双極子または外部磁界中の磁気双極子

表 7・2 電気双極子と磁気双極子の類似性

	電気双極子	磁気双極子（磁石）
双極子より距離 $\boldsymbol{r}$ の点Pの電位 φ と電界 $\boldsymbol{E}$ および磁位 φ_H と磁界 $\boldsymbol{H}$（図 7・4）	$\varphi=\dfrac{p\cos\theta}{4\pi\varepsilon r^2}$	$\varphi_H=\dfrac{M\cos\theta}{4\pi\mu r^2}$
	$E_r=\dfrac{p\cos\theta}{2\pi\varepsilon r^3}$（$r$ 方向）	$H_r=\dfrac{M\cos\theta}{2\pi\mu r^3}$（$r$ 方向）
	$E_\theta=\dfrac{p\sin\theta}{4\pi\varepsilon r^3}$（$\theta$ 方向）	$H_\theta=\dfrac{M\sin\theta}{4\pi\mu r^3}$（$\theta$ 方向）
外部電界 $\boldsymbol{E}_0$ 中の電気双極子 $\boldsymbol{p}$，外部磁界 $\boldsymbol{H}_0$ 中の磁気双極子 $\boldsymbol{M}$ が有する位置エネルギー W と受ける回転力 $\boldsymbol{T}$（図 7・5）	$W=-\boldsymbol{p}\cdot\boldsymbol{E}_0$〔J〕 $\boldsymbol{T}=\boldsymbol{p}\times\boldsymbol{E}_0$〔N・m〕	$W=-\boldsymbol{M}\cdot\boldsymbol{H}_0$〔J〕 $\boldsymbol{T}=\boldsymbol{M}\times\boldsymbol{H}_0$〔N・m〕

$$\boldsymbol{H}=\frac{m_1}{4\pi\mu r^2}\frac{\boldsymbol{r}}{r} \tag{7・3}$$

$$\boldsymbol{F}=m_2\boldsymbol{H} \tag{7・4}$$

磁石の両極には必ず正負等量の磁荷 $\pm m$ が現れるので，磁石は**磁気双極子**（**磁気双極子モーメント**，略して**磁気モーメント**）とみることができて，その大きさと方向は，$\boldsymbol{M}=m\boldsymbol{l}$〔Wb・m〕（$\boldsymbol{l}$ は $-m<0$ から $+m>0$ へ向かう位置ベクトル）と定義されるよ．この磁気双極子に関しても，表 7・2 のように電気双極子と全く同じ形の関係が成り立つので比べてごらん．

このように，電気双極子と磁気双極子を対応づけて考えるとわかりやすくてよいね．でも，原子核の回りを電子が回っている原子の構造は，太陽の回りを惑星が回っている太陽系と形は似ているけれども，太陽と原子核は全く別物でしょう．同じように，電気双極子と磁気双極子も全く別のもので，さきの表や図は，単に左右の式や図の形が同じだということを示しているだけだ．

例　題

磁気モーメント $\boldsymbol{M}$〔Wb・m〕の磁石が一様な磁界 $\boldsymbol{H}$〔A/m〕中で，磁界の方向と θ〔rad〕の角をなして置かれているとして，磁石の受けるトルク（回転モーメント）を求めてみよう．また，この磁石を $\boldsymbol{H}$ の方向から $\boldsymbol{H}$ と角 θ をなす方向まで回転させるのに必要な仕事はどれくらいかな．

【解説】 **図 7・6** に示すように，$\boldsymbol{M}$ に作用するトルクを磁荷 m，$-m$ に作用する力に着目しながら考えていこう．m と $-m$ に働く力のうちで，磁石を回転させる成分は図の F_1（$=mH\sin\theta$）と F_1'（$=-mH\sin\theta$）だけで，F_2 と F_2' はお

互いがつり合っていて磁石を回転する作用はもたないね．だから，$M=ml$ として，トルク T は

$$T=mH\cdot l\sin\theta=MH\sin\theta\ \text{〔N·m〕}$$
（あるいは〔J〕）　　(7・5)

と求まるね．

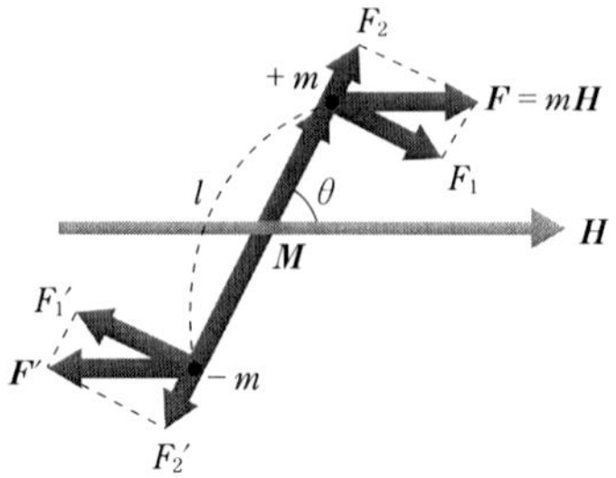

図 7・6　磁石の受けるトルク

いま，そのトルクの向きに右ねじが回転したとき，右ねじの進む方向をもつベクトルでトルクを表せば，式（7·3）は

$$\boldsymbol{T}=\boldsymbol{M}\times\boldsymbol{H}\ \text{〔N·m〕}\qquad(7\cdot6)$$

と書けるでしょう．

また，磁石を $\boldsymbol{H}$ の方向から $\boldsymbol{H}$ と角 θ をなす方向まで回転させるのに必要な仕事は

$$W=\int_0^\theta Td\theta=\int_0^\theta MH\sin\theta d\theta=MH(1-\cos\theta)\ \text{〔J〕}\qquad(7\cdot7)$$

となるね．

この W を位置エネルギーとして考えると，定数（MH）を省いても単に位置エネルギー＝0 の基準点をずらしたことになるだけで，実質的には何も問題を生じない．だから

$$W'=-MH\cos\theta=-\boldsymbol{M}\cdot\boldsymbol{H}\ \text{〔J〕}\qquad(7\cdot8)$$

と簡単な形で書けるね．

なお，単位としての〔J〕と〔N·m〕は全く同じだね．だから，どちらを使っても OK だけれども，式（7·5）～（7·8）や表 7·2 のように，エネルギーには〔J〕，トルクには〔N·m〕が主に使われるよ．

7-2 磁石ってどんな風になっているの？

～磁化・磁気誘導と磁性体～

学生  鉄釘は磁石にくっつきます．でも，磁石につかない釘もあります．

先 生 そうだね．木やプラスチックは勿論，金属の中にも磁石に引かれないものが結構多いね．それぞれの物質の透磁率 μ の違いが，このような差をつくり出しているのだ．μ と真空の透磁率 μ_0 との比である比透磁率 μ_r の値によって，

$\mu_r < 1.0$：反磁性体
$\mu_r > 1.0$：常磁性体
$\mu_r \gg 1.0$：強磁性体

> 単体では，鉄，コバルト，ニッケルなど．化合物では，希土類元素（サマリウムやネオジム）の化合物などで，磁石として使われる

次のように分類されるよ．

(1) 磁化と磁気誘導

磁界中に物質をもってくると，物質は何らかの磁性を帯びるんだ．つまり，**磁気誘導**によって，物質は**磁化**される．この磁気誘導が生じる物質を**磁性体**と呼ぶのだけれど，この定義に従うと，真空以外のすべての物質は磁性体となってしまう．だから，**強磁性体**のみを磁性体と呼んで，他を**非磁性体**と呼ぶことも多いんだ．

磁性体内部では，3 章で学んだ磁束密度 $\boldsymbol{B}$ と磁界（の強さ）$\boldsymbol{H}$ の関係，$\boldsymbol{B} = \mu\boldsymbol{H} = \mu_r\mu_0\boldsymbol{H}$（式 (3·3)）を拡張して

$$\boldsymbol{B} = \mu\boldsymbol{H} = \mu_r\mu_0\boldsymbol{H} = \mu_0\boldsymbol{H} + \boldsymbol{J}_m \text{〔T〕} \quad (7 \cdot 9)$$

とするんだ．ここで，$\boldsymbol{J}_m$ は，**磁化ベクトル**あるいは**磁化の強さ**と呼ばれ，磁気誘導により磁性体の単位体積当たりに生じる磁気双極子（磁気モーメント）となるよ．また $\boldsymbol{J}_m$ の $\boldsymbol{H}$ への依存性を示すために，次の磁化率 χ や比磁化率 χ_r を用いて

$$\chi = \mu - \mu_0 \text{〔H/m〕} \quad (7 \cdot 10)$$

$$\boldsymbol{J}_m = \chi\boldsymbol{H} = \mu_0\chi_r\boldsymbol{H} \quad (7 \cdot 11)$$

$$\chi_r = \mu_r - 1 \quad (7 \cdot 12)$$

と表すこともある．

$\chi_r > 0$（$\mu_r > 1$）の常磁性体と強磁性体では，$\boldsymbol{J}_m$ は $\boldsymbol{H}$ と同じ向きとなるが，

$\chi_r<0$（$\mu_r<1$）の反磁性体では，$\boldsymbol{J}_m$ は $\boldsymbol{H}$ と逆向きになる．でも，常磁性体と反磁性体では，磁気誘導はわずかに生じるだけで，$\chi_r\cong 0$（$\mu_r\cong 1$）だよ．また，来週学ぶ（7·3節）ように，強磁性体では χ と χ_r は定数ではなく，$\boldsymbol{H}$ の大きさに依存するよ．

〔2〕 磁化電流

磁界の根源は電流で，磁性体にも図7·1(b) の電流が流れていたね．この電流をまとめると，例えば，**図7·7**(a) のように一様に磁化された円柱状磁性体においては，磁性体表面に図7·7(b) のように電流が流れていることになるね．この表面電流の磁性体軸方向の単位長さ当たりの密度は次式の $\boldsymbol{K}_m$ で示される．

$$\boldsymbol{K}_m=(1/\mu_0)\,\boldsymbol{J}_m\times\boldsymbol{n}\ \text{〔A/m〕}\quad(\boldsymbol{n}\text{ は磁性体表面における外向きの単位ベクトル})\tag{7・13}$$

もっと一般的には，$\boldsymbol{J}_m$ のつくる磁界の磁束密度は，密度が

$$\boldsymbol{i}_m=(1/\mu_0)\,\mathrm{rot}\,\boldsymbol{J}_m\ \text{〔A/m}^2\text{〕}\tag{7・14}$$

で与えられる**磁化電流**により発生するものと同じになるよ．

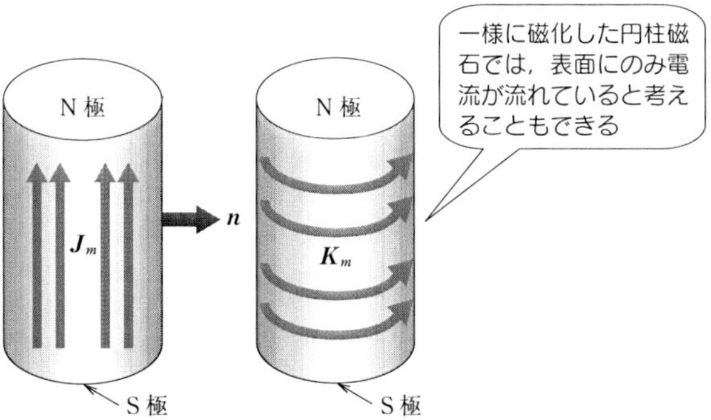

(a)　磁化ベクトル　　(b)　磁化電流

図 7・7　円柱状の磁性体における $\boldsymbol{J}_m$ と $\boldsymbol{K}_m$

〔3〕 磁性体内外の磁界

典型的な磁性体である鉄は導体だから，通常の電流（伝導電流＝自由電流，密度を $\boldsymbol{i}_C$ とする）を流すことができるね．この磁性体が磁化されていれば，$\boldsymbol{i}_C$ 以外に $\boldsymbol{i}_m$ が流れていることになるが，この場合でも，アンペールの周回積分の法則（微分形）は

$$\mathrm{rot}\,\boldsymbol{H} = \boldsymbol{i}_C \text{〔A/m}^2\text{〕} \tag{7・15}$$

となるよ．式（7･9），（7･14）と合わせれば

$$\mathrm{rot}\,\boldsymbol{B} = \mu_0(\boldsymbol{i}_C + \boldsymbol{i}_m) \tag{7・16}$$

となるね．

〔4〕 磁性体の境界面での $\boldsymbol{H}$ と $\boldsymbol{B}$

以前（5章），二つの誘電体の境界面での $\boldsymbol{E}$ と $\boldsymbol{D}$ の境界条件を学んだね．二つの磁性体の境界面での $\boldsymbol{H}$ と $\boldsymbol{B}$ ではどうだろうか？簡単な場合として，電流が流れていない磁性体における静磁界と電荷を含まない誘電体における静電界で成り立つ主要な式を比べてみよう．$\boldsymbol{i}_C = \boldsymbol{0}$ とすれば式（7･15）は $\mathrm{rot}\,\boldsymbol{H} = \boldsymbol{0}$ となるが，静電界では必ず $\mathrm{rot}\,\boldsymbol{E} = \boldsymbol{0}$（式（2･28））だったね．また，$\mathrm{div}\,\boldsymbol{B} = 0$ は必ず成立し，電荷を含まない誘電体では $\mathrm{div}\,\boldsymbol{D} = 0$（式（5･8）で $\rho = 0$）となるね．さらに，$\boldsymbol{D} = \varepsilon\boldsymbol{E}$（式（5･7））で，$\boldsymbol{B} = \mu\boldsymbol{H}$（式（7･9））だね．だから，式（5･22），式（5･24）と同じように，透磁率の異なる2種類の磁性体の境界面では，$\boldsymbol{B}$ の境界面に垂直な成分（$B_\perp$）と，$\boldsymbol{H}$ の境界面に平行な成分（$H_{/\!/}$）が両側で等しくなるよ．境界面に表面電流密度 K の電流が流れている場合を含んで

$$(H_1)_{/\!/} - (H_2)_{/\!/} = K \tag{7・17}$$

$$B_{1\perp} = B_{2\perp} \tag{7・18}$$

と表せる．ここで，K の単位は A/m で，K は境界面上の単位幅（$=1$ m）当たりの電流値を意味しているよ．$K=0$ のときは，**図7･8** のように

$$\frac{\tan\theta_1}{\tan\theta_2} = \frac{\mu_1}{\mu_2} \tag{7・19}$$

となるね．

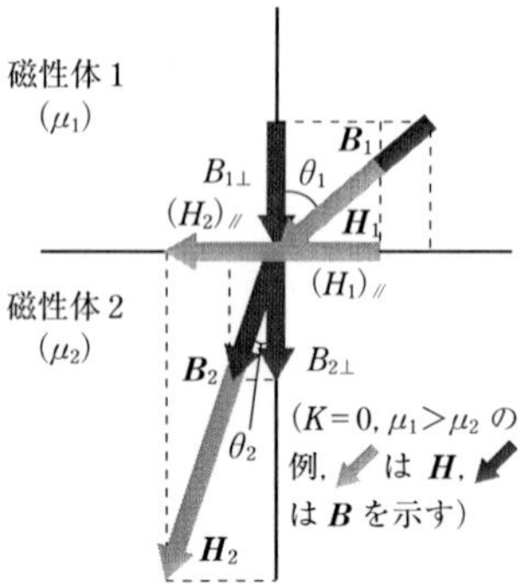

図 7・8 磁性体境面での H と B

例 題

〔1〕 中央にあけた穴の軸に沿って無限長直線電流 I が流れている**図7･9**のような円環状磁

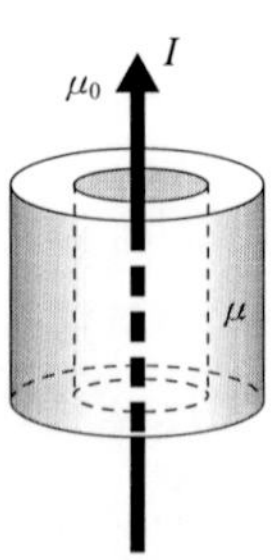

図 7・9 円環状磁性体と直線電流

性体の $\boldsymbol{H}$ と $\boldsymbol{B}$ を求めてみよう．

【解説】 I のつくる磁界 $\boldsymbol{H}$ は，I を中心軸として右ねじの法則を満たす同心円状になる．だから I より距離 r の円を周回路とした積分を考えると，式（7·15）にストークスの定理（1 章参照）を適用して

$$\oint \boldsymbol{H}\cdot d\boldsymbol{l}=2\pi rH=I$$

となるね．だから，磁性体中でも真空中でも，$\boldsymbol{H}$ は，大きさが

$$H=\frac{I}{2\pi r}$$

で，方向は I と右ねじの関係になるね．磁束密度 $\boldsymbol{B}$ の大きさは，式（7·9）より

$$B_0=\mu_0 H=\mu_0 I(2\pi r)^{-1}\quad（真空中）$$

$$B_m=\mu H=\mu I(2\pi r)^{-1}\quad（磁性体内）$$

となり，$\mu>\mu_0$ の磁性体内においては，真空中より大きな磁束密度となるね．

〔2〕 真空中で磁束密度 $\boldsymbol{B}_0$（$\boldsymbol{B}_0=\mu_0\boldsymbol{H}_0$）の平等磁界中に透磁率が μ（$=\mu_r\mu_0$）の細長い直方体形状をした磁性体を**図 7·10**(a)，(b) のように置いたとき，磁性体内の $\boldsymbol{B}$ と $\boldsymbol{H}$ はどうなるか？

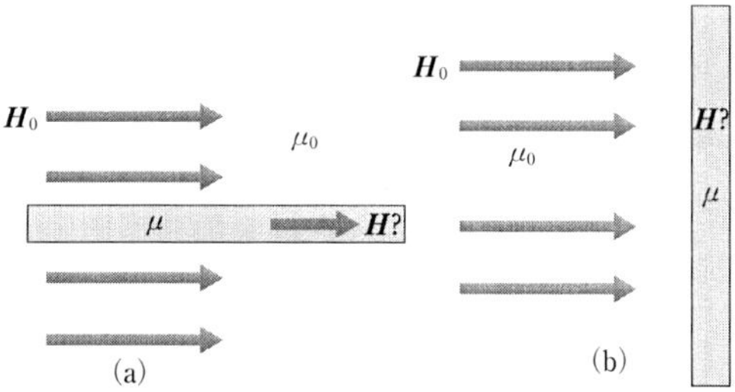

図 7・10　磁性体の形状と磁性体内の磁界

【解説】 (a)　式（7·17）より，$\boldsymbol{H}=\boldsymbol{H}_0$. $\therefore \boldsymbol{B}=\mu\boldsymbol{H}=\mu\boldsymbol{H}_0=\mu_r\boldsymbol{B}_0$

(b)　式（7·18）より，$\boldsymbol{B}=\boldsymbol{B}_0=\mu_0\boldsymbol{H}_0$. $\therefore \boldsymbol{H}=\boldsymbol{B}/\mu=(1/\mu_r)\boldsymbol{H}_0$

となるね．このように，$\mu_r>1$ の磁性体の内部では，(a) のように置かれていれば磁束密度 $\boldsymbol{B}$ が周囲の磁束密度 $\boldsymbol{B}_0$ の μ_r 倍に強まる．一方で，(b) のように置かれていれば磁界 $\boldsymbol{H}$ が周囲の磁界 $\boldsymbol{H}_0$ の（$1/\mu_r$）倍に弱まるよ．

7-3 磁性体はなぜ磁石になるの？
～(強) 磁性体の *B*-*H* 特性～

学生 (強) 磁性体は，透磁率が大きいから磁石になるのですか？

先生 それだけで磁石になるかな？

学生 式 (7·9) は，$\boldsymbol{B}=\mu_0\boldsymbol{H}+\boldsymbol{J}_m=\mu_r\mu_0\boldsymbol{H}=\mu\boldsymbol{H}$ ですので，磁界 $\boldsymbol{H}$ がなくなれば，$\boldsymbol{B}$ も $\boldsymbol{J}_m$ も 0 になってしまい，磁石になるはずがない……．

先生 この式が単純に成り立つのなら，そうなる．実は，磁性体では $\boldsymbol{B}$ は，この図のように変化し，$\boldsymbol{H}$ が 0 になっても $\boldsymbol{B}_r$ が残るので，磁石になるんだ．

〔1〕 強磁性体の *B*-*H* 特性

強磁性体の比透磁率 μ_r は大きく，中には 10^6 といった値を取るものもあるよ．でも，式 (7·9)，(7·11) において，$\boldsymbol{B}$ や $\boldsymbol{J}_m$ は $\boldsymbol{H}$ に比例するのではなく，図 7·11 に示すような**ヒステリシスループ**を描き，以前の磁化の状態 (履歴＝りれき) に依存するんだ．履歴の英語 (hysteresis) から，この現象を**磁気ヒステリシス**と呼ぶよ．

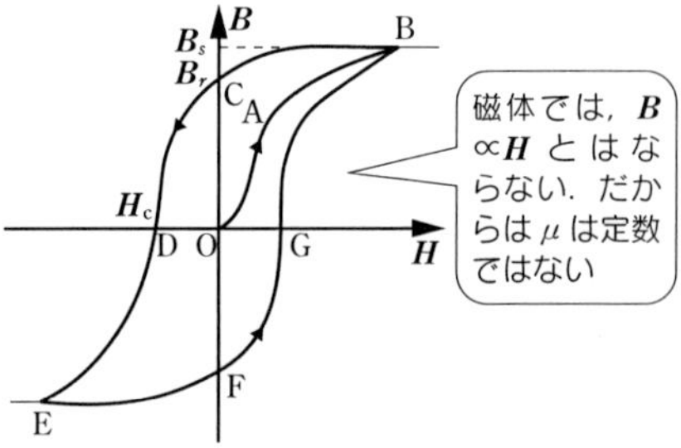

図 7・11 (強) 磁性体の B-H 特性

全く磁化されていない点 O の状態から $\boldsymbol{H}$ を次第に増加すると，$\boldsymbol{B}$ は O → A → B と増加してゆき，点 B では，磁化の強さ $\boldsymbol{J}_m$ は飽和，$\boldsymbol{B}$ も事実上飽和した**飽和磁束密度** $\boldsymbol{B}_s$ となる．ここで，$\boldsymbol{H}$ を減少すれば，$\boldsymbol{B}$ は B → C とわずかに減少し，$\boldsymbol{H}=\boldsymbol{0}$ となっても $\boldsymbol{B}$ は**残留磁束密度** $\boldsymbol{B}_r$ を保つんだ．$\boldsymbol{H}$ をさらに逆向きに増加すれば，$\boldsymbol{B}$ は曲線 C → D に沿って減少するが，$\boldsymbol{B}=\boldsymbol{0}$ にするためには，**保持力**と呼ばれる元と逆向きの磁界 $\boldsymbol{H}=\boldsymbol{H}_c$ (<0) を印加しなければだめなんだ．$\boldsymbol{H}$ をさらに逆向きに増加すれば $\boldsymbol{B}$ は D → E と変化するし，点 E で $\boldsymbol{H}$ の向きを再び反転すれば $\boldsymbol{B}$ は E → F → G → B と変化し一つのループを描く．このループ上での傾きが透磁率 μ だね．

来月あたり学ぶ (10 章) が，磁束密度の値を B_1 から B_2 にまで変化するのに要するエネルギーは単位体積当たり

$$w_m = \int_{B_1}^{B_2} \boldsymbol{H} \cdot d\boldsymbol{B} \tag{7・20}$$

で与えられるので，強磁性体においてヒステリシスループを1周するためには，単位体積当たり

$$w_m = \oint \boldsymbol{H} \cdot d\boldsymbol{B} = (\text{ヒステリシスループの面積}) \tag{7・21}$$

で与えられる**ヒステリシス損**というエネルギーが必要なんだ．

電気機器に使用される強磁性材料では $\boldsymbol{B}_s$ が高いこととヒステリシス損が小さいことが必要で，$\boldsymbol{H}_c$ が大きく $\boldsymbol{B}_r$ が大きいと強力な永久磁石として利用できるよ．また，変圧器の鉄芯や磁気ヘッドに使われる磁性体は小さな磁界で強く磁化される必要があるので $|\boldsymbol{H}_c|$ の小さな磁性体が望まれ，磁気記録材料で記録を長く保存するためには $|\boldsymbol{H}_c|$ がかなり大きいことが望まれるんだ．

〔2〕 磁気シールド

球殻のように内部が空洞の導体内部での電界は，空洞内に電荷がない限り必ず0になるね．だから，導体で包めば，外部の電界の影響を完全にシャットアウトできる．これを**静電シールド**（静電遮へい）と呼ぶんだ．これと同じように，透磁率の大きな磁性体で球殻状のものをつくれば，内部は外部磁界の影響を受けず，**磁気シールド**（磁気遮へい）ができるよ．このシールドの性能は，静電シールドの場合にはシールド内外の導電率の比によって決まる．同様に，磁気のシールドの場合にはシールド内外の透磁率の比によって決まる．導電率は，金属と絶縁体では20～25けた程度も異なるけれども，多くの（強）磁性体の比透磁率は 10^2～10^4 程度だ．だから，磁気シールドは静電シールドに比べて難しいんだ．

詳しくは学年末（→11章）に学ぶけれど，電磁波は文字どおり電界と磁界の波動だ．最近，携帯電話や情報・通信技術がすごく発展してきたので，他の電波との混信を防ぐために，静電シールドと磁気シールドは，非常に重要になっているよ．

7-4 磁束を閉じ込めるには？

〜磁気回路〜

先生 電気機器には磁界や磁束を使っているものが多いことは知っているね．

学　生 モータって磁界による力で回っているんでしたよね．

先　生 そうだ．他にも変圧器は電磁誘導によって電圧を変えている．このような機器でどのようにして磁束を望むところに運んでいるかわかるかい？

学　生 電流を運ぶ回路みたいなものがあるはずはないし…….

先　生 いやー，その回路があるんだよ．

［磁気回路］

7·2 節例題〔2〕の図 7·10(a) の場合に磁性体内の磁束密度 $\boldsymbol{B}$ が周囲の磁束密度 $\boldsymbol{B}_0$ の μ_r 倍になることを学んだね．すなわち，鉄など高い透磁率をもつ物質は磁束が通りやすいので，磁束を通す**磁気回路**（＝**磁路**）がつくれるよ．

図 7·12 のように，断面積 S，長さ l，透磁率 μ の磁性体に総巻数 N のコイルが巻かれ電流 I が流れているとしよう．この磁気回路を通る磁束 Φ，磁束密度 $\boldsymbol{B}$ は

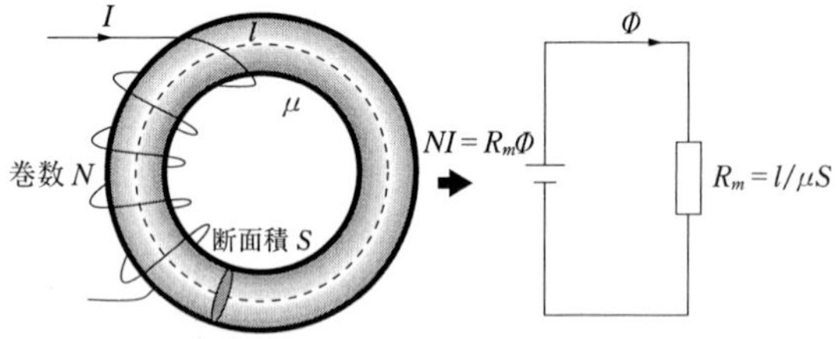

図 7・12　磁気回路と直流抵抗回路の対応

$$\Phi=\frac{NI}{R_m}=\frac{NI}{l/\mu S}=\frac{\mu SNI}{l}\quad\left(R_m=\frac{l}{\mu S}\right)〔\mathrm{Wb}〕 \tag{7・22}$$

$$B=\frac{NI}{l/\mu}=\frac{\mu NI}{l}〔\mathrm{T}〕 \tag{7・23}$$

となるよ．ここで，NI は**起磁力**と呼ばれ単位は〔A〕，$R_m=l/\mu S$ は**磁気抵抗**または**リラクタンス**と呼ばれ単位は〔1/H〕だ．磁気回路を直流抵抗回路に対応づけて考えれば，磁束 Φ は電流に，起磁力 NI は起電力または電圧に相当するね．また，磁気抵抗の直列接続，並列接続についても電気抵抗と同じ形の式が成り立つよ．

$$R_m=\sum_i R_{mi}\quad（直列接続）〔\mathrm{H}^{-1}〕 \tag{7・24}$$

$$\frac{1}{R_m}=\sum_i R_{mi}{}^{-1} \quad (\text{並列接続})〔\mathrm{H}〕 \tag{7・25}$$

当然，磁気回路網について，電流回路網と同じように次の**キルヒホッフの法則**が成り立つこともわかるね．

（i） 磁気回路の結合点に流入出する磁束の代数和は0である．

$$\sum_i \Phi_i=0 \tag{7・26}$$

（ii） 閉じた磁気回路において，各点での磁束と磁気抵抗の積の代数和と起磁力の代数和は等しくなる．

$$\sum_i \Phi_i R_{mi}=\sum_j N_j I_j \tag{7・27}$$

先週も（7·3節）述べたように導体と絶縁体の導電率の比は，10^{20}を優に超えることもあるほど非常に大きいけれど，強磁性体と空気との透磁率の比（≒比透磁率）は，せいぜい10^5とそれほど大きくないよね．だから，磁気回路の外に漏れる**漏れ磁束**が出てしまうのだ．

例　題

図7·12において，$S=1\,\mathrm{cm}^2$，$l=10\,\mathrm{cm}$，$\mu/\mu_0=10^3$，$N=200$回，$I=1\,\mathrm{A}$としたときの磁束Φを求めてみよう．

【解説】 起磁力は$NI=200\,\mathrm{A}$となる．なお，コイルの巻数Nの単位である回は無次元量だから，起磁力の単位は〔A〕だ．真空の透磁率は$\mu_0=4\pi\times10^{-7}$〔H/m〕だから，磁気抵抗R_mは，$R_m=l/\mu S=10^{-1}〔\mathrm{m}〕/(10^3\times4\pi\times10^{-7}〔\mathrm{H/m}〕\times10^{-4}〔\mathrm{m^2}〕)=10^7/(4\pi)〔\mathrm{H^{-1}}〕$と求められる．これより，磁束$\Phi$は，$\Phi=NI/R_m=800\pi\cdot10^{-7}$〔Wb〕と求められる．さらに，$B=\Phi/S$であるので，$B=800\pi\times10^{-7}/10^{-4}=0.8\pi$〔Wb/m²＝T〕となる．

7-5 強力な磁石をつくりたい

～コイルと磁性体の応用～

磁性体や磁気回路の応用について，もっと知りたいのですが….

先生 電磁石にも変圧器にも発電機にもモータにも，磁性体と磁気回路が使われているよ．例えば，電磁石は，磁性体を芯にして，そのまわりに，コイルを巻き，電流を流すことによって磁石となることはわかっているね．電磁石を使えば，同じサイズの永久磁石よりはるかに強い磁力を発生することができるし，電流の向きを変えれば，極性を反対にできる．電磁石は，いろんな金属の中から鉄製品を分別したりするのに使われる他に，電流によって開閉する電磁弁やスイッチなどに使われているよ．

〔1〕 コ イ ル

図 7･13 に示す空芯コイル，つまりコイルの内側が空気のコイルと，透磁率 μ の磁性体を芯（＝コア）として，そこに電線を巻き付けた有芯コイルについて，コイルに同じ電流を流したときの内部の磁界と磁束密度を比較してみよう．このような径に比べて長さが十分に長いコイルをソレノイドコイルと呼ぶが，内部の磁界の強さ H は，3 章式（3･10）［$\nabla\times\boldsymbol{H}=\boldsymbol{J}$］より

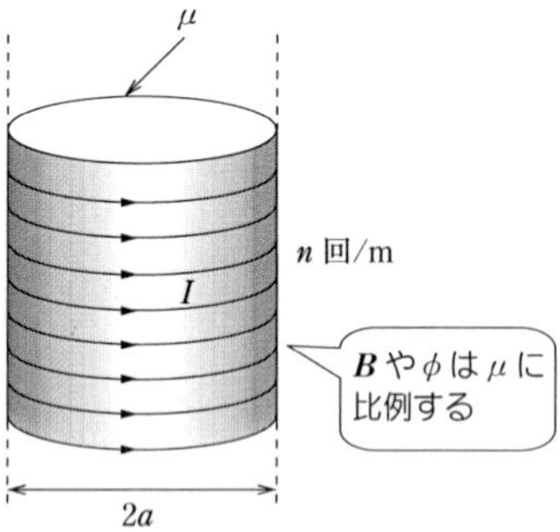

図 7・13 コアが空気または磁性体のソレノイドコイル

$$H=nI \quad 〔\mathrm{A/m}〕 \qquad (7\cdot 28)$$

だったね．n は 1 m 当たりのコイルの巻数だ．$\boldsymbol{H}$ は，このように式（3･10）により決まるので，コアの材質には無関係だ．しかし，磁束密度 $\boldsymbol{B}$，磁束 Φ，コイルの全鎖交磁束数 Ψ，そしてコイルのインダクタンス L は，式（3･3），（4･1），（4･4），（4･35）より，

$$|\boldsymbol{B}|=\mu H=\mu nI \ 〔\mathrm{T}〕 \qquad (7\cdot 29)$$

$$\Phi=B\pi a^2=\mu nI\pi a^2 \ 〔\mathrm{Wb}〕 \qquad (7\cdot 30)$$

$$\Psi=nl\Phi=\mu n^2 I\pi a^2 l \ 〔\mathrm{Wb}〕 \qquad (7\cdot 31)$$

$$L=\Psi/I=\mu n^2\pi a^2 l \ 〔\mathrm{H}〕 \qquad (7\cdot 32)$$

とすべて μ に比例する．ここで l は，ソレノイドコイルの長さだ．だから，コ

アに比透磁率 μ_r の磁性体が入ると，空芯のときと比べて $\boldsymbol{B}$，Φ，Ψ，L は μ_r 倍に強められる．電磁石などはこのことをうまく利用している．

〔2〕 電 磁 石

図7·14 に示す電磁石に NI〔A〕の起磁力を与えたときに鉄片を吸引する力を考えよう．電磁石の断面積は S_1〔m²〕，磁路長（じろちょう）は l_1〔m〕，透磁率は μ_1〔H/m〕であり，鉄片では S_2〔m²〕，l_2〔m〕，μ_2〔H/m〕であり，空隙部の断面積は S_1〔m²〕に等しいものとしよう．電磁石と鉄片の間のすきまの長さを δ とすれば，磁気抵抗 R_m とすき間の磁束密度 B は

$$R_m=\frac{l_1}{\mu_1 S_1}+\frac{l_2}{\mu_2 S_2}+2\frac{\delta}{\mu_0 S_1} \tag{7·33}$$

$$B=\frac{NI}{R_m S_1}=\frac{NI}{\dfrac{l_1}{\mu_1}+\dfrac{l_2 S_1}{\mu_2 S_2}+\dfrac{2\delta}{\mu_0}} \tag{7·34}$$

となるね．

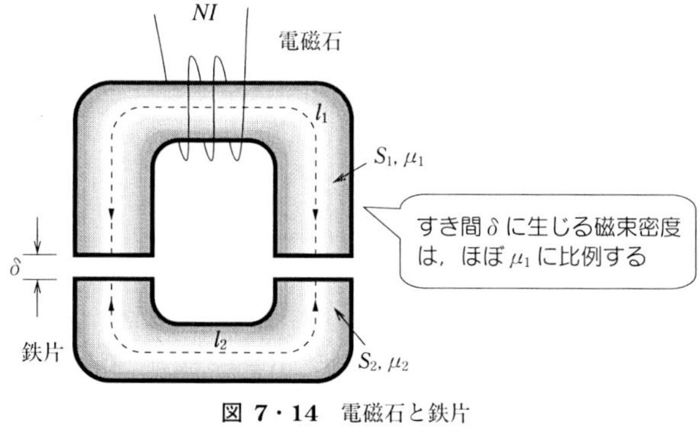

図 7・14　電磁石と鉄片

ここで，δ は非常に小さく，l_1 は l_2 より十分に長いとしよう．鉄の μ_2 は非常に大であるので，$(l_2/\mu_2) \ll (l_1/\mu_1)$ が成り立つとすれば，式（7·34）は $B=\mu_1 NI/l_1$ と近似でき，B は磁性体の透磁率に比例することになるよね．電磁石が鉄片を引きつける磁力は，来月ごろ（10章）学ぶけれど，B^2 に比例するんだ．だから，強力な電磁石には透磁率の大きな磁性体が必要なんだ．

〔3〕 変 圧 器

図7·15 に示す変圧器は，磁気回路を利用して電圧を変化させるんだ．図の左

側の一次巻線（コイル）により生じた磁束Φは，途中で漏れることなく右側の二次巻線を貫くと仮定しよう．このとき，電磁誘導の法則〔式（4･5）〕より，一次電圧e_1，二次電圧e_2は

$$e_1 = -N_1 \frac{d\Phi}{dt} \text{〔V〕} \quad (7 \cdot 35)$$

$$e_2 = -N_2 \frac{d\Phi}{dt} \text{〔V〕} \quad (7 \cdot 36)$$

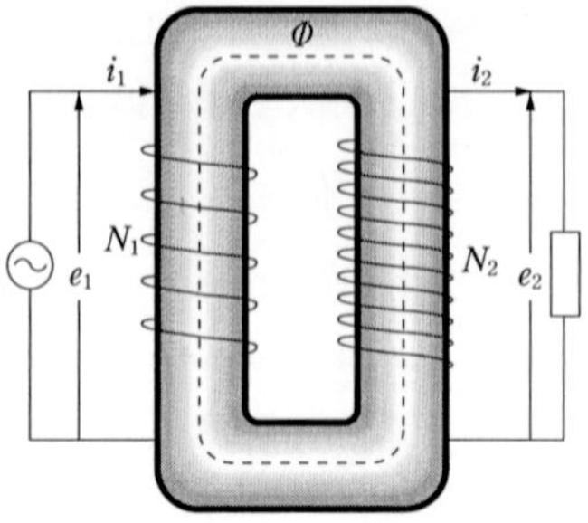

図 7・15 変圧器の原理

となるので，

$$e_2 = \frac{N_2}{N_1} e_1 \quad (7 \cdot 37)$$

となり，二次側電圧は一次側電圧の巻線比（N_2/N_1）倍になるでしょう．これが変圧器の原理だよ．

現実の変圧器では，巻線の抵抗や鉄心が原因の損失も生じるけれど，ここではすべての損失は無視できるとすれば，一次側の電力はそのまま二次側に伝わるはずだね．だから

$$e_1 I_1 = e_2 I_2 \quad (7 \cdot 38)$$

式（7･37）と合わせて

$$\frac{e_2}{e_1} = \frac{N_2}{N_1} = \frac{I_1}{I_2} \quad (7 \cdot 39)$$

となるね．

例　題

図 7･16 のような，半径a，単位長さ（つまり 1 m）当たりの巻数がn回の無限に長いソレノイドコイルがあり，コイルの中には，導電率σ，透磁率μの物質がつまっていると仮定しよう．コイルに電流$I = I_0 t/T$（t：時間，I_0とT：定数）が流れているとき，コイルの発熱を求めてみよう．

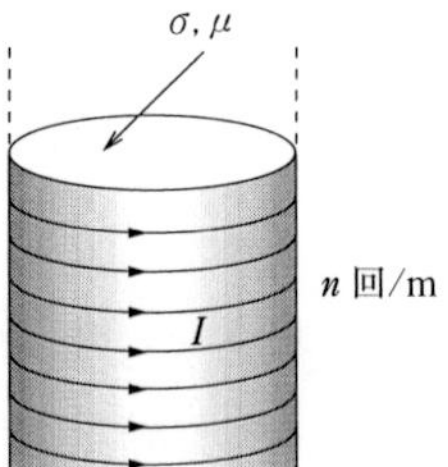

図 7・16 内部に導電性をもった磁性体のつまったソレノイドコイル

【解説】 4章や6章の知識が必要となる少し高度な問題だよ．まず，式（7·29）より，磁束密度 $\boldsymbol{B}$ はコイルの内部では一様で，$B=\mu nI$ だね．I が時間変化しているので，コイル内の物質内の各点に

$$\mathrm{rot}\,\boldsymbol{E}=-\frac{\partial \boldsymbol{B}}{\partial t} \tag{4・12}$$

より電界 E が誘起されるね．円柱内で中心軸より距離 r の円周についてストークスの定理を使うと

$$2\pi rE=-\frac{\partial}{\partial t}(B\cdot\pi r^2)=-\frac{\mu\pi r^2 nI_0}{T} \qquad \therefore \quad E=-\frac{\mu rnI_0}{2T}$$

となる．E の向きは図の電流の向きと逆だよ．

このEが物質内の各点に生じ，電流を流すので，物質の単位体積当たり毎秒の発熱 p は，$p=\sigma E^2=\dfrac{\sigma\mu^2 r^2 n^2 I_0{}^2}{4T^2}$ となる．よって，この式を円柱断面で面積分すれば，このコイルの単位長さ当たり毎秒の発熱 P は

$$P=\int_0^a p\cdot 2\pi r dr=\frac{\sigma\mu^2 n^2 I_0{}^2}{4T^2}\times 2\pi\int_0^a r^3 dr=\frac{\pi\sigma\mu^2 n^2 I_0{}^2 a^4}{8T^2}$$

となる．

細かいことをいえば，E によって流れる電流もわずかな磁界を生じ，それがまた電界，そして，電流を生じることになるが，この影響は無視した．

ポイント解説

7・1 磁石に関する二つのモデルと div $B=0$

①**磁石** 磁界の原因は電流である．磁石においては，本当は，原子内で原子核の回りを回る電子や電子自身の自転（スピン）による微小な電流がつくる磁界が合わさって外部に磁界が発生している．しかし，小さな循環電流と小さな磁石は同じだから，磁石においては，非常に小さな磁石が多数集まって一つの磁石が形成されていると考えることもできる．

②**磁極と磁荷** 磁石の両端に現れるN極およびS極を**磁極**と呼ぶ．磁極には，磁束を発生させる正と負の**磁荷**$\pm m$（単位は〔Wb〕（ウェーバ））があると考えてもよいが，正と負の磁荷は必ずペアになっており，単独では存在できない．両極には必ず正負等量の磁荷が現れるので，磁石を**磁気双極子**とみることができる．

③**真磁荷の非存在** 磁荷が単独では存在できないので，磁束の出発点も終わりもなく，磁束は必ず閉じた曲線をなす．この非常に重要な事実を式で表すと，$\mathrm{div}\,\boldsymbol{B}=0$ となる．

④**磁気クーロンの法則** 磁石のN極とS極は引き合い，N極どうしやS極どうしは反発する．両磁荷の間に働く力 $\boldsymbol{F}$ に関して，$\boldsymbol{F}=\dfrac{m_1 m_2}{4\pi\mu r^2}\dfrac{\boldsymbol{r}}{r}$ が成立する．

7・2 磁化・磁気誘導と磁性体

①**磁性体** 比透磁率 μ_r の値によって，$\mu_r<1.0$：反磁性体，$\mu_r>1.0$：常磁性体，$\mu_r\gg 1.0$：強磁性体と分類されるが，反磁性体と常磁性体においては，$\mu_r\cong 1$ であるので，強磁性体のみを磁性体と呼び，他を非磁性体と呼ぶことも多い．

②**磁化ベクトル・磁化の強さ** 磁性体内部では，$\boldsymbol{B}=\mu\boldsymbol{H}=\mu_r\mu_0\boldsymbol{H}=\mu_0\boldsymbol{H}+\boldsymbol{J}_m$ が成り立つ．$\boldsymbol{J}_m$ は，磁化ベクトルあるいは磁化の強さと呼ばれ，磁気誘導により磁性体の単位体積当たりに生じる磁気モーメントである．

③**磁化率** $\boldsymbol{J}_m$ と $\boldsymbol{H}$ の間では，磁化率 χ を用いて，$\boldsymbol{J}_m=\chi\boldsymbol{H}=\mu_0\chi_r\boldsymbol{H}$，$\chi=\mu-\mu_0$ が成り立つ．χ_r は比磁化率と呼ばれ，$\chi_r=\mu_r-1$ である．$\chi_r>0$（$\mu_r>1$）の常磁性体と強磁性体では，$\boldsymbol{J}_m$ は $\boldsymbol{H}$ と同じ向きであるが，$\chi_r<0$（$\mu_r<1$）の反磁性体では，$\boldsymbol{J}_m$ は $\boldsymbol{H}$ と逆向きである．また，強磁性体では，χ と χ_r は $\boldsymbol{H}$ の大きさに依存し，物質固有の定数とはならない．常磁性体と反磁性体では，$\chi_r\cong 0$ である．

④**境界条件** 透磁率の異なる2種類の磁性体の境界面では，$(H_1)_{/\!/}-(H_2)_{/\!/}=K$（$K$ は境界面での表面電流の単位幅当たりの電流密度）と，$B_{1\perp}=B_{2\perp}$ が境界条件となる．

$K=0$ のときは，$\dfrac{\tan\theta_1}{\tan\theta_2}=\dfrac{\mu_1}{\mu_2}$ となる．

7・3 （強）磁性体の B-H 特性

①**磁気ヒステリシス**　（強）磁性体の $\boldsymbol{B}$ や $\boldsymbol{J}_m$ は $\boldsymbol{H}$ に比例せず，$\boldsymbol{B}$-$\boldsymbol{H}$ 特性は**ヒステリシスループ**を描く．

②**ヒステリシス損**　（強）磁性体において，ヒステリシスループを１周するためには，単位体積当たり，$w_m=\oint \boldsymbol{H}\cdot d\boldsymbol{B}$ のエネルギー（ヒステリシス損）が必要となる．電気機器に使用される強磁性材料には，飽和磁束密度 $\boldsymbol{B}_s$ が高いこととヒステリシス損失が小さいことが要求される．

7・4 磁気回路

①**磁気回路**　鉄など高い透磁率をもつ物質は磁束が通りやすいので，磁気回路（磁路）をつくることができる．

②**磁気抵抗**　磁気回路を直流抵抗回路に対応づけて考えれば，磁束 Φ は電流に，起磁力 NI は起電力または電圧に相当する．抵抗に相当する $R_m=l/\mu S$ は**磁気抵抗**または**リラクタンス**と呼ばれ，単位は〔1/H〕である．磁気抵抗の直列接続，並列接続についても電気抵抗と同形の関係式が成り立つ．また，磁気回路網について，電流回路網と同じようにキルヒホッフの法則が成り立つ．

7・5 コイルと磁性体の応用

①**コイルの磁束やインダクタンス**　コイルに電流を流したときに現れる磁界のうち，磁界の強さ $\boldsymbol{H}$ は芯の材質に依存しないが，磁束密度 $\boldsymbol{B}$，磁束 Φ，鎖交磁束数 Ψ やインダクタンス L は，芯の磁性体の比透磁率 μ_r に比例する．したがって，強力な電磁石には透磁率の大きな磁性体が必要とされる．

②**理想変圧器**　すべての損失が無視できると仮定した理想変圧器において，二次側電圧 e_2 は，一次側電圧 e_1 に巻線数の比（N_2/N_1）を掛けた値 $e_2=\left(\dfrac{N_2}{N_1}\right)e_1$ となる．また，二次側電流 I_2 は，$I_2=\left(\dfrac{N_1}{N_2}\right)I_1$ となる．ここで，I_1 は一次側電流である．

8 どうやって電界を求めますか？ 1 ～影像法の原理～

学生 機器などの設計では，電界をどうやって求めるのですか？

先生 複雑な場合は後回しにして，広い接地電極のすぐそばの点Pに点電荷 q があるときの電界分布はどうなるかな？

〔1〕 影像法の原理

点電荷だけが存在しているときの電界は簡単に求められるね．でも，電荷のそばに導体があると，導体上にも電荷が誘導されるので，電界を求めるのは難しいね．いま，導体を取り除き導体内であった空間に電荷を適切に配置し，元の導体面に当たるすべての箇所の電位を実際の電位と同一にできれば，導体の外部における電界も実際の電界と同じになる．このようにして電界を求める方法を**影像法**，仮想的に配置する電荷を**影像電荷**または**影像**と呼んでいるんだ．

〔2〕 接地導体平板と点電荷

図 8・1(a) のように，広い接地平板導体の前方 d の真空中の点Pに点電荷 q が置かれているとしよう．このとき，電界を求める導体板の右側領域には一切の変更を加えない，という条件のもとで，(i) 導体板が電位 $\varphi=0$ の等電位面，(ii) 導体板から十分離れた点が $\varphi=0$ となるように影像を置けばよいんだ．

具体的には，図 (b) のように導体板を取り去り点Pの元の導体板に関し対称な影像点に影像電荷 $-q$ を置けば，元の導体面は $\varphi=0$ の等電位面，無限遠点は $\varphi=0$ となる．だから図 8・1(a) と (b) の右半分の領域で，電界は同一となるんだ．

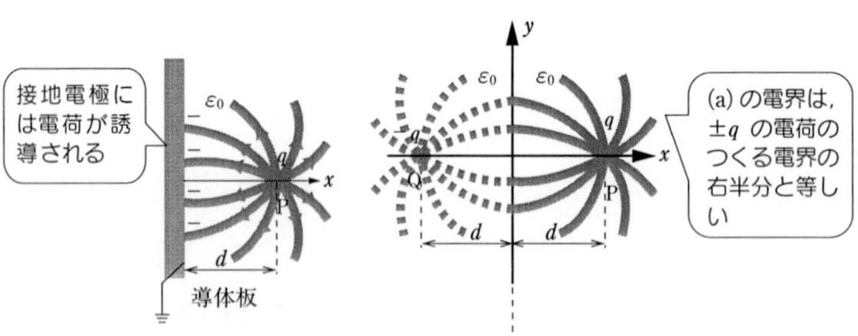

(a) 点電荷と接地された広い導体平板による電界　(b) 接地された広い導体平板による点電荷の影像と元の電荷による電界

図 8・1 接地平板電極と点電荷のつくる電界

影像電荷に相当するのは，実際には大地から導体板上に誘導された負電荷で，$-q$ は，その総和だよ．また，その負電荷の導体板上での面密度は，$\pm q$ が元の導体板の位置につくる（誘）電束密度に等しいので

$$\sigma = -\varepsilon_0 \left(\frac{\partial \varphi}{\partial x} \right)_{x=0} = -\frac{qd}{2\pi} \cdot \frac{1}{(d^2 + y^2 + z^2)^{3/2}} \qquad (8 \cdot 1)$$

と求まる．さらに，導体板と点電荷 q の間の力 f は，図（b）の q と $-q$ との間の力に等しく

$$f = -\frac{1}{4\pi\varepsilon_0} \cdot \frac{q^2}{(2d)^2} \qquad (8 \cdot 2)$$

で与えられるよ．負符号だから，引力だね．

例　題

〔1〕 図 8·1(a) の点電荷を無限遠に運び去るのに要する仕事量を求めよう．

【解説】 式（8·2）の引力 f に逆らって電荷を運ぶ仕事量 W は

$$W = -\int_d^\infty f dx = \int_d^\infty \frac{q^2}{16\pi\varepsilon_0 x^2} dx = \frac{q^2}{16\pi\varepsilon_0 d} \text{〔J〕}$$

なお，次の章で詳しく勉強するが，このことより，真空中で点電荷が接地導体平板の前方 d の位置にあるときの位置エネルギー（あるいは静電エネルギー）W' は，真空中に点電荷だけが存在しているときのエネルギーの値を 0 として

$$W' = -W = -\frac{q_2}{16\pi\varepsilon_0 d} \text{〔J〕}$$

となるんだ．自然界を支配している一大原理は，すべての事象は，エネルギーの低下する方向へ動く，ということだ．だから，点電荷は接地導体板に引きつけられていくのだね．

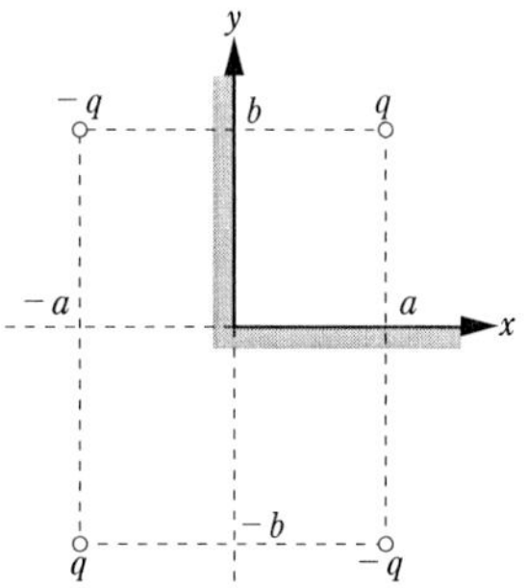

図 8・2 直角に曲げられた導体平板に対する点電荷の影像

〔2〕 接地された広い導体平板が直角に曲げられ，間の真空中に点電荷 q が置かれているときには，どんな影像電荷を置けばよいだろうか？

【解説】 図 8·2 に示す影像電荷を置けば，導体板面の電位がすべて 0 となるでしょう．

8 導体球があったらどうしたらよいのですか？
2 ～影像法の応用（その1）～

先生 図8･3に示すように，半径 r の接地された導体球の中心から距離 d（$d>r$）の真空中の点Pに点電荷 q があるとしよう．このときの導体球外部の電界を求めるためには，影像電荷をどのように置けばよいかな？

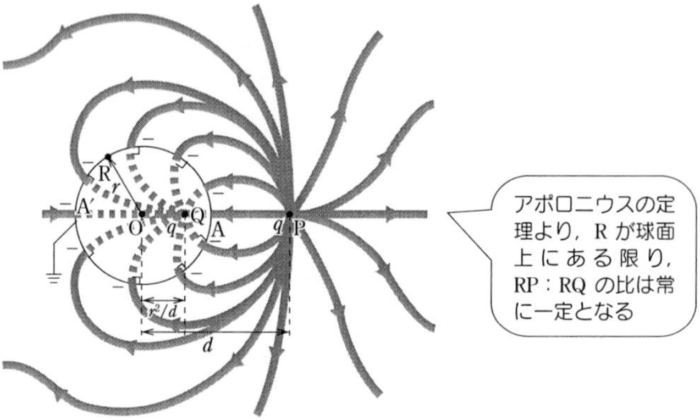

図 8・3　接地導体球と点電荷

学　生 導体球外部の電界を求めるのだから，球外部には影像電荷を置けません．また，球面上と無限遠点では，電位 $\varphi=0$ でなくてはいけません．

先　生 そうだね．その影像電荷を決めるためには，幾何学の定理を使うんだ．

［**接地された導体球と点電荷**］

いま，図8･3のように球内に点Qを考え，点A，A′ が $\overline{\mathrm{PQ}}$ を同一の比に内分する点，外分する点になるように点Qの位置を選ぼう．このとき**アポロニウスの定理**により，$\overline{\mathrm{AA'}}$ を直径とする球面上のすべての点Rにおいて，点Rから点Pまでの距離 r_P と点Qまでの距離 r_Q の比は一定になる．点電荷のつくる電位は距離に反比例するので，導体球を取り去った真空中の点Pに元の点電荷 q，点Qに電荷量 $q'=-(r_\mathrm{Q}/r_\mathrm{P})q$ の影像電荷を置けば，球面の電位は0となるし，無限遠点の電位も0となるでしょう．だから，電界を求めている空間の外にある点Qに影像電荷 q' を置けばいいんだ．

$\overline{\mathrm{OQ}}$ 間の距離を x とすれば

$$(d-r)/(r-x)=(d+r)/(r+x)$$

より

$$x = r^2/d \tag{8・3}$$

$$q' = -(r/d)q \tag{8・4}$$

と求まるね．q' は，大地より流れ込み球面上に分布している電荷量の総和だ．

また，点電荷が導体球内にあって，$d<r$ であるときも，式（8·3），（8·4）を満足する影像電荷を球外に置けば，球内の電界が求められる．結局，点電荷が導体球内にあっても球外にあっても，半径 r の接地導体球の中心Oより距離 d の点Pに置かれた点電荷 q の影像電荷は，$\overline{\mathrm{OP}}$ 上または $\overline{\mathrm{OP}}$ の延長線上でOより距離 r^2/d の点に置かれた点電荷 $-(r/d)q$ となるんだ．

例　題

上述の導体球が絶縁されていたときには，どうすればよいか？

【解説】　導体球が接地されている場合の影像電荷 $-(r/d)q$ は接地導線を通って導体球上に誘導されたのだったね．だったら，導体球が絶縁されると誘導電荷量の総和は0に保たれる．点電荷のつくる電位は距離に反比例するので，導体球を取り去り，元の球の中心に点電荷を一つだけ置けば，元の球面は等電位になるね．だから，**図8·4**に示すように接地導体球に対して置いた影像電荷 q' に加えて球の中心Oに $-q'=(r/d)q$ の影像電荷を新たに置けばいいんだ．

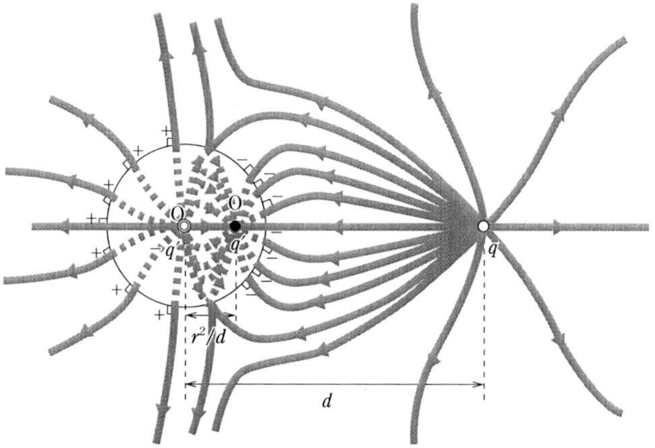

図8·4　絶縁された導体球と点電荷

8 3 送電線の電界はどうやって求めるか？
～影像法の応用（その2）～

学生 影像法で送電線の周りの電界も求められますか？

先 生 実際の送電線となると，コンピュータで計算することになる．でも，簡単化したモデル送電線の電界なら求まる．

学 生 大地はほぼ導体です．地中に送電線はありませんが，仮に大地がなく地中の誘電率も ε_0 として，この図のように影像を置けば計算できると思います．

先 生 細い送電線ならそれで十分だ．

〔1〕 十分に細い無限長導体と大地

大地をすべて取り去って，地下の空間も誘電率は ε_0 であるとして，**図8･5**のように影像を考えよう．この図で送電線が十分に細い場合は，電位 $\pm\varphi$ の平行な2本の直線導体が誘電率 ε_0 の空間に $2h$ の間隔で置かれていることになるね．

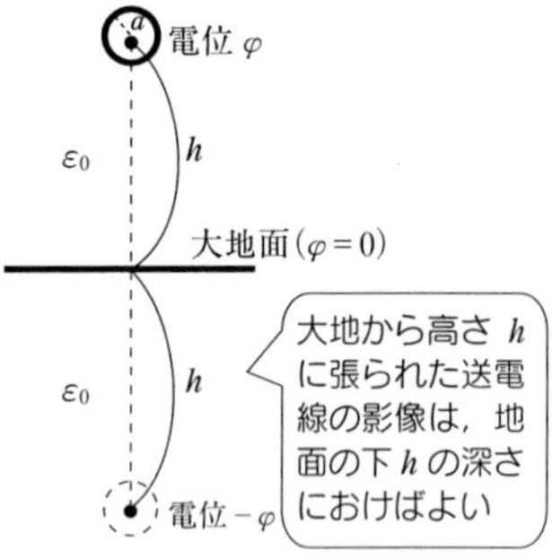

a
電位 φ
ε0
h
大地面（φ＝0）
ε0
h
電位 −φ
大地から高さ h に張られた送電線の影像は，地面の下 h の深さにおけばよい

図 8・5 大地に平行に張られた送電線の影響

いま，2本の導体の単位長さ当たりの電荷をそれぞれ λ，$-\lambda$〔C/m〕としよう．このとき，2導体を結ぶ線分上で上部および下部導体よりの距離が r と $(2h-r)$ となる点での電界 E は図の下向きで，ガウスの定理より，次のように求まるね．

$$E=\frac{\lambda}{2\pi\varepsilon_0}\left(\frac{1}{r}+\frac{1}{2h-r}\right) \tag{8・5}$$

E を $r=a$ から $r=2h-a$ まで積分すれば，電位差 2φ となるはずだから

$$2\varphi=\frac{\lambda}{\pi\varepsilon_0}\log_e\frac{2h-a}{a}\cong\frac{\lambda}{\pi\varepsilon_0}\log_e\frac{2h}{a}\ \text{〔V〕}$$

のはずだ．だから，$\lambda=2\pi\varepsilon_0\varphi\{\log_e(2h/a)\}^{-1}$〔C/m〕　(8・6)

〔2〕 太い導体と大地

電荷は自らと逆符号の電荷に引きつけられるので，上の問で送電線が太いと導体面上での電荷分布が一様でなくなるでしょう．このときは，次のように考える

んだ．さっきの解析と同様に互いに平行に置かれた線電荷密度 λ と $-\lambda$ の2本の細い無限長直線電荷から距離 r，r' の点の電位は，両電荷の中間点の電位を基準として

$$\varphi=\frac{\lambda}{2\pi\varepsilon_0}\log_e\frac{r'}{r} \tag{8・7}$$

で与えられるね．だから，r/r'＝一定を満たす点の電位はすべて等しいわけだが，アポロニウスの定理より，この点の集合は一つの円柱面をつくるね．ゆえに，導体を取り去り，元の導体内部に直線電荷 λ，$-\lambda$ を置き，上記の等電位円柱面を元の導体面に一致させれば，2本の平行導体円柱周囲の電界が求められるよ．

図 8･6 に示す2本の導体の断面において，両円柱の中心軸を結ぶ直線上

$$\overline{\mathrm{OP}}=\overline{\mathrm{O'P'}}=h-\sqrt{h^2-a^2} \tag{8・8}$$

を満たす点P，P′ を通って中心軸に平行に置かれた線電荷密度 λ，$-\lambda$ の直線電荷を影像電荷として導体円柱を取り去ろう．

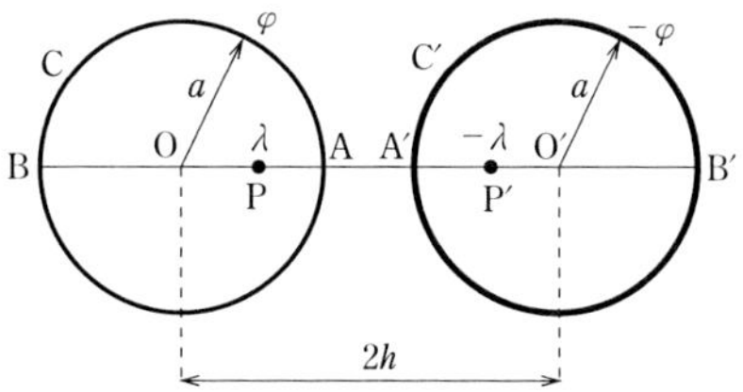

図 8・6 平行な2本の無限長導体円柱

λ，$-\lambda$ が点A，Bにつくる電位は

$$\varphi_{\mathrm{A}}=\frac{\lambda}{2\pi\varepsilon_0}\log_e\frac{\overline{\mathrm{AP'}}}{\overline{\mathrm{AP}}} \tag{8・9}$$

$$\varphi_{\mathrm{B}}=\frac{\lambda}{2\pi\varepsilon_0}\log_e\frac{\overline{\mathrm{BP'}}}{\overline{\mathrm{BP}}} \tag{8・10}$$

となるね．式（8･8）より，$\overline{\mathrm{AP'}}/\overline{\mathrm{AP}}=\overline{\mathrm{BP'}}/\overline{\mathrm{BP}}$ となり，点A，Bは $\overline{\mathrm{PP'}}$ を同一の比に内外分する点であるので，φ_{A}，φ_{B} は等しく，$\overline{\mathrm{AB}}$ を直径とする円周上の各点の電位は一定となるよ．だから，この円を垂直断面にもつ円柱の側面は等電位面だ．また，$\overline{\mathrm{A'B'}}$ を直径とする円周上の各点は，この電位の符号を反転した電位をもち．両円柱の中間の平面は電位0になるので，元の大地面を模擬できる．結局，導体円柱の周囲の電界は，点P，P′ を通る線電荷密度 λ，$-\lambda$ の直線電荷がつくる電界と等しいことになるね．

8-4 誘電体があったらどうしたらよいのですか？
～影像法の応用（その3）～

先生

図8·7(a) のように，誘電体の前の空気中に点電荷があるときの電界を求めたい．このときも影像が使える．どうすればよいのかな？

学 生 導体ではなく誘電体なので，誘電体の中にも電気力線が入っていきますね．

先 生 そうだね．この問題はなかなか難しい．つぎのように分けて考えるんだ．

[誘電体と点電荷]

図8·7(a) のように，誘電率がそれぞれ ε_1，ε_2 である二つの媒質が広い平面境界で接していて，誘電率 ε_1 の誘電体（以後単に ε_1 と略す）内で境界面より距離 d の点Pに点電荷 q があるとしよう．このとき，

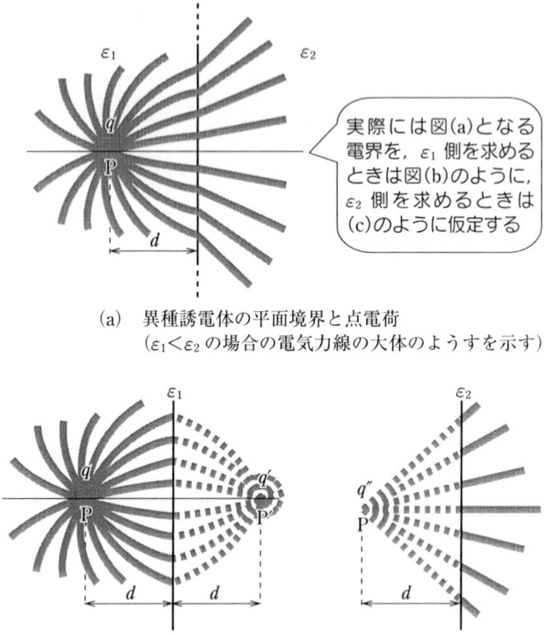
ε1
ε2
q
P
d
実際には図(a)となる
電界を，ε1 側を求める
ときは図(b)のように，
ε2 側を求めるときは
(c)のように仮定する
q'
P'
q''

(a)　異種誘電体の平面境界と点電荷
（$\varepsilon_1<\varepsilon_2$ の場合の電気力線の大体のようすを示す）

(b)　ε_1 内の電界　　(c)　ε_2 内の電界

図 8・7　誘電体と点電荷

図 (b) のように ε_1 内の電界を考えるときには，全空間の誘電率を ε_1 として，点Pに置いた点電荷 q と境界面に関して点Pと対称な点P′に置いた点電荷 q' の電界のベクトル和を考える．また，ε_2 内の電界を考えるときには，図 (c) のように全空間の誘電率を ε_2 として，点Pに置いた点電荷 q'' による電界を考える．このように仮定したうえで，境界条件が満足されるように，q'，q'' を決めればいいんだ．

ε_1 内で，点P，P′ からの距離が r，r' の点の電位 φ_1 は

$$\varphi_1=\frac{1}{4\pi\varepsilon_1}\left(\frac{q}{r}+\frac{q'}{r'}\right) \tag{8・11}$$

で，ε_2 内で点Pからの距離が r'' の点の電位 φ_2 は

$$\varphi_2=\frac{1}{4\pi\varepsilon_2}\frac{q''}{r''} \qquad (8\cdot12)$$

だ．誘電体の境界面で電界が満たすべき条件は，$\varphi_1=\varphi_2$ と $D_{1n}=D_{2n}$ だから，上の φ_1，φ_2 に対して，$r=r'=r''$ のとき $\varphi_1=\varphi_2$ となることから

$\varepsilon_1^{-1}(q+q')=\varepsilon_2^{-1}q''$　（8・13），$D_{1n}=D_{2n}$ より，$q-q'=q''$　（8・14）

という2式が得られるね．これを解けば

$q'=-\dfrac{\varepsilon_2-\varepsilon_1}{\varepsilon_1+\varepsilon_2}q$　（8・15），$q''=\dfrac{2\varepsilon_2}{\varepsilon_1+\varepsilon_2}q$　（8・16）

が得られる．これより，例えば，任意の点の φ_1，φ_2 は

$$\varphi_1=\frac{q}{4\pi\varepsilon_1}\left(\frac{1}{r}-\frac{\varepsilon_2-\varepsilon_1}{\varepsilon_1+\varepsilon_2}\frac{1}{r'}\right) \qquad (8\cdot17)$$

$$\varphi_2=\frac{q}{2\pi(\varepsilon_1+\varepsilon_2)}\frac{1}{r''} \qquad (8\cdot18)$$

で与えられることになるよ．

例　題

（1）　上の例で，$\varepsilon_2>\varepsilon_1$ のときは q は境界面に引き寄せられ，$\varepsilon_2<\varepsilon_1$ のときは境界面から反発されることを示してみよう．

【解説】　点電荷 q と誘電体との間に働く力 f は，q と q' との間に働く力として

$$f=-\frac{1}{4\pi\varepsilon_1}\cdot\frac{\varepsilon_2-\varepsilon_1}{\varepsilon_1+\varepsilon_2}\frac{q^2}{(2d)^2} \qquad (8\cdot19)$$

となる．$\varepsilon_2>\varepsilon_1$ のときは $f<0$ だから引力で，$\varepsilon_2<\varepsilon_1$ のときは斥力だね．

（2）　異なる誘電体の境界面から距離 d の点を通って境界面に平行に直線電荷があるときは，どのように考えればよいか？

【解説】　q を直線電荷の電荷密度 λ で置き換えれば，図8·7や式（8·15），（8·16）は，同様に成り立つよ．だから，例えば，電位は，電荷より境界面に下ろした垂線の足を基準として，電荷が直線状であることに注意して

$$\varphi_1=\frac{\lambda}{2\pi\varepsilon_1}\left(\log_e\frac{d}{r}-\frac{\varepsilon_2-\varepsilon_1}{\varepsilon_1+\varepsilon_2}\log_e\frac{d}{r'}\right) \qquad (8\cdot20)$$

$$\varphi_2=\frac{\lambda}{\pi(\varepsilon_1+\varepsilon_2)}\log_e\frac{d}{r''} \qquad (8\cdot21)$$

と求まる．

8-5 磁性体ではどうしたらよいのですか？
〜影像法の静磁界への適用〜

平面状磁性体の前に磁石が置かれているときは，どうするのですか？

先 生 誘電体と磁性体の間のアナロジーから考えればわかりやすいよ．

［**影像磁荷と影像電流**］

磁気双極子（磁石）によりつくられる静磁界は，磁気双極子を電気双極子で，透磁率 μ を誘電率 ε で置き換えれば，磁界 $\boldsymbol{H}$ → 電界 $\boldsymbol{E}$，磁束密度 $\boldsymbol{B}$ →（誘）電束密度 $\boldsymbol{D}$，磁位 φ_H → 電位 φ と対応していくね．また，境界面に面電流が流れていないときの磁性体の境界条件は，境界面に電荷のないときの誘電体の境界条件と同じ形になるので，静磁界に対しても静電界における影像法と同じ手法が成り立つんだ．

一例として，図8•8(a) に示す平らな表面をもつ透磁率が μ の磁性体の表面から距離 d の空気（透磁率 μ_0）中に磁気モーメント $\boldsymbol{M}$（$|\boldsymbol{M}|=ml$）の磁石が，磁軸を磁性体に垂直に向けて置かれているとしよう．実際には磁荷はないのだが，便宜上，磁石は離れて存在する正負等量の磁荷と考えることができるのだったね．

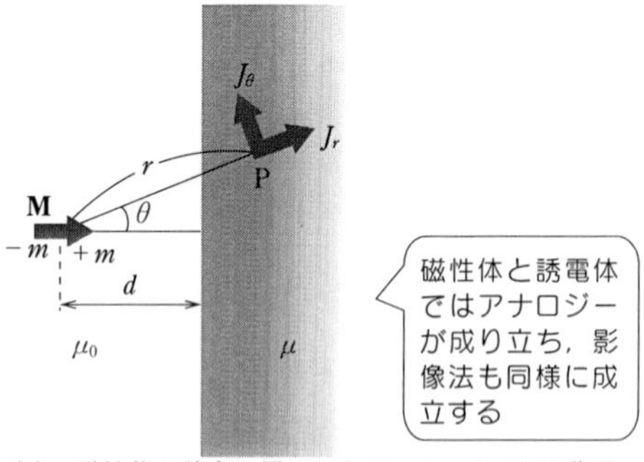

(a) 磁性体の前方に置かれたモーメント $\boldsymbol{M}$ の磁石（J_r，J_θ は点 P における磁化ベクトルの r，θ 成分）

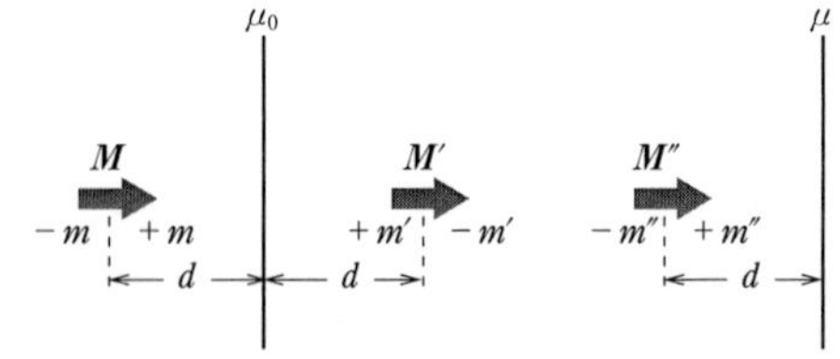

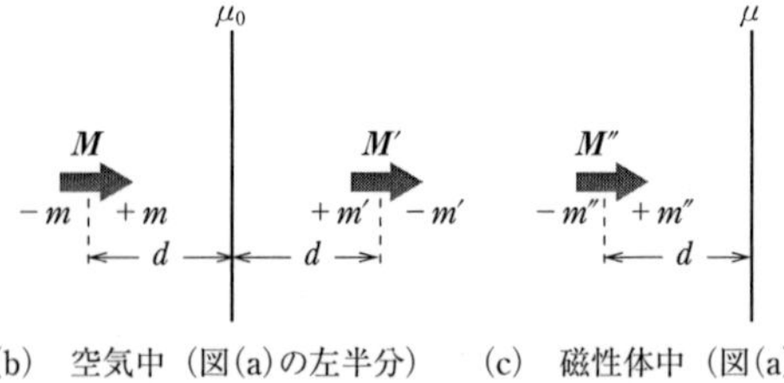

(b) 空気中（図(a)の左半分）の磁界を求めるための影像　(c) 磁性体中（図(a)の右半分）の磁界を求めるための影像

(注) m と m' は異符号

図 8・8 磁石と磁性体

そうすれば，8•4 節と同様に，例えば，磁荷 m により空気中につくられる磁界は，全空間が空気で満たされたとき，m および元の磁性体面に関し m の対称点に置かれた影像磁荷

$$m'=-\frac{\mu-\mu_0}{\mu+\mu_0}m \qquad (8\cdot22)$$

による磁界のベクトル和に等しいとわかるでしょう．$-m$ についても同じなので，空気中の磁界は図（b）に示すように全空間の透磁率が μ_0 であるとして，磁気双極子 $\boldsymbol{M}$ と m' と $-m'$ よりなる磁気双極子 $\boldsymbol{M}'$ による磁界のベクトル和に等しい．

一方，磁性体内の磁界は，図（c）に示すように全空間の透磁率が μ であるとして，$\boldsymbol{M}$ と同じ位置に置かれた

$$m''=\frac{2\mu}{\mu+\mu_0}m \qquad (8\cdot23)$$

と $-m''$ からなる磁気双極子 $\boldsymbol{M}''$ による磁界に等しいことになる．

電流による磁界についても影像法が適用できる．例えば，**図 8·9**(a) のように，平面境界で接している透磁率 μ_1，μ_2 の磁性体の境界面より距離 d の透磁率 μ_1 の磁性体内に，境界面に平行に直線電流 I が流れているとしよう．透磁率 μ_1 の磁性体内の磁界は，図（b）に示すように，全空間の透磁率が μ_1 であるとき I および境界面に対して I と対称な位置の影像電流 I' の合成磁界に等しく，透磁率 μ_2 の磁性体内の磁界は，図（c）に示すように，全空間の透磁率が μ_2 であるとき I と同じ位置に置かれた影像電流 I'' による磁界に等しいと仮定するんだ．このとき，境界条件から，下の両式が求められる．ここで，式（8·15），（8·16），（8·22），（8·23）と比較して，添字が異なっていることに注意してほしい．

$$I'=\frac{\mu_2-\mu_1}{\mu_1+\mu_2}I \quad (8\cdot24), \qquad I''=\frac{2\mu_1}{\mu_1+\mu_2}I \quad (8\cdot25)$$

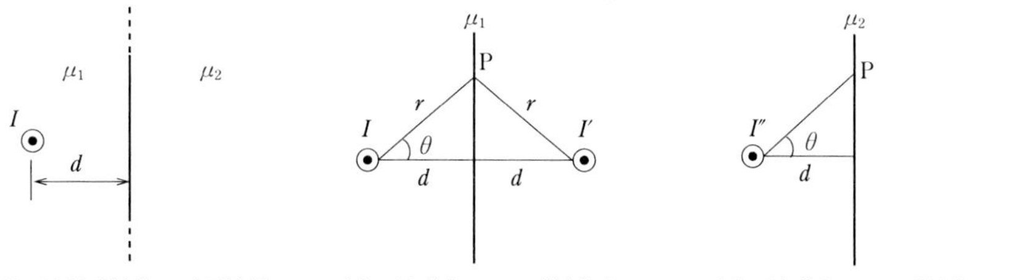

(a)　異種磁性体の平面境界と境界面に平行な直線状電流

(b)　透磁率 μ_1 の磁性体中（図(a)の左半分）の磁界を求めるための影像

(c)　透磁率 μ_2 の磁性体中（図(a)の右半分）の磁界を求めるための影像

図 8·9　電流と磁性体

ポイント解説

8・1　影像法の原理

①**影像法**　電荷のそばに導体があると，導体上に誘導された電荷も電界を生じる．導体を取り除き導体内であった空間に電荷を適切に配置し，元の導体面にあたるすべての箇所の電位を実際の電位と同一にできれば，導体の外部における電界も実際の電界と同一となる．このようにして電界を求める方法を影像法と呼び，仮想的に配置する電荷を**影像電荷**または**影像**と呼ぶ．

②**接地導体平板と点電荷**　この場合の影像点は元の導体板に関し対称な点．影像電荷は元の電荷と等量，逆符号の電荷．

8・2　影像法の応用（その1）

①**接地された導体球と点電荷**　点電荷が導体球内にあっても球外にあっても，半径 r の接地導体球の中心Oより距離 d の点Pに置かれた点電荷 q の影像電荷は，$\overline{\mathrm{OP}}$ 上または $\overline{\mathrm{OP}}$ の延長線上でOより距離 r^2/d の点に置かれた点電荷 $-(r/d)q$ である．

②**絶縁された導体球と点電荷**　接地導体球に対して置いた影像電荷 $q'=-(r/d)q$ に加えて球の中心Oに $-q'=(r/d)q$ の影像電荷を新たに置く．

8・3　影像法の応用（その2）

①**十分に細い直線導体と導体平面**　大地の上空に張られた送電線のように，十分に細い直線導体が接地導体平面と平行に張られているときには，導体平面に関して対称な点に置かれた，元の電位と大きさが等しく逆符号の電位をもった導体を影像として考えればよい．

②**太い直線状円柱導体と導体平面**　上の例で導体径が大きいと円柱導体と向き合う導体平面上で電荷分布が密になる．半径 a の直線状円柱導体が接地導体平面と平行に置かれ，円柱の中心と導体平面の距離が h であるときには，両円柱の中心軸を結ぶ直線上，中心軸より（$h-\sqrt{h^2-a^2}$）の点Pを通って中心軸に平行に置かれた電荷密度 λ の直線電荷と，導体平面に関し点Pと対称な点P′を通って中心軸に平行に置かれた電荷密度 $-\lambda$ の直線電荷を影像電荷として，導体円柱を取り去ればよい．

8・4 影像法の応用（その3）

①**誘電体と点電荷** 誘電率がそれぞれ ε_1，ε_2 である二つの媒質が広い平面境界で接していて，誘電率 ε_1 の誘電体（以後単に ε_1 と略す）内で境界面より距離 d の点Pに点電荷 q があるとき，ε_1 内の電界は，全空間の誘電率を ε_1 として，点Pに置いた点電荷 q と，境界に関し点Pと対称な影像点P′に置いた点電荷 $q'=-\dfrac{\varepsilon_2-\varepsilon_1}{\varepsilon_1+\varepsilon_2}q$ の電界のベクトル和で与えられ，ε_2 内の電界は，全空間の誘電率を ε_2 として，点Pに置いた点電荷 $q''=\dfrac{2\varepsilon_2}{\varepsilon_1+\varepsilon_2}q$ による電界に等しい．

8・5 影像法の静磁界への適用

①**影像磁荷** 磁性体と誘電体ではアナロジーが成り立ち，影像法も同様に成立する．磁性体と磁石においては，誘電体と正負の点電荷（電気双極子）に置き換えて考えればよい．平らな表面をもつ透磁率が μ の磁性体から距離 d の点（透磁率 μ_0）に磁気モーメント $\boldsymbol{M}$ の磁石が，磁軸を磁性体に垂直に向けて置かれているとき，磁性体外の磁界は，全空間の透磁率が μ_0 のとき，$\boldsymbol{M}$ と，平面境界面に関し $\boldsymbol{M}$ の対称点に置かれた磁気モーメント $\boldsymbol{M}'=-\{(\mu-\mu_0)/(\mu+\mu_0)\}\boldsymbol{M}$ の磁石による磁界のベクトル和に等しい．一方，磁性体内の磁界は，全空間の透磁率が μ であるとして，$\boldsymbol{M}$ と同じ位置にある磁気双極子 $\boldsymbol{M}''=\{2\mu/(\mu+\mu_0)\}\boldsymbol{M}$ による磁界に等しい．

②**影像電流** 平面境界で接している透磁率 μ_1，μ_2 の磁性体の境界面より距離 d の透磁率 μ_1 の磁性体内に，境界面に平行に直線電流 I が流れているとき，μ_1 の磁性体内の磁界は，全空間の透磁率が μ_1 であるとき，I および境界面に対して I と対称な位置の影像電流 $I'=\dfrac{\mu_2-\mu_1}{\mu_1+\mu_2}I$ の合成磁界に等しく，透磁率 μ_2 の磁性体内の磁界は全空間の透磁率が μ_2 であるとき I と同じ位置に置かれた影像電流 $I''=\dfrac{2\mu_1}{\mu_1+\mu_2}I$ による磁界に等しい．①と②では，添字が異なることに注意してほしい．

9 1 電荷を配置するのにエネルギーが必要ですか？
～電荷の有する静電エネルギー～

先生 図 **9·1** のように三つの点電荷を置くにはエネルギーが必要かな？

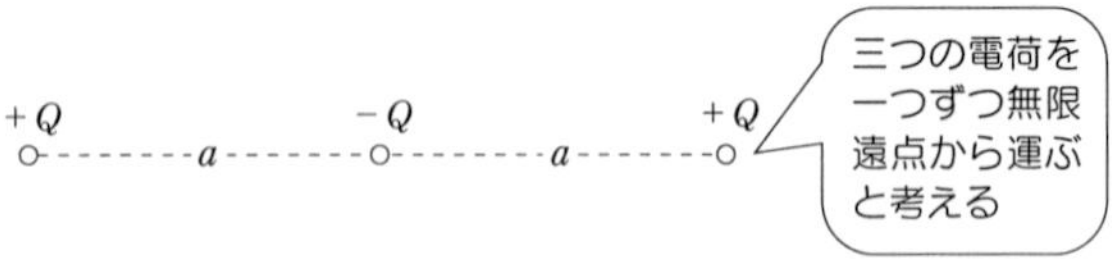

+Q
−Q
+Q
a
a
三つの電荷を一つずつ無限遠点から運ぶと考える

図 9・1　三つの点電荷がもつエネルギー

学 生 電荷って軽いんでしょう．大した力はいらないので，エネルギーというか，仕事量も無視できるはずです．

先 生 たしかに質量は無視できるくらい小さい．しかし，そうだったら本当に仕事は不要ですか？　と聞いてるんだ．

学 生 電荷どうしに力が働くので，エネルギーも必要なんですね．

先 生 ためしに，三つの点電荷の場合を考えてみよう．

［**点電荷による静電エネルギー**］

一番左の電荷から順に運んでくると考え，上図の電荷配置をつくるのに必要なエネルギー W を求めてみよう．電荷のないとき一番左の $+Q$ を運ぶのに要する仕事を W_1，次に中央の $-Q$ を運ぶのに要する仕事を W_2，さらに右端の $+Q$ を運ぶのに要する仕事を W_3 とおこう．ところで，クーロン力は電荷どうしに働く力であるので，自分自身には何の力も働かない．だから，$W_1=0$.

次に，W_2 については，一番左の $+Q$ が既にあるので，それによるクーロン力が働く．その力を積分して

$$W_2=-\int_{\infty}^{a}\frac{-Q^2}{4\pi\varepsilon_0 r^2}dr=-\frac{Q^2}{4\pi\varepsilon_0 a}\ \text{〔J〕}$$

さらに，W_3 についても，同じように

$$W_3=-\int_{\infty}^{2a}\frac{Q^2}{4\pi\varepsilon_0 r^2}dr-\int_{\infty}^{a}\frac{-Q^2}{4\pi\varepsilon_0 r^2}dr=\frac{Q^2}{4\pi\varepsilon_0 a}\left(\frac{1}{2}-1\right)=-\frac{Q^2}{8\pi\varepsilon_0 a}\ \text{〔J〕}$$

$$\therefore\quad W=W_1+W_2+W_3=-\frac{3Q^2}{8\pi\varepsilon_0 a}\ \text{〔J〕}\qquad(9\cdot1)$$

となるね．見方を変えれば，点電荷の周囲の電界が，このエネルギーを蓄えているとも表現できる．このように動いていない電荷がもつエネルギーを**静電エネ**

ルギーと呼ぶ．

実は，上のエネルギーはもう少しきれいに表現でき，一般に，n 個の点電荷 Q_i が存在しているとき，この系の電界が蓄えるエネルギー（静電エネルギー）は

$$W=\frac{1}{2}\sum_{i=1}^{n}Q_i\varphi_i \text{〔J〕} \tag{9・2}$$

となる．ここで，φ_i は Q_i が存在する位置における Q_i 以外の点電荷による電位．

例　題

式（9·2）が成り立つことを，点電荷が四つの場合を例に確かめてみよう．

【解説】　点電荷 Q_1～Q_4 が分布しているとしよう．Q_j が Q_i の位置に与える電位を φ_{ij} として，Q_1，Q_2，Q_3，Q_4 の順に無限遠点から運ぶのに必要な仕事 W を求めよう．今述べたように，Q_1 を運ぶのに必要な仕事 W_1 は $W_1=0$ だ．Q_2 を運ぶのに必要な仕事 W_2 については，よくみれば $W_2=Q_2\varphi_{21}$ となっていることに気が付くね．以下，同様に，$W_3=Q_3(\varphi_{31}+\varphi_{32})$，$W_4=Q_4(\varphi_{41}+\varphi_{42}+\varphi_{43})$ だ．だから，全体の仕事 W は

$$W=W_1+W_2+W_3+W_4=0+Q_2\varphi_{21}+Q_3(\varphi_{31}+\varphi_{32})+Q_4(\varphi_{41}+\varphi_{42}+\varphi_{43})$$

と求まる．

次に Q_4，Q_3，Q_2，Q_1 の順に無限遠点から運ぶのに必要な仕事 W' を求めれば，同様にして $W_4'=0$，$W_3'=Q_3\varphi_{34}$，$W_2'=Q_2(\varphi_{24}+\varphi_{23})$，$W_1'=Q_1(\varphi_{14}+\varphi_{13}+\varphi_{12})$ と求まるでしょう．だから，全体の仕事 W' は

$$W'=W_4'+W_3'+W_2'+W_1'=0+Q_3\varphi_{34}+Q_2(\varphi_{24}+\varphi_{23})+Q_1(\varphi_{14}+\varphi_{13}+\varphi_{12})$$

と求まる．

ここで W と W' の和は

$$\begin{aligned}W+W'&=Q_1(\varphi_{12}+\varphi_{13}+\varphi_{14})+Q_2(\varphi_{21}+\varphi_{23}+\varphi_{24})\\&\quad+Q_3(\varphi_{31}+\varphi_{32}+\varphi_{34})+Q_4(\varphi_{41}+\varphi_{42}+\varphi_{43})\end{aligned}$$

となるが，$W=W'$ のはずだし，Q_i が存在する位置における Q_i 以外の点電荷による電位 φ_i について，$\varphi_i=\sum_{i\neq j}\varphi_{ij}$ となるので，$W=\frac{1}{2}\sum_{i=1}^{4}Q_i\varphi_i$ と求まる．

9 2 コンデンサはエネルギーを蓄えますね？
～電界のエネルギー（その1）～

先生

次に，コンデンサの電界が蓄える静電エネルギーを求めてみよう．

学 生 今度もコンデンサを充電するのに必要な仕事量が蓄えられたと思えばよいのですね．

先 生 そうだね．

〔1〕 コンデンサの蓄える静電エネルギー

図9･2 でスイッチSが閉じられたときにコンデンサ C がどのように充電されていくかは，回路理論の過渡現象を学ぶことでちょっと厄介だ．

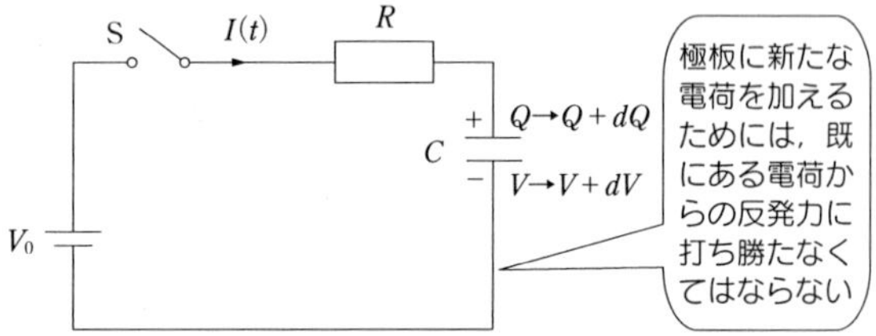
S
I(t)
R
+
Q→Q + dQ
C
−
V→V + dV
V0
極板に新たな
電荷を加える
ためには，既
にある電荷か
らの反発力に
打ち勝たなく
てはならない

図 9・2 RC 直列回路でのコンデンサの充電

でも，$Q=CV$（Q，C，V はコンデンサの電荷，静電容量と電位差）という最も基本的な式さえわかっていれば，このコンデンサを充電するのに必要なエネルギーは求められる．

コンデンサの上極板の電荷が Q のときに，この極板の電位は V だ．だから，新たに充電される電荷 dQ は，この電位のところに付け加わることになる．ボルト・クーロンはジュール，つまりエネルギーの単位だから，VdQ は，dQ を付け加えるのに必要なエネルギーということになる．だから，コンデンサの極板間の電位差が0（充電前）の状態から電池の起電力 V_0 に等しくなるまで充電されるために必要なエネルギー W は

$$W=\int_0^{V_0} VdQ \text{〔J〕} \qquad (9\cdot3)$$

となるね．$Q=CV$ だから，$dQ=CdV$ だ．これを上の式に代入すれば

$$W=\int_0^{V_0} CVdV=\frac{1}{2}CV_0^2=\frac{1}{2}Q_0V_0=\frac{1}{2}\frac{Q_0^2}{C} \text{〔J〕} \qquad (9\cdot4)$$

と求まる．ここで，$Q_0=CV_0$ だよ．

コンデンサが蓄えるエネルギーを知りたいだけなら，これで十分だ．しかし，

もうちょっと頑張って考えてみよう．

図9·2の回路で，時刻 $t=0$ でスイッチSを閉じたとしよう．電流 I が流れて，コンデンサが充電されていく．抵抗に掛かる電位差は，RI だね．では，コンデンサに掛かる電位差は，どうかな？コンデンサの上極板の電荷，静電容量と電位差を Q，C，V とすれば，$V=Q/C$ だね．ここで，電流 I が流れ込んで蓄えられた電荷が Q だから，$Q(t)=\int_0^t I(t)\,dt$ だね．また，電池の起電力が抵抗とコンデンサに分かれて掛かっているのだから

$$RI(t)+\frac{1}{C}\int_0^t I(t)\,dt=V_0\ \text{〔V〕} \tag{9・5}$$

となる．$I(t)$ を求めるには，t で微分してみよう．すると

$$R\frac{dI(t)}{dt}+\frac{I(t)}{C}=0$$

$$\therefore\quad I(t)=-CR\frac{dI(t)}{dt}\ \text{〔A〕} \tag{9・6}$$

が得られる．スイッチを入れた直後の $t=0$ では，コンデンサはまだ全く電位差を分担していないので，V_0 はすべて抵抗に掛かっているね．だから，$I(0)=V_0/R$ ということに注意すれば，式（9·6）の解として

$$I(t)=\frac{V_0}{R}e^{-\frac{t}{CR}}\ \text{〔A〕} \tag{9・7}$$

が得られる．抵抗に，この電流が流れているのだから，抵抗は毎秒 RI^2 の発熱をしているはずだ．だから，充電が完全に終わるまでには，抵抗は

$$W_R=\int_0^\infty RI^2(t)\,dt=\frac{V_0^2}{R}\int_0^\infty e^{-\frac{2t}{CR}}dt=\frac{1}{2}CV_0^2\ \text{〔J〕} \tag{9・8}$$

のエネルギーを消費する．式（9·8）と式（9·4）は同じだ．ところで，電池自身は常に電位差 V_0 で CV_0 の電荷を送り出したのだから，電池から出たエネルギー W_B は

$$W_B=V_0\cdot CV_0=CV_0^2=2W\ \text{〔J〕} \tag{9・9}$$

となる．結局，電池から出たエネルギーのうち，1/2 が有効にコンデンサに蓄えられ，他は抵抗 R の発熱によって消費されているんだ．このどこかから出たエネルギーの 1/2 が有効利用され，他は見掛け上どこかに消えてしまうという現象

は，自然界でよくみられる現象だよ．

〔2〕 電界のエネルギー

電極面積が S，電極間隔が d の平行平板コンデンサに誘電率 ε の誘電体がつまっていると仮定しよう．すると，$C=\varepsilon\dfrac{S}{d}$ だね．また，このコンデンサの内部で電界 E は一様で，$E=\dfrac{V}{d}$ となるので，両式を式（9·4）に代入すれば，$W=\dfrac{1}{2}\varepsilon E^2\cdot(Sd)$ となる．Sd はこのコンデンサの体積だから，結局，コンデンサ，あるいはその中の電界の単位体積当たりのエネルギー w が

$$w=\frac{1}{2}\varepsilon E^2=\frac{1}{2}ED=\frac{D^2}{2\varepsilon}\ 〔\mathrm{J/m^3}〕 \tag{9・10}$$

であるとも表現できる．上の式の変形には，$D=\varepsilon E$ を使ったよ．

この式（9·10）は，どのような電界であっても成り立ち，単位体積当たりの電界の有するエネルギーを表す重要な式だ．また，この式の第2項以降と同じ $\dfrac{1}{2}\varepsilon E^2=\dfrac{1}{2}ED=\dfrac{1}{2\varepsilon}D^2$ という形は，後でマクスウェル応力としても学ぶことになる（式（9·37）参照）．応力とは単位面積当たりの力だが，力の単位〔N〕とエネルギーの単位〔J〕の間には，〔J〕=〔N·m〕の関係があるので，式（9·37）で表される応力と式（9·10）で表される単位体積当たりのエネルギーの表現が一致していてもおかしくないのだよ．

例　題

静電容量 C_1，C_2，C_3 の三つのコンデンサを直列に接続して電荷 Q を与え，次に，このコンデンサを並列に接続し直すとすればエネルギーはどれほど失われるだろうか．

【解説】　直列のときの合成容量 C は

$$C=\left(\frac{1}{C_1}+\frac{1}{C_2}+\frac{1}{C_3}\right)^{-1}\ 〔\mathrm{F}〕 \tag{9・11}$$

だから，静電エネルギーは

$$W=\frac{Q^2}{2C}=\frac{Q^2}{2}\left(\frac{1}{C_1}+\frac{1}{C_2}+\frac{1}{C_3}\right)〔\mathrm{J}〕 \tag{9・12}$$

となる．

一方，**図9·3**のように，並列のとき，各コンデンサの電荷 Q_1，Q_2，Q_3 は Q ではなくなり，$\dfrac{Q_1}{C_1}=\dfrac{Q_2}{C_2}=\dfrac{Q_3}{C_3}$ がコンデンサに掛かる電位差に等しくなる．この場合，全電荷は $Q_1+Q_2+Q_3=3Q$ となる．また，合成容量は $C'=C_1+C_2+C_3$ であるから，静電エネルギーは

$$W'=\frac{Q'^2}{2C'}=\frac{(3Q)^2}{2(C_1+C_2+C_3)} \qquad (9 \cdot 13)$$

式（9·12），（9·13）より，エネルギー損失は

$$W-W'=\frac{Q^2}{2}\frac{C_1(C_2-C_3)^2+C_2(C_3-C_1)^2+C_3(C_1-C_2)^2}{C_1C_2C_3(C_1+C_2+C_3)}\text{〔J〕} \qquad (9 \cdot 14)$$

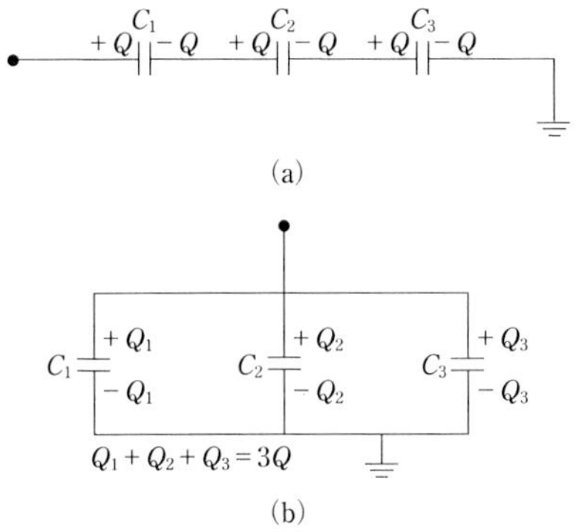

図 9·3

9 分布した電荷がもつエネルギーは？
3 ～電界のエネルギー（その2）～

先生 分布した電荷による電界の蓄えるエネルギーはどうなるかな？

学生 この場合にも，電荷をこのように分布させるために必要としたエネルギーを求めればよいのですね．

［**分布した電荷のもつ静電エネルギー**］

例えば，**図 9･4** に示したように，真空中に一様な体積電荷密度 ρ をもつ半径 a の球状電荷があるとしよう．このとき，周囲の電界は，その電荷を組み立てるのに必要としたエネルギーを蓄えていると考えられる．

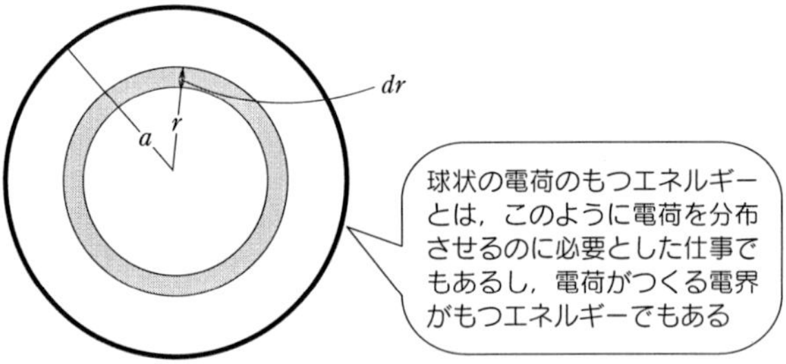
dr
a
r
球状の電荷のもつエネルギーとは，このように電荷を分布させるのに必要とした仕事でもあるし，電荷がつくる電界がもつエネルギーでもある

図 9・4 球状の電荷

ちょっと難しいかもしれないが計算してみよう．半径 r の球状電荷 Q_r があるところに新たに電荷を無限遠からもってきて半径（$r+dr$）の球状電荷（Q_r+dQ）とするのに必要なエネルギーを dW としよう．半径 r の球の内部に電荷が一様に分布している場合の球表面の電位は，ガウスの定理より球の中心に点電荷 Q_r があるときの電位と同じだから

$$dW=\frac{Q_r\cdot dQ}{4\pi\varepsilon_0 r}=\frac{1}{4\pi\varepsilon_0 r}\cdot\frac{4\pi r^3\rho}{3}\cdot 4\pi r^2\rho dr=\frac{4\pi r^4\rho^2}{3\varepsilon_0}dr\ \text{〔J〕} \qquad (9\cdot 15)$$

$$\therefore\quad W=\int_0^a dW=\int_0^a\frac{4\pi r^4\rho^2}{3\varepsilon_0}dr=\frac{4\pi a^5\rho^2}{15\varepsilon_0}\ \text{〔J〕} \qquad (9\cdot 16)$$

となるね．これを球の全電荷 $Q=\frac{4}{3}\pi a^3\rho$ を使って表せば

$$W=\frac{3}{5}\cdot\frac{Q^2}{4\pi\varepsilon_0 a}\ \text{〔J〕} \qquad (9\cdot 17)$$

とも書ける．

例 題

上の球状電荷を組み立てるのに必要なエネルギーが，この系の電界のもつエネルギーと一致することを確かめてみよう．

【解説】 この電荷は誘電率 ε_0 の真空中にあると仮定していたね．だったら，電界のもつエネルギーは単位体積当たり $\frac{1}{2}ED=\frac{1}{2}\varepsilon_0 E^2$ であるから，求めるエネルギー W は，次式で与えられる．

$$W=\frac{1}{2}\iiint_{全空間} EDdv=\frac{1}{2}\iiint_{全空間} \varepsilon_0 E^2 dv \text{〔J〕} \qquad (9\cdot18)$$

（i） $r \leqq a$

ガウスの定理 $4\pi r^2\varepsilon_0 E=(4/3)\pi r^3\rho$ より，$E=\dfrac{r\rho}{3\varepsilon_0}$.

だから

$$W_1=\frac{1}{2}\iiint_{r\leqq a} \varepsilon_0 E^2 dv=\frac{1}{2}\int_0^a \frac{\rho^2 r^2}{9\varepsilon_0} 4\pi r^2 dr=\frac{2\pi\rho^2 a^5}{45\varepsilon_0} \text{〔J〕} \qquad (9\cdot19)$$

（ii） $r>a$

ガウスの定理より，$4\pi r^2\varepsilon_0 E=(4/3)\pi a^3\rho$.

だから，$E=\dfrac{a^3\rho}{3\varepsilon_0 r^2}$

よって

$$W_2=\frac{1}{2}\iiint_{r>a} \varepsilon_0 E^2 dv=\frac{1}{2}\int_a^\infty \frac{a^6\rho^2}{9\varepsilon_0 r^4}\cdot 4\pi r^2\cdot dr=\frac{2\pi\rho^2 a^5}{9\varepsilon_0} \text{〔J〕} \qquad (9\cdot20)$$

ゆえに

$$W=W_1+W_2=\frac{4\pi a^5\rho^2}{15\varepsilon_0}=\frac{3}{5}\cdot\frac{Q^2}{4\pi\varepsilon_0 a} \text{〔J〕}$$

となり，式（9·17）と一致する．

9-4 帯電している導体もエネルギーを蓄えますね？ ～電界のエネルギー（その3）～

先生 電荷がエネルギーをもっているということは，帯電している導体もエネルギーをもっているわけだ．どうやって求めるかわかるかな？

学 生 この場合にも導体を帯電させるのに必要としたエネルギーを導体が蓄えていると考えていいんですね．

先 生 そうだ．一番簡単な場合として，帯電した導体球が一つだけある場合を考えよう．

〔1〕 孤立導体のもつ静電エネルギー

図9・5に示したように半径 a の導体球が帯電していて，その電位が φ であるとしよう．一つ目の考え方は，以前（9・2節）のコンデンサについて考えたのと同じだ．すなわち，電位 φ の導体に新たに dQ の電荷を付け加えるのに必要な仕事量が φdQ であったのだから，もともと帯電していなかった導体球に $Q=C\varphi$（C は導体球の静電容量）の電荷を与えるために必要な仕事量 W は

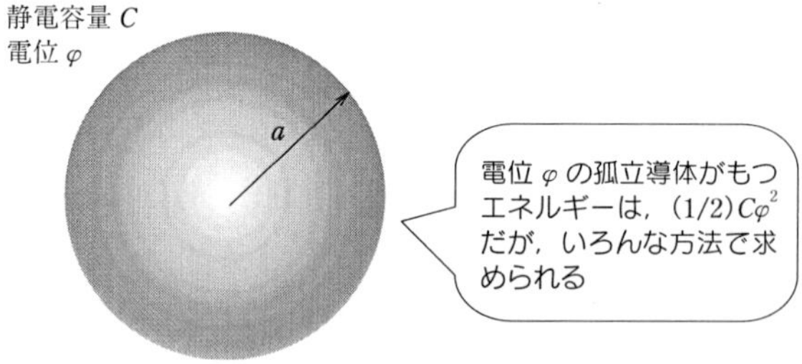

静電容量 C
電位 φ
a
電位 φ の孤立導体がもつエネルギーは，$(1/2)C\varphi^2$ だが，いろんな方法で求められる

図 9・5 帯電した孤立導体球

$$W=\int_0^Q \varphi dQ=\int_0^\varphi \varphi C d\varphi=\frac{1}{2}C\varphi^2=\frac{1}{2}Q\varphi=\frac{1}{2C}Q^2 \text{〔J〕} \qquad (9 \cdot 21)$$

と求まる．

これが帯電導体球の蓄えているエネルギーだが，見方を変えれば，導体球がつくり出す電界がこのエネルギーを蓄えているということもできるはずだね．本当にそうなっているか，確かめてみよう．

まず，導体球の内部は，電界は0だ．だから，エネルギーも0．

外部については，ガウスの定理より，電界 E は

$$E=\frac{Q}{4\pi\varepsilon_0 r^2} \text{〔V/m〕}$$

を使って，単位体積当たり $(1/2)\varepsilon_0 E^2$ のエネルギーを，$r \geqq a$ の全空間にわたっ

て積分すればよい．半径が $r\sim(r+dr)$ の球殻の体積が $4\pi r^2dr$ であることに注意すれば

$$W=\frac{1}{2}\iiint_{全空間}\varepsilon_0E^2dv$$

$$=\frac{1}{2}\int_a^{\infty}\varepsilon_0E^2 4\pi r^2dr=\int_a^{\infty}\frac{Q^2}{8\pi\varepsilon_0 r^2}dr$$

$$=\frac{Q^2}{8\pi\varepsilon_0 a}\ 〔\mathrm{J}〕 \qquad (9\cdot22)$$

となる．ところで，この導体球の静電容量 C は，5章で学んだように

$$C=4\pi\varepsilon_0 a\ 〔\mathrm{F}〕$$

であるので，式（9·22）は，$W=\dfrac{Q^2}{2C}=\dfrac{1}{2}Q\varphi=\dfrac{1}{2}C\varphi^2$〔J〕と，式（9·21）と同じになった．

〔2〕 多数の導体のもつ静電エネルギー

多数の導体があるときも同じように考えればよい．例えば，n 個の導体があるときには，それらの電荷と電位をそれぞれ，$Q_1, Q_2, \cdots$，および $\varphi_1, \varphi_2, \cdots$ とすれば，それらが蓄える静電エネルギーは

$$W=\frac{1}{2}\sum_{i=1}^{n}Q_i\varphi_i\ 〔\mathrm{J}〕 \qquad (9\cdot23)$$

となる．

二つの導体が向きあっているコンデンサで，このことを確かめてみよう．図9·2のコンデンサが十分に充電されたとき，電位が $V=V_0$ の上側の電極が $+Q_0$ の電荷をもち，電位が $V=0$ の下側の電極が $-Q_0$ の電荷をもっている．これらの値を，式（9·23）に代入すれば，$W=\dfrac{1}{2}Q_0V_0$ となり，式（9·4）と一致する．また，電位の基準をコンデンサの中央部にとると，上下の電極の電位は $+\dfrac{1}{2}V_0$ と $-\dfrac{1}{2}V_0$ となるが，このときも，やはり，式（9·23）より $W=\dfrac{1}{2}Q_0V_0$ が得られる．

9-5 電極の引き合う力を求めたい

～仮想仕事の原理～

先生

この前の授業（9·2 節）で考えたコンデンサの上下電極にはお互いに力が働くかな？

学　生 上と下の電極はそれぞれ正と負に帯電しているので，引き合っているはずです．

先　生 そうだね．では，その力を求めてみよう．**図 9·6** で上の電極に働く力 f をこの向きと考えよう．

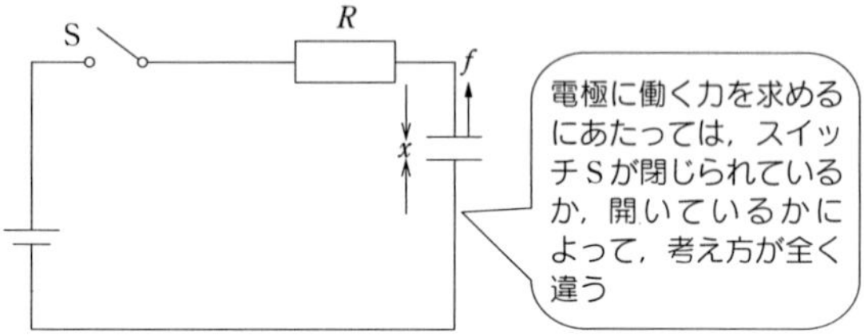

S
R
f
x
電極に働く力を求めるにあたっては，スイッチSが閉じられているか，開いているかによって，考え方が全く違う

図 9·6　コンデンサの電極に働く力

学　生 電極は引き合うはずなので，f を逆向きに取りましょう．

先　生 そのように取りたい気持ちはわかるが，それだとダメだ．電極間隔 x の増える方向に f を取らないと数学にならない．この力 f によって，x が $(x+dx)$ になったとしよう．つまり，仮想的に電極間隔が dx だけ増えたと考えよう．この考え方は，仮想変位の考え方ともいわれている．ともかく，この力のなした仕事，つまり仮想仕事は Fdx だ．この先は，スイッチ S が一旦閉じられたあと開けられているか，閉じられたままかで考え方を変えなくてはならない．

（1）　電荷量一定のときに働く力

スイッチ S が開いていたら，上の仕事量 Fdx はどこから来るか？　また，この電極の変位によって，仮にコンデンサの蓄えているエネルギーが W から $(W+dW)$ と変化したとしたら，そのエネルギーはどこから来るか？電池は切り離されているので，どこからもエネルギーの補給はない．だから

$$Fdx+dW=0 \text{〔J〕} \tag{9・24}$$

とならざるを得ない．したがって

$$F=-\left(\frac{dW}{dx}\right)_{Q\text{一定}} \text{〔N〕} \tag{9・25}$$

となる．

ところで，電荷量 $Q=$一定のとき，コンデンサの蓄えているエネルギー W は

式（9·21）より

$$W=\frac{Q^2}{2C}$$

と表せる．したがって，仮に，電極面積 S，電極間隔が d の平行平板空気コンデンサとすると

$$F=-\frac{d}{dx}\left(\frac{Q^2}{2C}\right)=-\frac{Q^2}{2}\frac{d}{dx}\left(\frac{x}{\varepsilon_0 S}\right)$$

$$=-\frac{Q^2}{2\varepsilon_0 S}=-\frac{\varepsilon_0}{2}\left(\frac{V}{d}\right)^2 S \text{〔N〕} \qquad (9\cdot26)$$

となる．

〔2〕 電位差一定のときに働く力

コンデンサ充電後もスイッチが閉じられていれば，極板間隔が変化することによって電位差が変化しようとするのを補償するために電源からエネルギーの出入が起こってしまう．このときには，電源を含めたエネルギー保存則は

$$dW+Fdx=VdQ \text{〔J〕} \qquad (9\cdot27)$$

となるはずだね．ところで，電位差 V＝一定のときコンデンサの蓄えているエネルギー W は，式（9·21）より

$$W=\frac{1}{2}CV^2$$

と表せる．一方

$$VdQ=Vd(CV)=V^2dC=2d\left(\frac{V^2C}{2}\right)=2dW \qquad (9\cdot28)$$

となるので

$$F=+\left(\frac{dW}{dx}\right)_{V\,一定}=\frac{d}{dx}\left(\frac{CV^2}{2}\right)=\frac{V^2}{2}\frac{d}{dx}\left(\varepsilon_0\frac{S}{x}\right)_{x=d}$$

$$=-\frac{\varepsilon_0}{2}\left(\frac{V}{d}\right)^2 S \text{〔N〕} \qquad (9\cdot29)$$

結局，〔1〕，〔2〕は同一の結果を与え，極板に引力が働くが，電荷 Q 一定の場合と電位差 V 一定の場合とで，dW/dx の前の符号が異なることに注意しよう．

厳密には，pp. 180-181 の記述においては図 9·6 で $R=0$ を仮定している．

9.6 誘電体の境界面にも力は働きますか?
～マクスウェルの応力（その1）～

先生 誘電率の異なる誘電体が接している境界面には力が働くだろうか？

学生 この前，電界がエネルギーを蓄えると学びました．誘電率が違えば，そこでの電界も変わるので，蓄えるエネルギーも違ってくるので……．

先生 そうだ．だから，力も働く．その理由を一緒に考えよう．

〔1〕 境界面と電界が垂直なときに働く力

図 9・7 のように，誘電率 ε_1，ε_2 の二つの誘電体の境界面と垂直な向きに電界が印加されているとしよう．このとき，当然，（誘）電束密度 D も境界面に垂直となるので，5章で学んだように，境界面の両側で D は等しくなる．だから，誘電体 ε_1，ε_2 内の電界 E_1，E_2 は $E_1 = D/\varepsilon_1$，$E_2 = D/\varepsilon_2$ となるね．ここで，もし，境界面の単位面積当たり f という力が働き，図 9・8 のように境界面が ε_2 の方へ dx だけ変位したと仮定しよう．このとき，単位面積当たりのエネルギー変化は

$$dW = \frac{E_1 D}{2} dx - \frac{E_2 D}{2} dx = \frac{D}{2}(E_1 - E_2)\, dx \quad \text{〔J〕} \tag{9・30}$$

となるね．

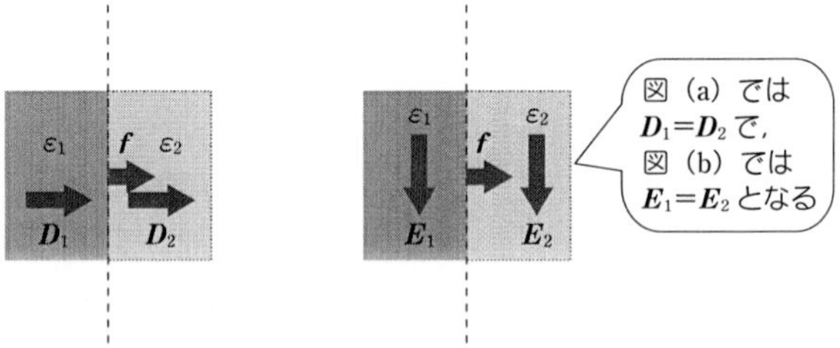

(a) 境界面に垂直な電界　　(b) 境界面に平行な電界

図 (a) では $D_1 = D_2$ で，図 (b) では $E_1 = E_2$ となる

図 9・7　誘電体の境界面に働く力

ところで，D というのは，（誘）電束密度（のベクトル）だから，$|D|$ は電荷から出てくる（誘）電束の単位面積当たりの本数だ．この D が境界面の両側で等しいのだから，たとえ境界面が動くことができたとしても電荷の量は変わらないということになる．これは，コンデンサの例（9・5節）で話したスイッチが開

いていることに相当するでしょう．だから，電源とのエネルギーの出入りは生じない．したがって，力 f はエネルギー減少の割合として

$$f=-\frac{dW}{dx}=\frac{D}{2}(E_2-E_1)$$

$$=\frac{D^2}{2}\left(\frac{1}{\varepsilon_2}-\frac{1}{\varepsilon_1}\right)\ [\mathrm{N/m^2=Pa}] \qquad (9\cdot 31)$$

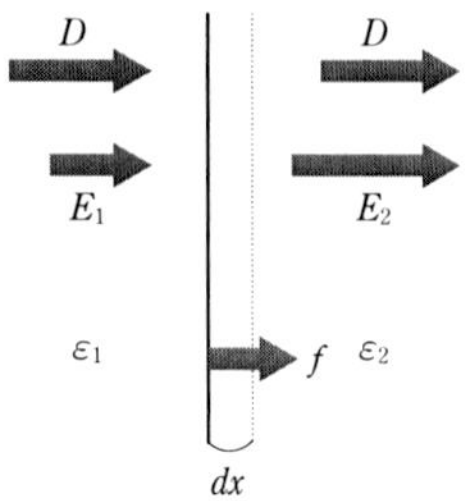

図 9・8 境界面と電界が垂直なときの仮想変位

〔2〕 境界面と電界が平行なときに働く力

この場合は，上とは違いスイッチが閉じられているケースになる．そこで**図 9・9** のように，電源のつながった平行平板電極により誘電体内に電界が生じていると仮定しよう．

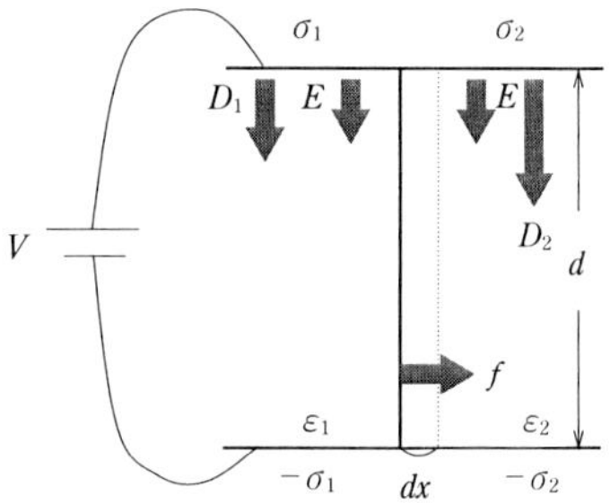

図 9・9 境界面と電界が平行なときの仮想変位

電界は境界面に平行であるから，電界 $\boldsymbol{E}$ は両側で等しく，（誘）電束密度 $\boldsymbol{D}$ の絶対値は $D_1=\varepsilon_1 E=\sigma_1$，$D_2=\varepsilon_2 E=\sigma_2$ となる．σ_1，σ_2 は電源から与えられた極板上の表面電荷密度だね．ここで，仮に境界面の単位面積当たり f という力が働き，境界面が ε_2 のほうへ dx だけ変位したとしよう．また，電極の間隔を d，この電極の紙面の奥行き方向の長さは a であるとしよう．すると，境界面の面積は ad だ．だから仮想的になされる仕事 dW_a は

$$dW_a=fad\cdot dx\ [\mathrm{J}] \qquad (9\cdot 32)$$

だね．

さらに，極板上で電荷密度が変わったところの面積は adx であり，ここの電荷が $\sigma_2 adx$ から $\sigma_1 adx$ に変化しているね．そのエネルギー変化

$$dW_e=(\sigma_1 adx-\sigma_2 adx)V=(D_1-D_2)aVdx=(\varepsilon_1-\varepsilon_2)EaVdx\ [\mathrm{J}] \qquad (9\cdot 33)$$

は，電源から供給され，電位差は一定に保たれる．一方，この変位による誘電体の内部のエネルギー変化は

$$dW=\left(\frac{ED_1}{2}dx-\frac{ED_2}{2}dx\right)ad=\frac{1}{2}(\varepsilon_1-\varepsilon_2)adE^2dx \text{〔J〕} \quad (9\cdot34)$$

したがって，エネルギー保存則より，仮想変位に要する仕事 dW_a と，それによる誘電体内のエネルギー増加分 dW の和は，電源より供給されるエネルギー dW_e に等しいはずだ．ゆえに

$$fad\cdot dx+dW=(\varepsilon_1-\varepsilon_2)EaVdx \text{〔J〕} \quad (9\cdot35)$$

ところで，$V=E\cdot d$ であるから

$$f=\frac{1}{2}(\varepsilon_1-\varepsilon_2)E^2 \text{〔N/m}^2\text{=Pa〕} \quad (9\cdot36)$$

式（9·31），（9·36）より明らかなように，どちらの場合も，$\varepsilon_1>\varepsilon_2$ であれば $f>0$ だ．だから常に誘電率の大きな誘電体が誘電率の小さな誘電体の方へ引き込まれるように力が働くことになる．

〔3〕 マクスウェル応力

これまでに述べたコンデンサの電極板や誘電体の境界面に働く力も，その根源は電荷にあると考えたとき，その力が途中の媒体を伝わる機構として，ファラデーは，「（誘）電束は伸ばされたゴムのようである」と考えていたらしい．つまり，（誘）電束でできたチューブ（（誘）電束管）を仮想したとき，**図9·10**の矢印のように，（誘）電束は，長さ方向に縮もうとし，横方向には他の（誘）電束を互いに遠ざけようとしていると考え，このようなチューブを**ファラデー管**と呼んだ．また，この矢印の応力を**マクスウェル応力**（ストレス）と呼ぶ．

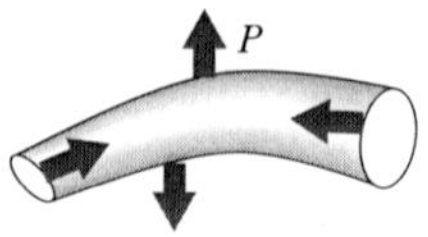

図 9·10 ファラデー管とマクスウェル応力

マクスウェル応力のうち，電界に平行な方向の張力を T，電界に垂直な方向の圧力を P とすれば，T と P は等しく

$$T=P=\frac{1}{2}\boldsymbol{E}\cdot\boldsymbol{D}=\frac{1}{2}\varepsilon E^2=\frac{1}{2\varepsilon}D^2 \text{〔N/m}^2\text{=Pa〕} \quad (9\cdot37)$$

となる．これは，9·2節でも学んだ電界のもつ単位体積当たりのエネルギーとも等しいね．このファラデー管とマクスウェル応力の考えに立つと，例えば9·5節でコンデンサの極板間に引力が働くことも，図9·8，9·9で $\varepsilon_1>\varepsilon_2$ ならば ε_1 側

から ε_2 側へ力が働くこともわかりやすいね.

例 題

〔1〕 上の例で，電界が境界面と任意の角をなしているときには，どんな向きに力が働くだろうか？

【解説】 電界を境界面に平行な成分と垂直な成分とに分けてみればわかるように，やはり境界面に垂直に力が働く.

〔2〕 9·5 節で求めた平行平板コンデンサの両電極の引き合う力を，ファラデー管の考え方あるいはマクスウェル応力を用いて求めてみよう.

【解説】 平行平板電極では，両電極間をファラデー管が垂直に結んでいるね. ファラデー管が長さ方向に縮もうとするので，両電極は引き合うと考えられるね. 簡単だ. でも，式まで正しく導けるかな？

電極は導体だね. 導体の内部に，もし電界が生じると，あっという間に大きな電流が流れて，電荷の偏りをなくしてしまうはずだから，導体の内部には電界は生じないよね. ところで，（誘）電束密度 $\boldsymbol{D}$ と誘電率 ε と電界の強さ $\boldsymbol{E}$ の間には，$\boldsymbol{D}=\varepsilon\boldsymbol{E}$ の関係があるのだから，仮に ε が無限に大きければ，どのような $\boldsymbol{D}$ に対しても $\boldsymbol{E}=\boldsymbol{0}$ となる. このことからわかるように，電流の流れていない，また時間的にも変動していない静電界に限れば，導体は等価的に $\varepsilon=\infty$ の誘電体と考えられるんだ. そうすれば，電極の表面は，$\varepsilon=\infty$ と $\varepsilon=\varepsilon_0$ の二つの誘電体の界面と考えられる.

電気力線は電極面に垂直に出入りしているので，式（9·31）で，$\varepsilon_1=\infty$ と $\varepsilon_2=\varepsilon_0$ とすれば，電極の単位面積当たりに働く力は，ε_2 側へ向かう，すなわち両電極が引き合う向きに $f=\dfrac{D^2}{2\varepsilon_0}$ となる. 電極面積 S の平板コンデンサなら，電極の電荷 Q は $Q=DS$ となるので

$$F=fS=\frac{Q^2}{2\varepsilon_0 S}$$

となり，式（9·26）と一致するよ.

9-7 誘電体は引き込まれますか？ 〜マクスウェルの応力（その2）〜

先生

図 9·11 のように，コンデンサの極板間に誘電体が半分くらいまで差し込まれているとしよう．誘電体にどんな力が働くかな？

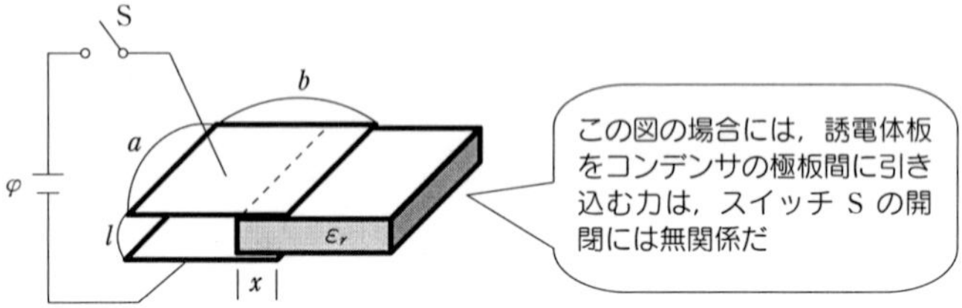
S
b
a
φ
l
ε_r
x
この図の場合には，誘電体板をコンデンサの極板間に引き込む力は，スイッチ S の開閉には無関係だ

図 9・11　極板間に引き込まれる誘電体

学　生 この前（9·6 節で）学んだように，誘電率の大きな誘電体が誘電率の小さな空気の方へ引き込まれるようにマクスウェル応力が働くと思います．でも，その大きさを求めるためには，電位差一定か，電荷一定かが与えられないとできません．

先　生 よく復習しているね．

〔1〕 コンデンサ極板間の誘電体に働く力（その1）

縦横がそれぞれ a および b，極板間隔 l の平行平板空気コンデンサがあるとしよう．図 9·11 のように，両極板間にちょうどはまる比誘電率 ε_r の誘電体板を入れようとするとき，作用する力を，(a) コンデンサの両極が電位差 φ〔V〕の電池につながれている場合，(b) 両極に $\pm Q$〔C〕の電荷が与えられている場合に分けて考えよう．

誘電体板が x だけ引き込まれているとすると，全体の静電容量は

$$C=\varepsilon_0\frac{a(b-x)}{l}+\varepsilon_0\varepsilon_r\frac{ax}{l}=\frac{\varepsilon_0 a}{l}\{b+(\varepsilon_r-1)x\}\text{〔F〕} \qquad (9\cdot 38)$$

となる．だから，(a) では，エネルギー $W_\varphi=\dfrac{1}{2}C\varphi^2$ をもとに，力 F は，式 (9·29) のように

$$F=\frac{\partial W_\varphi}{\partial x}=\frac{\varphi^2}{2}\frac{\partial C}{\partial x}=\frac{\varepsilon_0 a\varphi^2}{2l}(\varepsilon_r-1)\text{〔N〕} \qquad (9\cdot 39)$$

と求まる．

一方，(b) では，エネルギー $W_Q=\dfrac{Q^2}{2C}$ をもとに，力 F は，式 (9·25) のように

$$F=-\frac{\partial W_Q}{\partial x}=\frac{Q^2}{2C^2}\frac{\partial C}{\partial x}=\frac{\varphi^2}{2}\frac{\partial C}{\partial x}\ \text{〔N〕}$$

と式 (9·39) と同じになる．だから，電位差一定か電荷量一定か，言い換えれば，電源につながるスイッチが閉じられているか開かれているかは，そんなに気にしなくていいんだ．$F>0$ だから，x を増加させる方向，すなわち誘電体を引き込む方向に働く力だね．また，式 (9·36) で与えられるマクスウェル応力は，単位面積当たりに作用する力だから，これに側面の面積 (al) を掛けてみれば，誘電体を引き込もうとする力 F は

$$F=\frac{1}{2}(\varepsilon_r-1)\varepsilon_0E^2al=\frac{1}{2l}(\varepsilon_r-1)\varepsilon_0a\varphi^2\ \text{〔N〕} \qquad (9\cdot40)$$

となり，式 (9·39) と一致する．

〔2〕 コンデンサ極板間の誘電体に働く力（その2）

次に，電位差一定か電荷量一定かをきちんと考えなくてはいけない例を考えてみよう．例えば，電極面積 S，間隔 d の平行平板空気コンデンサの極板間に極板と平行に極板と同形同大で厚さ t ($t<d$)，比誘電率 ε_r の誘電体板が入れられた前後において，極板に作用する力がどのように変わるかを考えてみよう（図 **9·12**）．

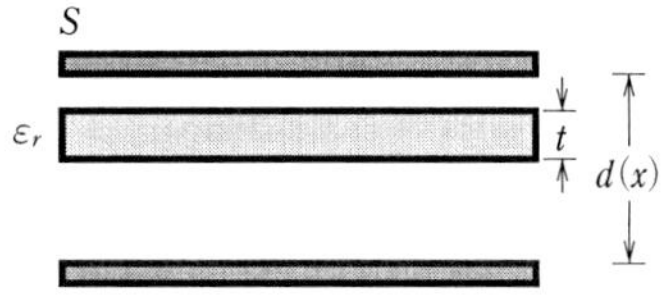

図 9·12 コンデンサ内の誘電体板

まず，誘電体板を入れる前に極板に作用する力 F_0 は，9·5 節より，Q 一定の場合も，φ 一定の場合も同じで，式 (9·26)，(9·29) より

$$F_0=-\frac{\varepsilon_0}{2}\left(\frac{\varphi}{d}\right)^2S=-\frac{{C_0}^2\varphi^2}{2\varepsilon_0S}=-\frac{Q^2}{2\varepsilon_0S}\ \text{〔N〕}$$

だったね．ここで，$C_0=\varepsilon_0\dfrac{S}{d}$ だ．

誘電体板を入れたとき，コンデンサの合成容量 C は，極板間隔を x とすれば

$$C=\frac{\varepsilon_0\varepsilon_rS}{\varepsilon_r(x-t)+t}\ \text{〔F〕}$$

となる．だから，Q 一定のとき，極板に作用する力 F_Q は

$$F_Q=-\frac{dW}{dx}=-\frac{Q^2}{2}\frac{d}{dx}\left(\frac{1}{C}\right)=-\frac{Q^2}{2\varepsilon_0 S}=F_0 \text{〔N〕} \quad (9\cdot41)$$

となり，誘電体板を入れても力は変化しないんだ．

しかし，φ 一定のとき，極板に作用する力 F_φ は

$$F_\varphi=+\frac{dW}{dx}=\frac{\varphi^2}{2}\frac{dC}{dx}=-\frac{\varphi^2}{2}\cdot\frac{\varepsilon_0\varepsilon_r{}^2 S}{\{\varepsilon_r(x-t)+t\}^2} \text{〔N〕} \quad (9\cdot42)$$

となるので，$x=d$ を代入して

$$F_\varphi=-\frac{\varphi^2}{2}\cdot\frac{\varepsilon_0\varepsilon_r{}^2 S}{\{\varepsilon_r(d-t)+t\}^2}=-\frac{C^2\varphi^2}{2\varepsilon_0 S}=\left(\frac{C}{C_0}\right)^2 F_0 \text{〔N〕} \quad (9\cdot43)$$

となる．つまり，誘電体板を入れることにより，力は $(C/C_0)^2$ 倍になる．

これも，マクスウェル応力で考えられるよ．Q 一定のときは，極板での $\boldsymbol{E}$，$\boldsymbol{D}$ は変化しないので，$F_Q=F_0$．でも，φ 一定のときは，誘電体板が入ることによって，$\boldsymbol{E}$ も $\boldsymbol{D}$ も (C/C_0) 倍になるので，$F_\varphi=(C/C_0)^2F_0$ となるわけだ．

例　題

〔1〕 **図9·13**に示すような可変コンデンサを電圧 φ〔V〕に充電したときに回転子に働くトルクを求めなさい．ただし，コンデンサの最大静電容量を C_m〔F〕とする．

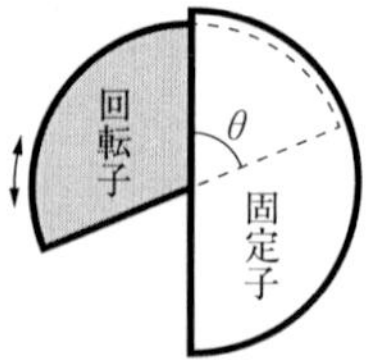

図 9·13

【解説】 両極板の重なり角が θ のとき，静電容量 C および蓄積エネルギー W は

$$C=\frac{\theta}{\pi}C_m, \qquad W=\frac{1}{2}C\varphi^2=\frac{\varphi^2}{2}\cdot\frac{\theta}{\pi}C_m$$

となる．回転子に働くトルクを T とすれば，電圧一定の場合のエネルギー保存則として，$dW+Td\theta=\varphi dQ$ が成り立つ．

ここで，$\varphi dQ=\varphi\cdot d(C\varphi)=\varphi^2 dC=2\cdot d\left(\dfrac{\varphi^2 C}{2}\right)=2dW$〔J〕となるので

$$T=+\frac{dW}{d\theta}=\frac{\varphi^2}{2}\cdot\frac{C_m}{\pi} \text{〔N·m〕} \quad (9\cdot44)$$

$T>0$ であるから，θ が増加する方向にトルクが働く．

〔2〕 **図 9・14** の U 字管の中に密度 ρ〔kg/m^3〕の液体誘電体を入れ，一方の液端を平行平板電極で挟んで電界 E〔V/m〕を印加したとき，両液面の高さの差が h〔m〕となった．液の誘電率を求めなさい．

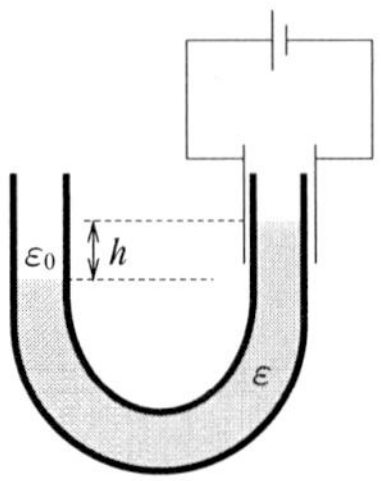

図 9・14

【解説】 液の誘電率を ε とし，誘電率 ε，ε_0 の誘電体の境界面に働く力を考えよう．液面を引きあげようとする電界よりのマクスウェル応力 F_1 は

$$F_1=\left(\frac{\varepsilon E^2}{2}-\frac{\varepsilon_0 E^2}{2}\right)lw$$

とかける．ここで，l と w は液面の奥行き長さと幅である．一方，液面には重力により下に引かれる力

$$F_2=(\rho lwh)g$$

が働く．つり合いの条件 $F_1=F_2$ より

$$\frac{\varepsilon-\varepsilon_0}{2}E^2=\rho gh$$

$$\therefore\quad \varepsilon=\frac{2\rho gh}{E^2}+\varepsilon_0 \qquad \text{〔F/m〕}$$

となる．

ポイント解説

9・1　電荷の有する静電エネルギー

①**点電荷による静電エネルギー**　n 個の点電荷 Q_i〔C〕が存在しているとき，Q_i が存在する位置における Q_i 以外の点電荷による電位を φ_i〔V〕とすれば，この系の電界が蓄えるエネルギー（静電エネルギー）は，$W=\dfrac{1}{2}\sum_{i=1}^{n}Q_i\varphi_i$〔J〕.

9・2　電界のエネルギー（その1）

①**コンデンサの蓄える静電エネルギー**　Q〔C〕，C〔F〕，V〔V〕をコンデンサの電荷，静電容量と電位差とすると，コンデンサの蓄える静電エネルギー W は

$$W=\frac{1}{2}CV^2=\frac{Q^2}{2C}=\frac{1}{2}QV \quad 〔J〕.$$

②**電界のエネルギー**　どのような電界であっても，電界 E〔V/m〕が，誘電率 ε〔F/m〕の誘電体の単位体積当たりに有するエネルギー w は，$w=\dfrac{1}{2}\varepsilon E^2=\dfrac{1}{2}ED=\dfrac{D^2}{2\varepsilon}$〔J/m^3〕．ここで，$D$ は，（誘）電束密度.

9・3　電界のエネルギー（その2）

（電荷分布の静電エネルギー）　分布した電荷がもつエネルギーとは，その電荷分布をつくるのに必要とした仕事でもあり，電荷が単位体積当たりに有するエネルギーを，電界が生じている全空間にわたり積分して得られるエネルギー $W=\dfrac{1}{2}\iiint_{全空間}\varepsilon E^2dv$ でもある.

9・4　電界のエネルギー（その3）

①**孤立導体のもつ静電エネルギー**　帯電孤立導体の電位が φ〔V〕，電荷が Q〔C〕，静電容量が C〔F〕であれば，その導体がもつエネルギー W は

$$W=\frac{Q^2}{2C}=\frac{1}{2}Q\varphi=\frac{1}{2}C\varphi^2 〔J〕.$$

②**多数の導体のもつ静電エネルギー**　電荷と電位が，それぞれ $Q_1, Q_2, \cdots$，および $\varphi_1, \varphi_2, \cdots$ である n 個の導体が，蓄える静電エネルギーは，$W=\dfrac{1}{2}\sum_{i=1}^{n}Q_i\varphi_i$〔J〕である.

9・5 仮想仕事の原理

①電荷量一定のときに働く力 蓄えているエネルギーが W のコンデンサの電極間の間隔が x であり，コンデンサは電源から切り離されているとき，コンデンサの両電極には，$F=-\left(\dfrac{dW}{dx}\right)_{Q\text{一定}}$〔N〕というお互いに引き合う力が生じる．

②電位差一定のときに働く力 上のコンデンサが電源につながれているとき，コンデンサの両電極には，$F=+\left(\dfrac{dW}{dx}\right)_{V\text{一定}}$〔N〕というお互いに引き合う力が生じる．

仮に，電極面積 S，電極間隔が d，電極間の電位差が V の平行平板空気コンデンサとすると，極板に働く力は，$F=-\dfrac{\varepsilon_0}{2}\left(\dfrac{V}{d}\right)^2 S$〔N〕で，①，②は同一の引力となる．

9・6および9・7 マクスウェルの応力

①境界面と電界が垂直なときに働く力 誘電率 ε_1，ε_2 の二つの誘電体の境界面と垂直な向きに電界が印加されているとき，境界面には，もし境界面が ε_2 の方へ変位したときのエネルギー W の減少割合として，ε_1 より ε_2 へ向かう向きに境界面の単位面積当たり $f=-\dfrac{dW}{dx}=\dfrac{D}{2}(E_2-E_1)=\dfrac{D^2}{2}\left(\dfrac{1}{\varepsilon_2}-\dfrac{1}{\varepsilon_1}\right)$〔N/m^2〕という力が働く．$D$ は印加した電界の（誘）電束密度，E_1，E_2 は誘電体 ε_1，ε_2 内の電界．

上記において，$\varepsilon_1=\infty$ とおけば，電極など導体面に働く引力が求められることになる．

②境界面と電界が平行なときに働く力 例えば電源とつながった平板電極間を最短で結ぶような誘電体境界面があれば，誘電体境界面と平行な向きに電界が印加されている．このときは，ε_1 より ε_2 へ向かう向きに，境界面の単位面積当たり $f=\dfrac{1}{2}(\varepsilon_1-\varepsilon_2)E^2$〔N/m^2〕の力が働く．

①，②どちらの場合も，誘電率の大きな誘電体が誘電率の小さな誘電体の方へ引き込まれるように力が働く．

10 コイルはエネルギーを蓄えますか？
1 ～自己インダクタンスとエネルギー～

先生 前章で電界の有するエネルギーについてコンデンサを例にとって学んだね．では，磁界はどうだろうか？

学生 電界と磁界には，これまでも多くの現象について類似性を学んできました．だから，磁界もエネルギーをもっているはずです．

先生 そうだね．次の回路を例にコイルが蓄えるエネルギーについて考えてみよう．少し難しいが，頑張ってみよう．

〔1〕 コイルに流れる電流

抵抗 R と自己インダクタンス L のコイルが定電流源に並列につながれている**図 10·1** に示す回路において，スイッチが投入されてからの電流の時間的な変化を考えてみよう．まず，定電流源とは，常に一定の定常電流を流す電源なので，その電流値を I_0 としよう．すると，R に流れる電流を I_R とおけば，L に流れる電流 I_L は，$I_L = I_0 - I_R$ となる．R と L は並列になっているので，R と L に掛かる電圧は，常に等しい．だから，t をスイッチ投入後の時間として

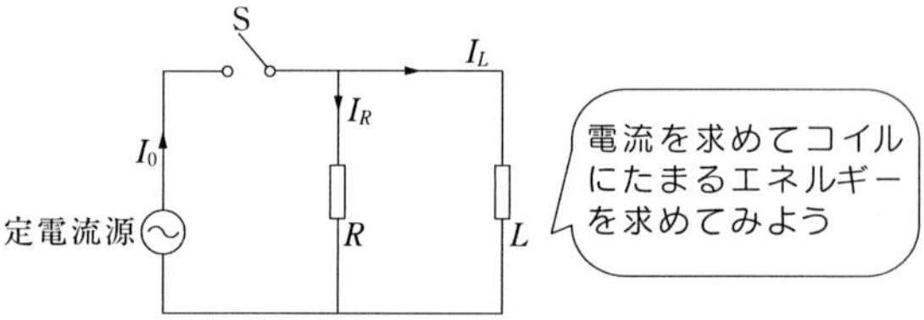

図 10・1 定電流源，抵抗 R とコイル L の並列回路

$$RI_R(t) = L\frac{d}{dt}I_L(t) = L\frac{d}{dt}\{I_0 - I_R(t)\} \text{〔V〕} \quad (10・1)$$

$$I_0 = \text{一定だから，} \frac{d}{dt}I_R(t) = -\frac{R}{L}I_R(t) \quad (10・2)$$

となる．L は，電流の変化を妨げる働きをもつインダクタンスなので，スイッチ S を入れた直後は，$I_L(+0) = 0$ のままである．一方，十分に時間が経ち定常状態に達すれば，コイルの抵抗は無視できるので，$I_L(\infty) = I_0$ となる．逆に I_R は $I_R(+0) = I_0$ で，$I_R(\infty) = 0$ となる．これを満足する式（10·2）の解は

$$I_R(t) = I_0 e^{-\frac{R}{L}t} \text{〔A〕} \quad (10・3)$$

$$\therefore \quad I_L(t) = I_0 - I_R(t) = I_0\left(1 - e^{-\frac{R}{L}t}\right) \text{〔A〕} \quad (10・4)$$

と求まるね．図に示せば**図 10･2** のようになる．

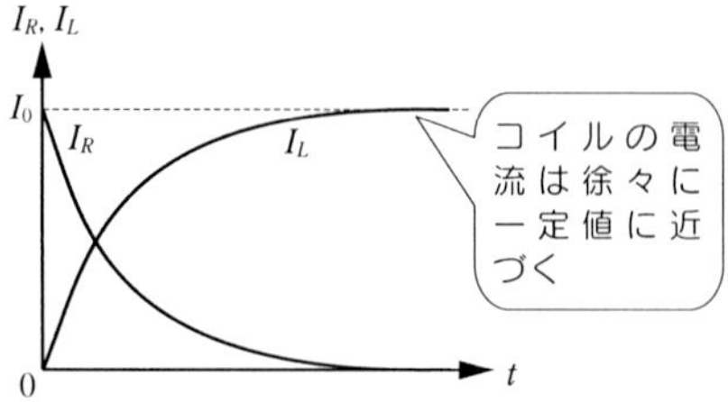

図 10・2　R と L を流れる電流の時間変化

〔2〕　コイルに蓄えられるエネルギー

抵抗によるジュール発熱は，毎秒 $I_R{}^2(t)R$ だから，スイッチ投入直後から，R に電流が流れなくなるまでの全発熱量は

$$W_R=\int_0^{\infty} I_R{}^2(t)\,R\,dt=-I_0{}^2R\cdot\frac{L}{2R}\left[e^{-\frac{2R}{L}t}\right]_0^{\infty}=\frac{1}{2}LI_0{}^2 \text{〔J〕} \qquad (10\cdot5)$$

となる．

一方，電源はこの間にどれだけの仕事をしているだろうか？　電源の両端の電位差 $\varphi(t)$ は，R の両端の電位差に等しいので

$$\varphi(t)=RI_R(t) \text{〔V〕} \qquad (10\cdot6)$$

だ．電源は，時刻 $t\sim t+dt$ の間に，この電位をもつ電荷を，I_0dt だけ送り出しているね．9 章で学んだように，電位×電荷量＝エネルギーだから，$t=0\sim+\infty$ で，電源は

$$W_e=\int_0^{\infty} I_0\varphi(t)\,dt=\int_0^{\infty} RI_0{}^2e^{-\frac{R}{L}t}dt=-LI_0{}^2\left[e^{-\frac{R}{L}t}\right]_0^{\infty}=LI_0{}^2 \text{〔J〕} \qquad (10\cdot7)$$

のエネルギーを放出している．

エネルギーは保存されるので，上のエネルギー $LI_0{}^2$ から，抵抗で消費されたエネルギー $(1/2)LI_0{}^2$ を差し引いた，残りの $(1/2)LI_0{}^2$ はコイルに流れる電流が蓄えていることになる．ようやく，定常電流 I_0 が流れている自己インダクタンス L のコイルの有するエネルギー（＝磁気エネルギー）W_m は

$$W_m=\frac{1}{2}LI_0{}^2 \text{〔J〕} \qquad (10\cdot8)$$

という重要な式が導かれた．このエネルギーは，コイルに蓄えられていると考えてもよいし，電流あるいは電流のつくる磁界が蓄えていると考えてもいい．

一般に，自己インダクタンス L のコイルに定常電流 I が流れているとき，コイルの鎖交磁束数 $\varPsi$ は，$\varPsi=LI$ だから，式（10･8）の磁気エネルギー W_m は

$$W_m = \frac{1}{2} L I^2 = \frac{1}{2} I \Psi = \frac{1}{2L} \Psi^2 \text{〔J〕} \qquad (10\cdot 9)$$

とも表せる．厳密には，この関係は Ψ と I が比例する（＝線形）ときに成り立つ．

多くの回路があるとき，L_{ii} で自己インダクタンスを表し，L_{ij}（$i \neq j$）で相互インダクタンスを表せば，この回路系の有する磁気エネルギーは

$$W_m = \frac{1}{2} \sum_{i=1}^{n} \sum_{j=1}^{n} L_{ij} I_i I_j \text{〔J〕} \qquad (10\cdot 10)$$

となる．

例えば，自己インダクタンス L_1 の回路に定常電流 I_1 が流れ，L_2 の回路に I_2 が流れていて，二つの回路間の相互インダクタンスが M ならば

$$W_m = \frac{1}{2}(L_1 I_1^2 + L_2 I_2^2) + M I_1 I_2 \text{〔J〕} \qquad (10\cdot 11)$$

となる．

例　題

図 10･3 に示すような断面の縦の長さが a，横の長さが（$R_2 - R_1$）の長方形となっているドーナツ状のトロイダルコイルに定常電流 I が流れているとき，コイルが蓄えるエネルギー W_m を求めなさい．ただし，鉄心の透磁率を μ とし，導線の総巻数を N 回としなさい．

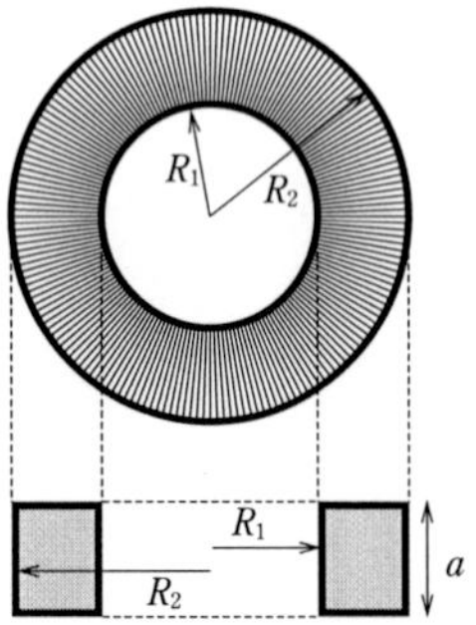

図 10・3　断面が長方形のトロイダル（円形）コイル

【解説】 トロイダルコイルに電流 I が流れるとき，中心からの距離 r の点での磁束密度 B は，アンペールの周回積分の法則

$$\oint_C \boldsymbol{H} \cdot d\boldsymbol{l} = \sum_i I_i \qquad (10\cdot 12)$$

より

$$B(r) = \frac{\mu N I}{2\pi r} \text{〔Wb/m}^2\text{=T〕} \qquad (10\cdot 13)$$

と求まる．

この式より，このトロイダルコイル内の磁束 Φ は

$$\Phi=\iint_S Bda=\int_{R_1}^{R_2}\frac{\mu NI}{2\pi r}adr=\frac{\mu NIa}{2\pi}\log_e\frac{R_2}{R_1}\ \text{〔Wb〕} \tag{10・14}$$

となり，鎖交磁束数 Ψ は

$$\Psi=N\Phi=\frac{\mu N^2Ia}{2\pi}\cdot\log_e\frac{R_2}{R_1}\ \text{〔Wb〕} \tag{10・15}$$

となる．

よって，自己インダクタンス L は

$$L=\frac{\Psi}{I}=\frac{\mu N^2a}{2\pi}\log_e\frac{R_2}{R_1}\ \text{〔H〕} \tag{10・16}$$

と求まる．

したがって，コイルが蓄えるエネルギー W_m は，$W_m=(1/2)LI^2$ より

$$W_m=\frac{\mu N^2aI^2}{4\pi}\log_e\frac{R_2}{R_1}\ \text{〔J〕} \tag{10・17}$$

となる．

10 2 磁気エネルギーって何？【1】

～磁束や磁界のエネルギー～

先生 先週（10·1節），コイルあるいはインダクタンス L が蓄えるエネルギーという重要な式を学んだね．

学　生 はい．そして，この磁気エネルギーは，コイルの内部や周囲の磁界 $\boldsymbol{H}$ が蓄えているとも習いました．

先　生 そうだね．$\boldsymbol{H}$ が蓄えているとも，磁束が蓄えているとも表現できるよ．それを式で表せるかな？　十分に長いソレノイドコイルを例にとって磁気エネルギーを磁界 $\boldsymbol{H}$ で表してみよう．断面積が S で，透磁率が μ の十分に長い磁性体を芯にして，単位長さ当たり n 回導線が巻かれたソレノイドコイルに電流 I が流れているとして，自己インダクタンス L を求められるかい？

学　生 以前（3·7節で）学んだように，ソレノイドが十分に長ければ，外部では磁界はほぼ0とみなせます．内部の磁界は，アンペール周回積分の法則で容易に求められ，$H=nI$（式（3·57））となります．だから，磁束は $\Phi=\mu HS=\mu nIS$ となる．このコイルの長さを l とすれば，鎖交磁束数は，$\Psi=nl\Phi$ で，同時に $\Psi=LI$ だから

$$L=\mu n^2 Sl \text{〔H〕} \qquad (10 \cdot 18)$$

と求まります．

式（10·18）を式（10·8）に代入すれば，このソレノイドコイルが蓄えるエネルギーは

$$W_m=\frac{1}{2}LI^2=\frac{1}{2}\mu n^2 SlI^2 \text{〔J〕} \qquad (10 \cdot 19)$$

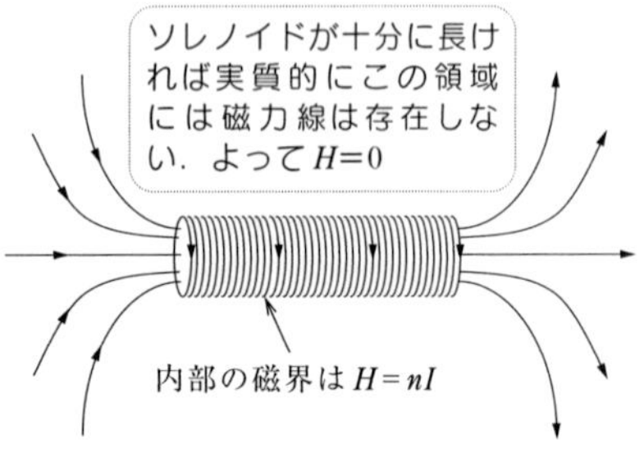

図 10·4　十分に長いソレノイドのつくる磁界

となる．ところで，このコイルの体積は Sl だね．内部の磁界は $H=nI$ だ．だから，このコイルは，単位体積当たり

$$w_m=\frac{1}{2}\mu n^2 I^2=\frac{1}{2}\mu H^2 \text{〔J/m}^3\text{〕} \qquad (10 \cdot 20)$$

のエネルギーを蓄えているといえるね．

このことは，一般的に成り立ち，磁界 $\boldsymbol{H}$〔A/m〕，あるいは磁束密度 $\boldsymbol{B}=\mu\boldsymbol{H}$

〔Wb/m²＝T〕がもつ単位体積当たりのエネルギー密度は

$$w_m = \int_0^B \boldsymbol{H}\cdot d\boldsymbol{B} = \frac{1}{2}\boldsymbol{H}\cdot\boldsymbol{B} = \frac{1}{2}\mu H^2 = \frac{1}{2}\frac{B^2}{\mu}\ \text{〔J/m}^3\text{〕} \tag{10・21}$$

である．二つ目の等号以降は，透磁率 μ が $\boldsymbol{H}$ に無関係な定数のときにのみ成り立つ．また，$\boldsymbol{H}$ が分布している系全体が有するエネルギー W_m は，当然

$$W_m = \iiint w_m dv\ \text{〔J〕} \tag{10・22}$$

で与えられるね．

例　題

磁界と電界との対応により，電界のエネルギー密度

$$w_e = \frac{1}{2}\boldsymbol{E}\cdot\boldsymbol{D} = \frac{1}{2}\varepsilon E^2 = \frac{1}{2}\frac{D^2}{\varepsilon}\ \text{〔J/m}^3\text{〕} \tag{9・10}$$

と対応づけて，式（10·21）を理解しなさい．

【解説】　両者の対応関係には，3·5 節で学んだように $\boldsymbol{E}$-$\boldsymbol{H}$ 対応と $\boldsymbol{E}$-$\boldsymbol{B}$ 対応がある．ちょっと復習してみよう．$\boldsymbol{E}$-$\boldsymbol{H}$ 対応では，電界 $\boldsymbol{E}$ ⇔ 磁界 $\boldsymbol{H}$，（誘）電束密度 $\boldsymbol{D}$ ⇔ 磁束密度 $\boldsymbol{B}$，誘電率 ε ⇔ 透磁率 μ のように言葉も良く似た量どうしが対応していてわかりやすい．一方，$\boldsymbol{E}$-$\boldsymbol{B}$ 対応では，より根本的な式，すなわち，電位と電荷密度を結びつける式（2·32）と，磁気ベクトルポテンシャルと電流密度を結びつける式（3·32）という二つのポアソン方程式を対比させているのだったね．この対応では $\boldsymbol{E}$ ⇔ $\boldsymbol{B}$，$\boldsymbol{D}$ ⇔ $\boldsymbol{H}$，ε ⇔ $1/\mu$ が対応する．

これにより，例えば，$(1/2)\,\varepsilon E^2$ は，$\boldsymbol{E}$-$\boldsymbol{H}$ 対応では $(1/2)\,\mu H^2$ に対応するが，$\boldsymbol{E}$-$\boldsymbol{B}$ 対応では $(1/2)\,(B^2/\mu)$ に対応する．どちらの対応においても，式（10·21）がエネルギー密度に相当することが理解されるね．

10・3 磁気エネルギーって何？【2】 ～磁性体が蓄えるエネルギー～

先生 磁界の蓄えるエネルギーについての式（10･21）は，磁石のような強磁性体でも成り立つのかな？

学生 以前（7･3 節で），強磁性体では $\boldsymbol{B}$ と $\boldsymbol{H}$ は比例しないと習いました．

先生 そうだね．

式（10･21）の第 3 式以降の式

$$w_m = \frac{\boldsymbol{H} \cdot \boldsymbol{B}}{2} = \frac{1}{2}\mu H^2 = \frac{1}{2\mu}B^2 \ \text{〔J/m}^3\text{〕} \qquad (10 \cdot 21\text{a})$$

は，透磁率 μ が $\boldsymbol{H}$ に無関係な定数として $\boldsymbol{B} = \mu\boldsymbol{H}$ となる場合にのみ成り立つことはわかるね．μ が定数ではない場合に成り立つのは，あくまでも式（10･21）の第 2 式までの

$$w_m = \int_0^B \boldsymbol{H} \cdot d\boldsymbol{B} \ \text{〔J/m}^3\text{〕} \qquad (10 \cdot 21\text{b})$$

という関係だ．すなわち，式（10･21b）が，磁束密度が $\boldsymbol{B}$，磁界（の強さ）が $\boldsymbol{H}$ である物質の単位体積当たりに蓄えられる磁界のエネルギー（磁界のエネルギー密度）w_m の一般式だ．

ここで，**図 10･5** に示す $\boldsymbol{B}$-$\boldsymbol{H}$ 特性を有した強磁性体があるとしよう．この強磁性体が磁化される場合，磁束密度が ΔB 増えると単位体積当たりのエネルギーは $\Delta w_m = H\Delta B$，すなわち，図 10･5 に示した面積に相当するエネルギーが増加する．逆にいえば，7･3 節でも述べたように，ヒステリシスループを 1 周させるためには，単位体積当たり

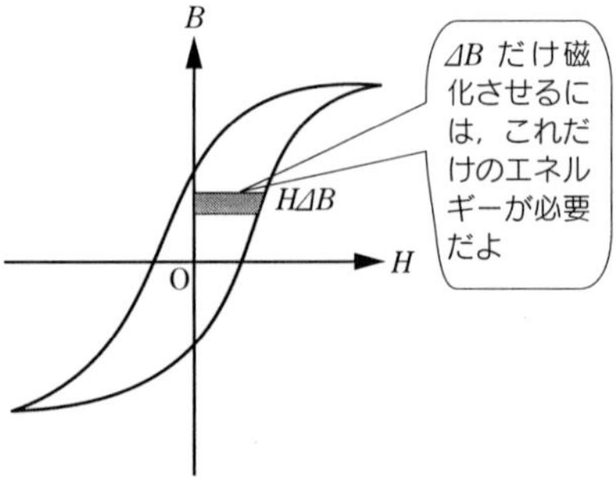
B
ΔB だけ磁化させるには，これだけのエネルギーが必要だよ
HΔB
H
O

図 10・5 磁性体のヒステリシースループとエネルギー

$$w_m = \oint \boldsymbol{H} \cdot d\boldsymbol{B} = (\text{ヒステリシスループの面積}) \qquad (10 \cdot 23)$$

だけのエネルギーが必要だ．7･3 節で学んだように，このエネルギーは，熱となって強磁性体を加熱するのでヒステリシス損と呼ばれるのだったね．

例　題

10・1 節の例題に出題した図 10・3 に示すトロイダルコイルに定常電流 I が流れているときにコイルが蓄えるエネルギー W_m とコイルのインダクタンス L を式 (10・9)，(10・21a)，(10・22) を使って求めてみよう．

【解説】 トロイダルコイル全体の中心から距離 r の点の磁界は，アンペールの周回積分の法則の式 (3・8)

$$\oint_C \boldsymbol{H}\cdot d\boldsymbol{l}=\sum_i N_i I_i$$

より求められる．左辺に関して，半径 r の円の円周の長さ $=2\pi r$ で，右辺 $=NI$ だから，H は，$H(r)=\dfrac{NI}{2\pi r}$〔A/m〕と求まる．

このトロイダルコイルが有する磁気エネルギー W_m は，式 (10・21a)，(10・22) より

$$W_m=\iiint\frac{1}{2}\mu H^2 dv=\int_{R_1}^{R_2}\frac{1}{2}\mu H^2\cdot 2\pi r a dr$$

$$=\int_{R_1}^{R_2}\frac{\mu N^2 I^2 a}{4\pi r}dr=\frac{\mu N^2 I^2 a}{4\pi}\log_e\frac{R_2}{R_1}\text{〔J〕} \qquad (10\cdot 24)$$

と求まる．

式 (10・9)，すなわち，$W_m=\dfrac{1}{2}LI^2$ より，L は

$$L=\frac{\mu N^2 a}{2\pi}\log_e\frac{R_2}{R_1}\text{〔H〕} \qquad (10\cdot 25)$$

と求まり，これは 10・1 節の例題の解説の式 (10・16) と一致している．

10 4 コイルは伸びるか？縮むか？ ～回路に働く力～

先生 先週（10・2 節で）も扱った図 **10・6** に示す十分に長い円形ソレノイドコイルを考えよう．このコイルに電流を流したとき，コイルは伸びるかな？ それとも縮むかな？ ヒントは，電流と電流の間に働く力だ．

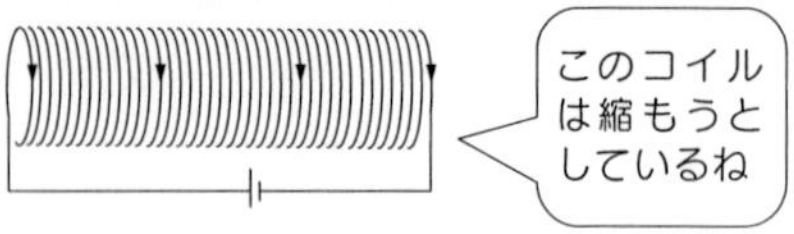

図 10・6 電流の流れている十分に長いソレノイド

学 生 ずっと前（3・3 節の例題）に，電流が同方向に流れている電線どうしは引き合い，逆方向に流れている電線はお互いに反発し合うことを学びました．コイルでは，すぐ近くの巻線には互いに同じ方向に電流が流れているのだから，巻線どうしが引き合ってコイルは縮みます．

先 生 そうだね．では，この縮ませようとする力を，磁界の有するエネルギーをもとに考えてみよう（p. 202 の例題参照）．

〔1〕 電流回路に働く力

電流回路に働く力を仮想変位の方法で考えてみよう．**図 10・7** のように n 個のコイルが接近して置かれているとき，n 個のコイル全体がもつ磁気エネルギーを W_m としよう．まず，ある一つのコイルに x 方向に外力 F_x が加わり，Δt という時間を要してこのコイルが x 方向にゆっくりと Δx だけ動いたとしよう．このとき，$F_x \Delta x$ の仕事が行われたことになる．ここで，i 番目のコイルが電源に接続され，その電圧，電流が V_i，I_i であるとしよう．上記のコイルが動くことによって，このコイル自身の自己インダクタンスや他のコイルとの間の相互インダクタンスが変化するでしょう．このインダクタンス変化により生じる電磁誘導の結果，i 番目のコイルに鎖交する磁束が $\Delta\Psi_i$ だけ変化する．これに要した Δt の時間に電源のなした仕事 ΔW_i は，当然，$\Delta W_i = V_i I_i \Delta t$ となるね．電磁誘導の式 $e_i = -(d\Psi/dt)$〔V〕からわかるように，$V_i \Delta t = \Delta\Psi_i$ と表せることを理解すれば

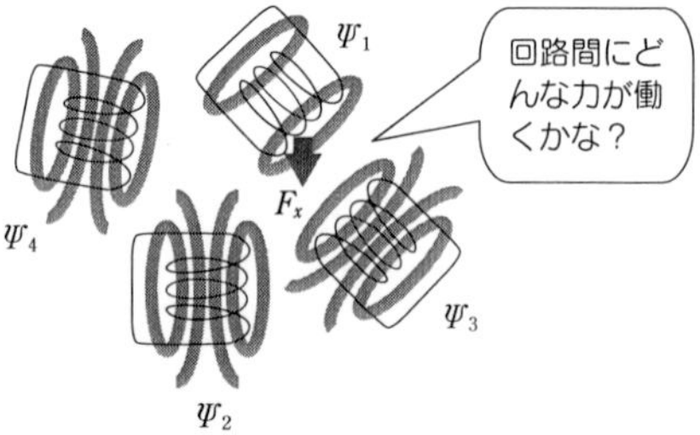

図 10・7 多くの回路と回路に働く力

$$\Delta W_i = V_i I_i \Delta t = I_i \Delta \Psi_i \text{〔J〕}$$

と表される．だから，エネルギー保存則より，系全体では

$$\Delta W_m = \sum_i I_i \Delta \Psi_i - F_x \Delta x \text{〔J〕} \quad (10 \cdot 26)$$

となる．この式をもとに，F_x を求めるに際しては，次の二つの場合に分かれることに注意しよう．

〔2〕 電源のない孤立した回路に働く力

例えば，コイルに電流を流したあとで，うまく回路を組み換えて電源を切り離してしまったと考えよう．こういった孤立系では，電源からのエネルギーの補充がないため，回路に働く力 F_x は，磁気エネルギー W_m の減少割合として表される．また，鎖交磁束数 Ψ_i＝一定で，$\Delta \Psi_i = 0$ となるので，式（10·26）より，F_x は

$$F_x = -\left(\frac{\partial W_m}{\partial x}\right)_{\Psi\ 一定} \text{〔N〕} \quad (10 \cdot 27)$$

と求められる．

〔3〕 電源をもつ回路に働く力

次に，電源（定電流源）がつながれたままの時を考えてみよう．このときには，コイル電流が一定となる．ただし，この場合には，電源が仕事をしてしまう．式（10·26）より

$$F_x = \left(\frac{\partial\left(\sum_i I_i \Psi_i - W_m\right)}{\partial x}\right)_{I\ 一定} \text{〔N〕} \quad (10 \cdot 28)$$

となる．

系が線形，つまり，$\Psi = LI$ において L が定数のとき，磁気エネルギー W_m は，式（10·9）に示したように

$$W_m = \frac{1}{2} \sum_i I_i \Psi_i \text{〔J〕} \quad (10 \cdot 29)$$

であることから，次式が導かれる．

$$F_x = \left(\frac{\partial W_m}{\partial x}\right)_{線形,\ I\ 一定} \text{〔N〕} \quad (10 \cdot 30)$$

式（10·27）と式（10·30）を比べるとわかるように，鎖交磁束数 Ψ を一定に

するか，電流 I を一定にするかによって，符号が異なることに注意してほしい．

例えば，**図 10･8** のように自己インダクタンス L の回路が一つだけある場合，回路のある部分が x 方向に変形したために L が変化したとき，回路は，x の増加する向きに

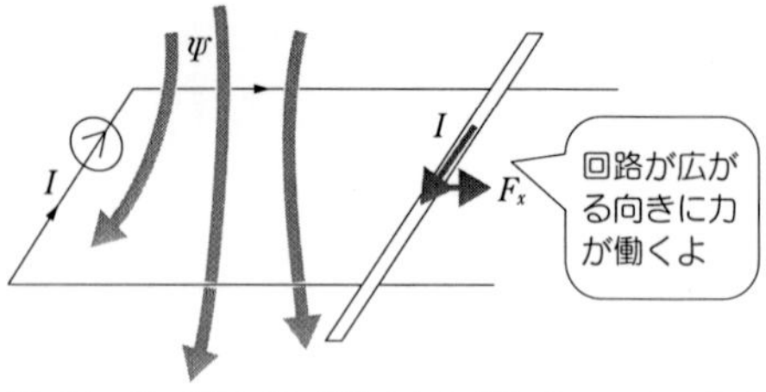

図 10・8　自己インダクタンスが L の一つのコイル

$$F_x=\frac{\partial W_m}{\partial x}=\frac{1}{2}I\frac{\partial \Psi}{\partial x}=\frac{1}{2}I^2\frac{\partial L}{\partial x}\text{〔N〕} \tag{10・31}$$

の力，すなわち，Ψ と L を増加させる向きの力を受ける．図 10･8 の例では，回路が広がるような向きの力が働く．

次に，**図 10･9** のように電流が I_1，I_2 の二つの回路の相対位置が変化し，相互インダクタンス M のみが変化するときには，式（10･11）において，M を含む項だけが変化するので

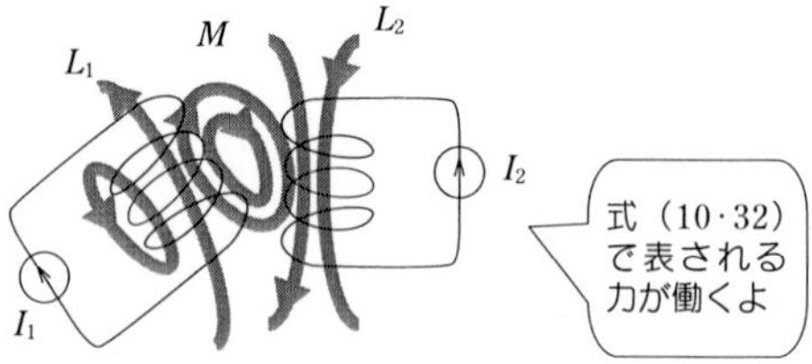

図 10・9　電流の流れる二つのコイル

$$F_x=\frac{\partial W_m}{\partial x}=I_1I_2\frac{\partial M}{\partial x}\text{〔N〕} \tag{10・32}$$

の力を受ける．

例　題

〔1〕　図 10･6 に示すように，電池につながれた面積 S，単位長当たりの巻数 n 回の十分に長い，長さ l のソレノイドに働く力を求めなさい．

【解説】　充分に長いソレノイドの自己インダクタンス L は，式（10･18）より，$L=\mu_0 n^2 Sl=\mu_0\frac{N^2}{l}S$〔H〕である．ここで，$N$ は総巻数である．この問題の場合，ソレノイドには電源がつながっているので，ソレノイドに働く力は，式（10･31）より

$$F=\frac{\partial W_m}{\partial l}=\frac{1}{2}I^2\frac{\partial L}{\partial l}=-\frac{\mu_0 N^2 I^2 S}{2l^2}\left(=-\frac{1}{2}\mu_0 n^2 I^2 S\right)\text{〔N〕} \qquad (10 \cdot 33)$$

$F<0$ であるので，ソレノイドには縮まる向きに力が加わることになる．

〔2〕 **図 10･10** に示すように，同一平面上に置かれた十分に長い直線状導線と，横の長さが a で縦の長さが b の長方形コイルに，それぞれ電流 I_1，I_2 が流れているとき，長方形コイルに働く力を求めなさい．

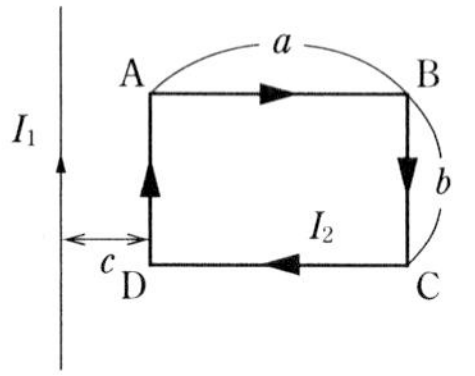

図 10・10 導線－コイル間の力

【解説】 無限長の直線状電流 I_1 から距離 r の点における磁束密度 $B=\frac{\mu_0 I_1}{2\pi r}$ より，1回巻きコイルの鎖交磁束数は

$$\Psi=\Phi=\iint_S \boldsymbol{B}\cdot d\boldsymbol{a}$$

$$=\int_c^{c+a}\frac{\mu_0 I_1}{2\pi r}b\,dr=\frac{\mu_0 I_1 b}{2\pi}[\log_e r]_c^{c+a}=\frac{\mu_0 I_1 b}{2\pi}\log_e\left(\frac{c+a}{c}\right)$$

したがって，導線-コイル間の相互インダクタンス M は

$$M=\frac{\Psi}{I_1}=\frac{\mu_0 b}{2\pi}\log_e\left(\frac{c+a}{c}\right)$$

コイルに働く力は，右方向を $x>0$ として，$c\to x$ と変換したうえで，式(10･32) より

$$F_x=\frac{\partial W_m}{\partial x}=I_1 I_2\frac{\partial M}{\partial x}=\frac{\mu_0 I_1 I_2 b}{2\pi}\left(\frac{1}{c+a}-\frac{1}{c}\right)\text{〔N〕} \qquad (10 \cdot 34)$$

と求まる．電流 I_1，I_2 が図 10･10 の向きに流れていれば，$F<0$ であり，引力，すなわち，長方形コイルは直線状電流の方に近づく．3･3 節で学んだように互いに同方向に流れる電流は引き合い，逆方向に流れる電流は遠ざかろうとする．直線状電流に近いほうの辺 DA で I_2 が I_1 と同じ向きだから引力になるのだね．

10-5 磁性体はどちらに押されるか？
～磁性体の境界面に働く力～

先生 二つの磁性体が接していたら，境界面に力が働くかな？

学生 前に誘電体の境界面には力が働くと学びました．アナロジーから考えて，今度も力が働くと思います．

〔1〕 ファラデー管とマクスウェル応力

9･6 節で説明した誘電束と同じように，磁束も伸ばされたゴムのような性質をもっている．磁束を束ねた磁束管（ファラデー管）のマクスウェル応力，すなわち，長さ方向の張力 T（つまり縮もうとする単位面積当たりの力）と側面の圧力 P（つまり横に膨らもうとする単位面積当たりの力）は，ともに磁界のエネルギー密度に等しく

$$P=T=\frac{\boldsymbol{H}\cdot\boldsymbol{B}}{2}=\frac{B^2}{2\mu}=\frac{1}{2}\mu H^2 \text{〔N/m}^2\text{=Pa〕} \qquad (10\cdot35)$$

である．つまり，磁束管は，単位面積当たり $B^2/(2\mu)$ のマクスウェル応力で長さ方向には縮まろうとしており，横方向には膨らもうとしている．だから，**図 10･11** のように，向き合っている磁石のN極とS極が引き合うのも，磁束が縮もうとしているからだ，と理解できる．同じ極が向き合っているときには，磁束管が互いに横方向に膨らもうとするので，二つの極は反発するのだね．

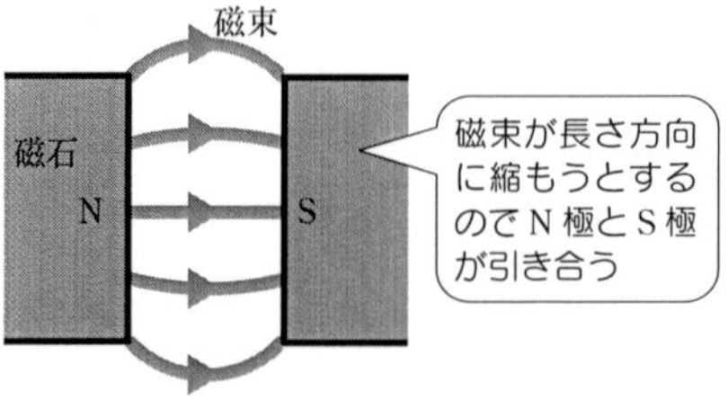

磁束
磁石
N
S
磁束が長さ方向に縮もうとするのでN極とS極が引き合う

図 10・11 ファラデー管のマクスウェル応力

〔2〕 磁性体の境界面に働く力

透磁率がそれぞれ μ_1，μ_2 の2種の磁性体が平らな境界面で接していて，この面に垂直または平行な一様磁界があるとしよう．このとき，境界面に作用する力を求めてみよう．

まず，**図 10･12**(a) のように境界面と磁界が垂直な場合，$\mathrm{div}\,\boldsymbol{B}=0$ より両側での磁束密度 $\boldsymbol{B}$ が同じになる．だから，両磁性体の磁界は $H_1=B/\mu_1$，$H_2=B/\mu_2$ となる．磁束管は境界面に垂直なので，単位断面積当たりの収縮力は，式（10･

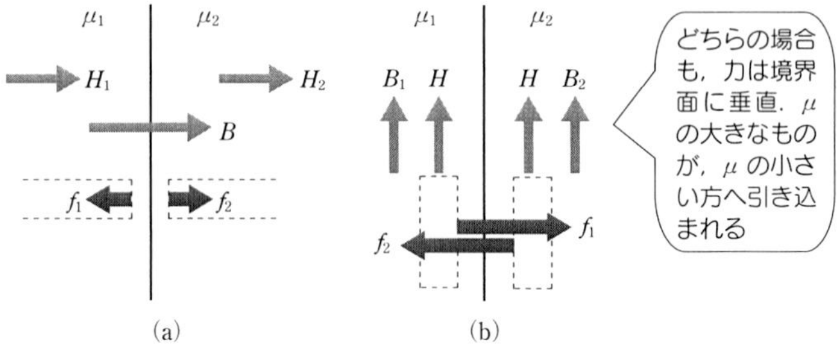

図 10・12　磁性体の平面境界に働くマクスウェル応力

35）より

$$f_1=\frac{H_1B}{2}=\frac{B^2}{2\mu_1},\qquad f_2=\frac{H_2B}{2}=\frac{B^2}{2\mu_2}$$

となる．したがって，境界面に作用する力は，磁性体 μ_1 から磁性体 μ_2 のほうへ

$$f=f_2-f_1=\frac{B^2}{2}\left(\frac{1}{\mu_2}-\frac{1}{\mu_1}\right)\ 〔\mathrm{N/m^2=Pa}〕 \tag{10・36}$$

となる．$\mu_1>\mu_2$ なら，$f>0$，すなわち，透磁率の大きな磁性体が，透磁率の小さな方に向かって引かれるような力が働く．

図（b）のように境界面と磁界が平行な場合には，$\mathrm{rot}\,\boldsymbol{H}=\boldsymbol{0}$ が重要な式となり，両側での磁界 $\boldsymbol{H}$ が等しくなる．だから，両磁性体の磁束密度は $B_1=\mu_1H$，$B_2=\mu_2H$ となる．磁束管は境界面に平行なので，単位面積当たりの圧力は

$$f_1=\frac{HB_1}{2}=\frac{\mu_1H^2}{2},\qquad f_2=\frac{HB_2}{2}=\frac{\mu_2H^2}{2}$$

となる．したがって，境界面に作用する圧力は，磁性体 μ_1 から磁性体 μ_2 のほうへ

$$f=f_1-f_2=\frac{H^2}{2}(\mu_1-\mu_2)\ 〔\mathrm{N/m^2=Pa}〕 \tag{10・37}$$

この場合も，透磁率の小さな方に向かって引かれるような力が働いている．

では，**図 10・13** に示すように，磁束が境界面と斜めに交わっている場合はどうだろうか？

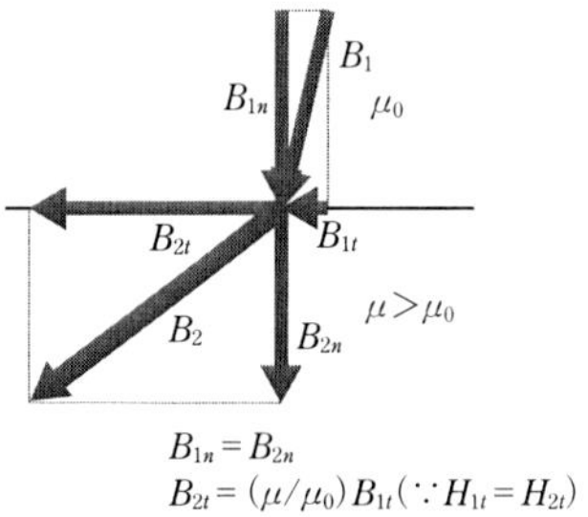

図 10・13　磁束が境界面に斜めに交わっている場合

図10･12の（a）の場合も（b）の場合も境界面に作用する力は境界面に垂直だった．***H*** も ***B*** も境界面に平行な成分と垂直な成分に分けられるので，今度も力は垂直に作用するんだ．

例えば，図10･13に示すように，上部の真空（μ_0）から下部の磁性体（$\mu > \mu_0$）に磁束が入っているとしよう．境界面に対して垂直成分を添字 n，接線成分を添字 t で表すと，面に垂直に作用する単位面積当たりの力 f_n は，式（10･36），（10･37）を参考にして

$$f_n = \frac{1}{2}\left(\frac{1}{\mu_0} - \frac{1}{\mu}\right) B_n{}^2 + \frac{1}{2}(\mu - \mu_0) H_t{}^2 \text{〔N/m}^2\text{=Pa〕} \qquad (10 \cdot 38)$$

となる．ただし，磁性体から真空側に向かう向きを正としているよ．

$\mu \gg \mu_0$ の場合には $B_n \gg B_t$ となるね．だから，μ が μ_0 と比較して3けた程度大きい鉄など強磁性体では，全ての磁束は磁性体面にほぼ垂直に入り，$B \fallingdotseq B_n$，$H_t \fallingdotseq 0$ となるんだ．その場合に境界面に作用する単位面積当たりの力は

$$f_n = \frac{1}{2}\left(\frac{1}{\mu_0} - \frac{1}{\mu}\right) B^2 \text{〔N/m}^2\text{=Pa〕} \qquad (10 \cdot 39)$$

となる．

例　題

図10･14 に示す，透磁率 μ の二つのコの字形鉄心からなる磁気回路があり，鉄心の断面積は場所によらず S，左側鉄心の長さは l_1，右側鉄心の長さは l_2，ギャップ間隔は x であるとしよう．このとき，左側鉄心の N 回巻きコイルに電流 I を流したとき，左右鉄心の引き合う力を求めてみよう．

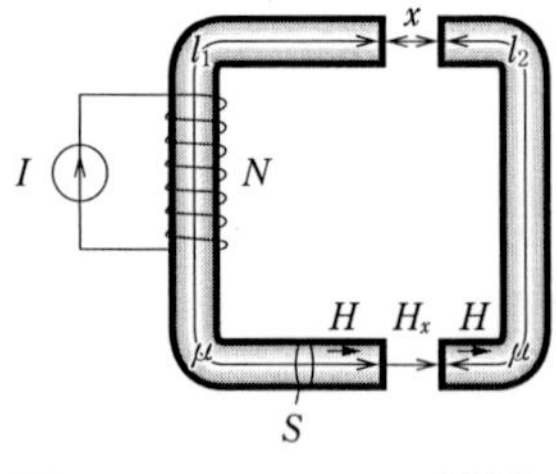

図 10・14　二つのコの字形鉄心の引き合う力

【解説】 鉄心内の磁界を H，ギャップ内の磁界を H_x とすると，アンペアの周回積分の法則を用いて

$$(l_1 + l_2) H + 2xH_x = NI \text{〔A〕} \qquad (10 \cdot 40)$$

となる．ゆえに

$$(l_1 + l_2)\frac{B}{\mu} + 2x\frac{B}{\mu_0} = NI \qquad (10 \cdot 41)$$

よって

$$B=\frac{NI}{\dfrac{l_1+l_2}{\mu}+\dfrac{2x}{\mu_0}}\ \text{〔Wb/m}^2\text{=T〕} \tag{10・42}$$

が得られる．両鉄心が引き合っている面積は $2S$ だから，式（10·39）の B に式（10·42）を代入したうえで，$2S$ を掛ければよいはずだね．

でも，これは正解ではない！　例えば，左側鉄心内での磁束管の縮もうとする力（マクスウェル応力）$B^2/(2\mu)$ は，左側鉄心を縮めようとはしているが，右側鉄心には何の作用も及ぼしていない．左右鉄心を引きつけ合っているのは，あくまでも，図 10·11 と同じように，ギャップに存在している磁束でしょう．よって，それが縮もうとする引張応力（$B^2/2\mu_0$）とそれが働く面積 $2S$ の積となるんだ．結局，負符号をつけて，引力であることを示して，左右鉄心を引きつけ合っている力は

$$F=-2S\frac{B^2}{2\mu_0}=-\frac{S}{\mu_0}\frac{N^2I^2}{\left(\dfrac{l_1+l_2}{\mu}+\dfrac{2x}{\mu_0}\right)^2}\ \text{〔N〕} \tag{10・43}$$

となる．

なお．10·4 節で学んだ仮想変位の方法を使っても，正解にたどりつけるので，頑張ってみては？（参考：大木義路編著「EE Text 電磁気学」（オーム社），pp. 177–178 など）

ポイント解説

10・1　自己インダクタンスとエネルギー

(コイルに蓄えられるエネルギー)　自己インダクタンス L のコイルに定常電流 I が流れており，Ψ と I が比例するとき，コイルに流れる電流，または電流のつくる磁界が蓄える磁気エネルギー W_m は，$W_m=\dfrac{1}{2}LI^2=\dfrac{1}{2}I\Psi=\dfrac{1}{2L}\Psi^2$〔J〕.

10・2および10・3　磁気エネルギー

①磁束や磁界のエネルギー　磁界 $\boldsymbol{H}$〔A/m〕や磁束密度 $\boldsymbol{B}=\mu\boldsymbol{H}$〔Wb/m²=T〕，あるいは，その $\boldsymbol{H}$ や $\boldsymbol{B}$ の存在している磁性体がもつ単位体積当たりのエネルギー密度は，$w_m=\displaystyle\int_0^B\boldsymbol{H}\cdot d\boldsymbol{B}=\frac{1}{2}\boldsymbol{H}\cdot\boldsymbol{B}=\frac{1}{2}\mu H^2=\frac{1}{2}\frac{B^2}{\mu}$〔J/m³〕. 二つ目の等号以降は，透磁率 μ が $\boldsymbol{H}$ に無関係な定数のときにのみ成り立つ．また，系全体が有するエネルギー W_m は，$W_m=\displaystyle\iiint w_m dv$〔J〕.

②強磁性体の磁化　強磁性体が磁化されるとき，磁界 H において磁束密度が ΔB だけ増えるためには単位体積当たり $\Delta w_m=H\Delta B$ のエネルギーが必要．7·3節で述べたヒステリシスループを1周すると単位体積当たり $w_m=\displaystyle\oint\boldsymbol{H}\cdot d\boldsymbol{B}=$(ヒステリシスループの面積）で表されるヒステリシス損が発生する．

10・4　回路に働く力

①電源のない回路に働く力　電源のない孤立した回路では，エネルギーの補充がないため，回路に働く力 F_x は，磁気エネルギー W_m の減少割合として

$$F_x=-\left(\frac{\partial W_m}{\partial x}\right)_{\Psi\,\text{一定}}\ \text{〔N〕}.$$

②電源をもつ回路に働く力　電源（定電流源）がつながれたままのときは，コイル電流が一定となり，電源が仕事をするので，回路に働く力 F_x は

$$F_x=\left(\frac{\partial\left(\sum_i I_i\Psi_i-W_m\right)}{\partial x}\right)_{I\,\text{一定}}\ \text{〔N〕}.$$

これより，Ψ と I が比例するとき，$F_x=\left(\dfrac{\partial W_m}{\partial x}\right)_{\text{線形},\,I\,\text{一定}}$〔N〕.

①，②より，Ψ が一定か，I が一定かによって，符号が異なる．

③自己インダクタンス L のコイルに働く力　自己インダクタンス L の回路が一つだけあり，回路のある部分が x 方向に変形したために L が変化したとき，回路は，x の増加する向きに，$F_x=\dfrac{\partial W_m}{\partial x}=\dfrac{1}{2}I\dfrac{\partial \Psi}{\partial x}=\dfrac{1}{2}I^2\dfrac{\partial L}{\partial x}$〔N〕の力を受ける．

④相互インダクタンス M のコイルに働く力　I_1，I_2 の二つの回路の相対位置が変化し，相互インダクタンス M のみが変化するときには，回路は，$F_x=\dfrac{\partial W_m}{\partial x}=I_1I_2\dfrac{\partial M}{\partial x}$〔N〕の力を受ける．

10・5　磁性体の境界面に働く力

①ファラデー管とマクスウェル応力　磁束管（ファラデー管）は，伸ばされたゴムのような性質をもち，そのマクスウェル応力，すなわち，長さ方向に縮もうとする単位面積当たりの力 T と横に膨らもうとする単位面積当たりの力 P は，ともに磁界のエネルギー密度に等しく，$P=T=\dfrac{\boldsymbol{H}\cdot\boldsymbol{B}}{2}=\dfrac{B^2}{2\mu}=\dfrac{1}{2}\mu H^2$〔$\mathrm{N/m^2=Pa}$〕．

②磁性体の境界面に働く力　透磁率がそれぞれ μ_1，μ_2 の 2 種の磁性体が平らな境界面で接していて，この面に垂直な一様磁界があるとき，境界面に作用する単位断面積当たりに作用する力は，磁性体 μ_1 から磁性体 μ_2 のほうへ，$f=\dfrac{B^2}{2}\left(\dfrac{1}{\mu_2}-\dfrac{1}{\mu_1}\right)$〔$\mathrm{N/m^2=Pa}$〕である．一方，境界面に平行な一様磁界があるときに，単位断面積当たりに作用する力は，やはり磁性体 μ_1 から磁性体 μ_2 のほうへ $f=\dfrac{H^2}{2}(\mu_1-\mu_2)$〔$\mathrm{N/m^2=Pa}$〕である．いずれも，透磁率の大きな磁性体が透磁率の小さな方に向かって引かれるような力が，境界面に垂直に働く．

11-7 コンデンサは電流を流しますか？
～変位電流～

先生 9章でコンデンサを充電するときに流れる電流について学んだね．では，このとき電流はコンデンサの中を流れていますか？

学生 この図（図11･1）でスイッチがオンになると，電源から下側の導線を通って電子が下部電極に流れ込むので，下部電極は負に帯電していきます．上部電極からは電子が出ていきます．もし，電子がコンデンサの中を同じように通ったら，極板は帯電しないはずです．ですから，コンデンサの中を電流は流れていないと思います．

先生 そうだね．正解．でもね，コンデンサの真横においた磁針は振れるんだ．

学生 つまり，磁界が生じている．ということは，電流が流れている．

先生 そうだ．電流が「流れない」というのも正解だよ．「流れる」という答えも正解だ．そのわけを考えていこう．

〔1〕 コンデンサ中を流れる電流

図11･1 のようなコンデンサを含む回路に電流 I が流れているとしよう．上に述べたように，電子が流れることによる伝導電流は導線の中に限られる．しかし，コンデンサの電極間に磁針をおくと，あたかも電極間にも電流が流れているかのように磁針が振れる．つまり，コンデンサの充電時や放電時には，電子などの（真）電荷が実際に動くことによって流れる伝導電流が導線の中を流れ，それとは性質の違う電流がコンデンサ間を流れていると考えられるんだ．

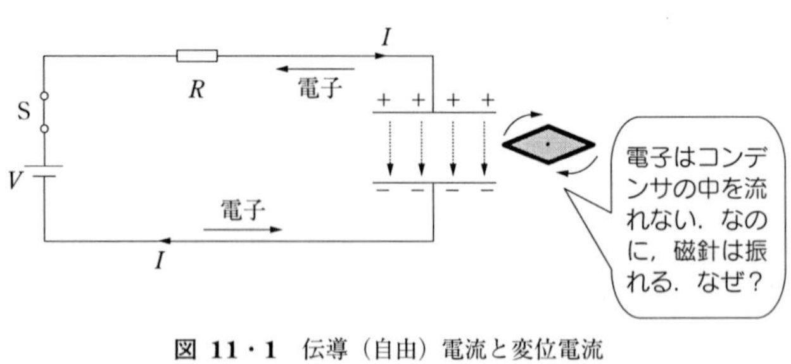

図 11･1 伝導（自由）電流と変位電流

〔2〕 変位電流

コンデンサの上部電極には，電荷

$$Q(t)=\int_0^t Idt \text{〔C〕} \tag{11・1}$$

が蓄えられていくね．この間の，極板間の（誘）電束密度 $\boldsymbol{D}$ の時間的変化を求めると，ガウスの定理より $DS=Q$（$D=|\boldsymbol{D}|$，S：極板の面積）であるから

$$\frac{\partial D}{\partial t}=\frac{\partial}{\partial t}\left(\frac{Q}{S}\right) \text{〔A/m}^2\text{〕} \tag{11・2}$$

となる．この式の単位を考えてみよう．〔(1/s)・(C/m²)〕=〔A/m²〕だから，電流密度の単位になっている．そこで，極板間に電流密度

$$\boldsymbol{J}_d=\frac{\partial \boldsymbol{D}}{\partial t} \text{〔A/m}^2\text{〕} \tag{11・3}$$

の電流が流れていると仮定して，この**（誘）電束密度が時間的に変化することによる電流を変位電流と呼ぶ**ことになったんだ．（真）電荷の移動による伝導電流密度 $\boldsymbol{J}_c$ も同時にある場合の電流密度 $\boldsymbol{J}$ は

$$\boldsymbol{J}=\boldsymbol{J}_c+\boldsymbol{J}_d=\boldsymbol{J}_c+\frac{\partial \boldsymbol{D}}{\partial t} \text{〔A/m}^2\text{〕} \tag{11・4}$$

となる．これによって，電流はコンデンサの内外で連続となるね．また，伝導電流は電荷が流れるための導体などの媒質を必要とするが，変位電流は媒質が存在しない真空中でも流れるんだ．

例　題

〔1〕 点電荷 q〔C〕が一定速度 v〔m/s〕で真空中を運動するとき，任意の1点に生ずる変位電流密度を求めなさい．

【解説】 空間は勿論三次元だね．しかし，点電荷 q は直線運動しているのだから，その方向を x 軸としたとき，任意の点Pを考えれば，点Pと x 軸は必ず一平面をなすでしょう．だから，任意の点はすべて二次元座標で表現できる．また，点Pに誘起される電界や電流がその平面に対して垂直な方向をもつことは考えられないでしょう．したがって，二次元座標で十分なのさ．

時刻 t に点A（vt, 0）にある点電荷 q による任意の点B（x, y）での（誘）電束密度の x 成分，y 成分は，それぞれ，AB間の距離を r として

$$D_x=\frac{1}{4\pi}\cdot\frac{q}{r^2}\cdot\frac{x-vt}{r}=\frac{q}{4\pi}\cdot\frac{x-vt}{\{(x-vt)^2+y^2\}^{3/2}}$$

$$D_y=\frac{1}{4\pi}\cdot\frac{q}{r^2}\cdot\frac{y}{r}=\frac{q}{4\pi}\cdot\frac{y}{\{(x-vt)^2+y^2\}^{3/2}}$$

となるね．変位電流密度 $\boldsymbol{J}_d$ は，$\boldsymbol{J}_d=\frac{\partial}{\partial t}\boldsymbol{D}$ なので

$$J_{dx}=\frac{\partial}{\partial t}D_x=\frac{qv}{4\pi}\cdot\frac{2(x-vt)^2-y^2}{\{(x-vt)^2+y^2\}^{5/2}}$$

$$J_{dy}=\frac{\partial}{\partial t}D_y=\frac{qv}{4\pi}\cdot\frac{3y(x-vt)}{\{(x-vt)^2+y^2\}^{5/2}}$$

となる．だから，変位電流の大きさは

$$J_d=\sqrt{J_{dx}^2+J_{dy}^2}=\frac{qv}{4\pi}\sqrt{\frac{\{4(x-vt)^2+y^2\}\{(x-vt)^2+y^2\}}{\{(x-vt)^2+y^2\}^5}}$$

$$=\frac{qv}{4\pi}\cdot\frac{\{4(x-vt)^2+y^2\}^{1/2}}{\{(x-vt)^2+y^2\}^2}\ \text{〔A/m}^2\text{〕}$$

と求められる．また，その向きは，x 軸の正方向，すなわち点電荷の運動方向に対して

$$\theta=\tan^{-1}\frac{3y(x-vt)}{2(x-vt)^2-y^2}$$

の角度をなしている．

〔2〕 比抵抗（＝抵抗率）ρ（$=1/\sigma$：σ は導電率）が小さい媒質においては，大きな伝導電流が流れる．このような媒質でも印加されている電圧，または電磁波の周波数が高い場合には，変位電流が無視できなくなる．変位電流が伝導電流と等しくなって無視できなくなる周波数 f_c を求めなさい．

【解説】 t を時間，ω を電圧または電磁波の角速度とすれば，（誘）電束密度 D の時間的変化は

$$D=D_0\sin(\omega t)$$

と表せる．したがって，伝導電流密度 J_c および変位電流密度 J_d は

$$J_c=\sigma E=\frac{D_0\sin\omega t}{\varepsilon\rho}$$

$$J_d=\frac{\partial D}{\partial t}=\omega D_0\cos\omega t$$

となる．それぞれの最大値を比較すると，周波数 $f=\omega/(2\pi)$ が高いほど変位電流の影響が大きくなることがわかる．J_c と J_d の最大値が等しくなる周波数 f_c を

求めると，ε，ε_r，ε_0 を媒質の誘電率と比誘電率，真空の誘電率として

$$\frac{D_0}{\varepsilon\rho}=\omega_c D_0 \qquad \therefore \quad f_c=\frac{\omega_c}{2\pi}=\frac{1}{2\pi\varepsilon_0}\cdot\frac{1}{\varepsilon_r\rho}=\frac{1.8\times10^{10}}{\varepsilon_r\rho}\ \text{〔1/s〕}$$

となるね．ここで，典型的な誘電体として，ポリエチレン（$\varepsilon_r \sim 2.3$，$\rho \geqq 10^{16}$ Ω·m）や石英ガラス（$\varepsilon_r \sim 3.8$，$\rho \geqq 10^{16}$ Ω·m）を例に取れば，おおむね $f_c \leqq 10^{-7}$ Hz となり，商用周波数を含む大部分の周波数に対して変位電流が支配的となる．これに対し，導体である銅（$\varepsilon_r \sim 10$，$\rho \sim 10^{-8}$ Ω·m）では，$f_c \sim 10^{17}$ Hz となり，$f \sim 10^9$ Hz のマイクロ波でも変位電流は無視できるほど小さく，周波数がきわめて高い電磁波に対して初めて変位電流が支配的になることがわかる．ただし，この計算は大体の目安を与えるためのもので，現実には ε_r は周波数の関数となる．また，銅の場合も，大体 10^{15} Hz より低い周波数では内部に電界が入れなくなる．さらに，静電界（つまり，$f=0$ Hz）では，導体の ε_r は，$\varepsilon_r=\infty$ と考えてよいのだったね．

〔3〕 導電率 $\sigma=4\times10^{-3}$ S/m，比透磁率 $\mu_r=1$，比誘電率 $\varepsilon_r=2$ の物質がある．この物質を事実上完全な誘電体とみなすことができる周波数 f の領域を求めなさい．

【解説】 この物質の伝導電流密度 J_c と変位電流密度 J_d の比は

$$\frac{J_c}{J_d}=\frac{\sigma}{\omega\varepsilon}=\frac{\sigma}{2\pi f\varepsilon}$$

で与えられる．いま，σ と ε は f によらないと仮定できれば，上の比は f の増大に伴って次第に小さくなる．仮に，$(J_c/J_d) \leqq 10^{-2}$ を判定基準とすれば

$$\frac{\sigma}{2\pi f\varepsilon} \leqq \frac{1}{100}$$

$$\therefore \quad f \geqq 100\times\frac{\sigma}{2\pi\varepsilon}=3.6\ \text{GHz}$$

だから，この物質は 3.6 GHz 以上の高周波電界に対しては，事実上完全な誘電体とみなせる．なお，問題文に与えられている μ_r は計算には無関係である．

11 とても重要なんです！
2 ～マクスウェルの電磁方程式～

先生 前回（11･1節），変位電流を学んだね．これで，君達は電磁気に必要な道具はすべてもったことになる．

学 生 へぇー，そうなんですか？本当に沢山の道具を教えられました．

先 生 沢山あるようだけれども，それを整理すると，たった四つの基本式にまとめられるんだ．

学 生 たった四つ？

先 生 力学の基本はたった一つ，ニュートンの運動方程式だけだよ．それでも難しい．

学 生 そうか．たった四つじゃないんだ．しっかり勉強しなくっちゃ！

〔1〕 マクスウェルの方程式（微分形）

11･1節で述べたように，変位電流も伝導電流と同じように磁界を生ずる．だから，**アンペールの周回積分の法則の微分形を拡張したもの**として

$$\mathrm{rot}\,\boldsymbol{H}=\boldsymbol{J}_c+\frac{\partial \boldsymbol{D}}{\partial t}\ \text{〔A/m}^2\text{〕} \qquad (11\cdot5)$$

が得られる．

マクスウェルは，この式と，4･3節の**電磁誘導の法則を表す式**

$$\mathrm{rot}\,\boldsymbol{E}=-\frac{\partial \boldsymbol{B}}{\partial t} \qquad (11\cdot6)$$

さらに，5･3節の**誘電体内でのガウスの定理の式**

$$\mathrm{div}\,\boldsymbol{D}=\rho \qquad (11\cdot7)$$

および，7･1節の**真磁荷の非存在，いいかえれば磁束密度 $\boldsymbol{B}$ の力線（磁束）は必ず閉じることを表す式**

$$\mathrm{div}\,\boldsymbol{B}=0 \qquad (11\cdot8)$$

の四つの式を，電磁気現象を表す最も基本的な式として整理したんだ．だから，これらの四つの式を**マクスウェルの方程式**と呼ぶ．

式（11･5），（11･6）より，時間的に変動する電界 $\boldsymbol{E}$ と磁界 $\boldsymbol{H}$ は互いに結合しており，独立に存在することはできず，電磁波（＝電磁界）となるんだ．このように，マクスウェルの方程式は電磁波を記述できるんだ．また，変位電流は電磁

波が生じるための最も重要な要素の一つだね.

〔2〕 マクスウェルの方程式（積分形）

物理学の基本は，場所，つまり座標と時間が決まれば，状態，つまり，電磁気でいえば電界や磁界が決まる，言い換えれば，状態が座標と時間の関数として記述できるということだから，微分形の表現が基本だ．ただし，実際に式の意味を考えるには，積分形の方がわかりやすいことが多い．だから，マクスウェル方程式を積分形で表してみよう．

マクスウェルの１番目の方程式（11·5）

$$\mathrm{rot}\,\boldsymbol{H}=\boldsymbol{J}_c+\frac{\partial \boldsymbol{D}}{\partial t}$$

について両辺の面積分をとり，左辺にストークスの定理を適用すると

$$\iint_S \mathrm{rot}\,\boldsymbol{H}\cdot d\boldsymbol{a}=\oint_C \boldsymbol{H}\cdot d\boldsymbol{l}$$

だから

$$\oint_C \boldsymbol{H}\cdot d\boldsymbol{l}=\iint_S \boldsymbol{J}_c\cdot d\boldsymbol{a}+\iint_S \frac{\partial \boldsymbol{D}}{\partial t}\cdot d\boldsymbol{a}=\sum(I_c+I_d) \qquad (11\cdot 9)$$

となるね（I_c：伝導電流，I_d：変位電流）．「$\boldsymbol{H}$ のある経路に沿っての周回積分の値は，その中に流れる電流の和に等しい」というのだから，これは，**アンペールの周回積分の法則の積分形**だ．つまり，この式は**変位電流でも伝導電流と同様に磁界 $\boldsymbol{H}$ を発生させることを意味している．**

次に，２番目のマクスウェルの方程式（11·6）

$$\mathrm{rot}\,\boldsymbol{E}=-\frac{\partial \boldsymbol{B}}{\partial t}$$

の両辺の面積分をとり，左辺にストークスの定理を適用すると

$$\oint_C \boldsymbol{E}\cdot d\boldsymbol{l}=-\frac{d}{dt}\iint_S \boldsymbol{B}\cdot d\boldsymbol{a}=-\frac{d\Phi}{dt} \qquad (11\cdot 10)$$

となるね．これは，図 11·2 のように，「**閉曲線 C と鎖交する磁束 $\boldsymbol{\Phi}$ が時間的に変化するとき，閉曲線 C に沿って電界 $\boldsymbol{E}$ が発生している**」ということだから，式（11·10）は

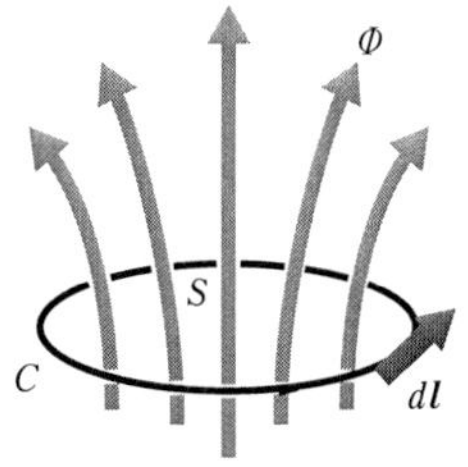

図 11・2　閉曲線 C と鎖交する磁束 Φ

電磁誘導の法則の積分形だ．なお，このとき閉回路Cは必ずしも導体である必要はなくて，誘電体でもよいのだったね．

3番目の式（11·7），$\mathrm{div}\,\boldsymbol{D}=\rho$ を閉曲面 S について体積積分し，ガウスの定理を適用すると，左辺は

$$(\text{左辺})=\iiint_V \mathrm{div}\,\boldsymbol{D}dv=\iint_S \boldsymbol{D}\cdot d\boldsymbol{a}$$

となるので

$$\iint_S \boldsymbol{D}\cdot d\boldsymbol{a}=\iiint_V \rho dv=\sum Q \qquad (11\cdot 11)$$

となる．この式の意味は，**誘電体の任意の閉曲面を出ていく（誘）電束の総数は，その閉曲面で囲まれた体積内に分布する真電荷の総量に等しい**ということだから，ガウスの法則の積分形だね．

さらに，式（11·8）の $\mathrm{div}\,\boldsymbol{B}=0$ についても，同じように閉曲面 S について体積積分をとって，左辺についてガウスの定理を適用すると

$$\iint_S \boldsymbol{B}\cdot d\boldsymbol{a}=0 \qquad (11\cdot 12)$$

となるね．「**任意の閉曲面 S を通って出てゆく磁束は常に0である．**」ということだから，磁界では，電界での真電荷 Q に相当する，**真磁荷は存在しない**ことを表しているわけだ．言い換えれば，電気力線が正電荷から湧き出して，負電荷に吸い込まれるのに対して，磁束は湧出し口も吸込み口もなく閉じた曲線となるんだ．

例　題

式（11·5）より，**電流連続の式**を導いてみよう．

【解説】 式（11·5）の発散を取ると

$$\mathrm{div}(\mathrm{rot}\,\boldsymbol{H})=\mathrm{div}\left(\boldsymbol{J}_c+\frac{\partial \boldsymbol{D}}{\partial t}\right)$$

となるが，さらにベクトル公式 $\mathrm{div}(\mathrm{rot}\,\boldsymbol{A})=0$ を適用すれば

$$\mathrm{div}\left(\boldsymbol{J}_c+\frac{\partial \boldsymbol{D}}{\partial t}\right)=0$$

が得られる．この式にガウスの定理より $\mathrm{div}\,\boldsymbol{D}=\rho$ を代入すると，**電流連続の式**の微分形の表現

$$\mathrm{div}\,\boldsymbol{J}_c+\frac{\partial\rho}{\partial t}=0 \qquad (11\cdot13)$$

となる．さらに，両辺を体積積分し，左辺にガウスの定理を使うと

$$\iiint \mathrm{div}\,\boldsymbol{J}_c dv=\iint \boldsymbol{J}_c\cdot d\boldsymbol{a}=I \quad (\text{電流}) \qquad (11\cdot14)$$

$$\iiint \rho dv=Q \quad (\text{電荷量}) \qquad (11\cdot15)$$

だから

$$I=-\frac{dQ}{dt} \qquad (11\cdot16)$$

となる．これは，任意の閉空間（あるいは閉曲面）より流れ出す電流 I は，その閉空間内の電荷量の減少速度に等しいということを意味している．したがって，式（11·16）の元となっている微分形としての表現である式（11·13）は，既に 6·1 節で学んだように，**電流連続の式**と呼ばれているよ．また，これも 6·1 節の復習だが，時間的に一定な定常電流においては，式（11·13）の第 2 項の時間微分項は 0 となる．だから，定常電流では

$$\mathrm{div}\,\boldsymbol{J}_c=0 \qquad (6\cdot7)$$

となるのだったね．

ところで，この式（6·7）に対して，式（11·14）と同じ変形をすると $\iint \boldsymbol{J}_c\cdot d\boldsymbol{a}=I=0$ となってしまう．$\iint \boldsymbol{J}_c\cdot d\boldsymbol{a}$ で求められる電流 I とは，あくまでも閉じた空間の全表面（つまり閉曲面）上の電流の代数和だ，図 11·3 で点 A から入った電流が点 B から出ていくので，和は 0 なわけだ．決して電流そのものが流れていないわけではない．

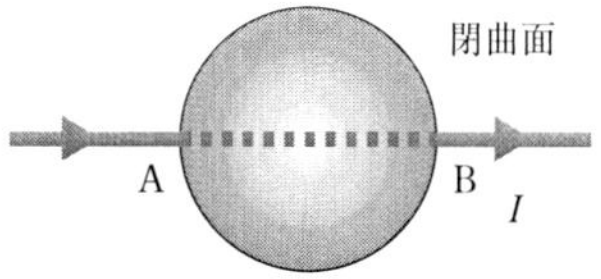

図 11・3　閉曲線を貫く定常電流 I

11 電磁波って何？

3 ～波動方程式～

電磁波って，電界の波と磁界の波が一緒に存在しているのですか？

先　生 そうだよ．もう君も，そのことをきちんと理解できるはずだ．何もない真空中であっても，もし，電界が時間的に変動していたら，何かが必ず流れるだろう．

学　生 11·1 節で学んだように変位電流が流れます．また，その結果，その周辺には磁界が生じます．

先　生 そうだね．その磁界も当然時間的に変化している．だから…．

学　生 電磁誘導で電界が発生します．あ，そうか，電界の波が磁界の波を生じ，その磁界の波が，また電界の波をつくるのか．

真空であっても，勿論構わないが，導電率 $\sigma=0$ で，誘電率 ε と透磁率 μ が空間的に一様な理想的な誘電体（絶縁体）を仮定しよう．例題で詳しく導出するように，マクスウェルの電磁方程式より

$$\nabla^2 \boldsymbol{E} - \frac{1}{v^2}\frac{\partial^2 \boldsymbol{E}}{\partial t^2} = 0 \qquad (11 \cdot 17)$$

$$\nabla^2 \boldsymbol{H} - \frac{1}{v^2}\frac{\partial^2 \boldsymbol{H}}{\partial t^2} = 0 \qquad (11 \cdot 18)$$

が得られる．ここで

$$v = \frac{1}{\sqrt{\varepsilon\mu}} \qquad (11 \cdot 19)$$

だ．この偏微分方程式（11·17）および（11·18）を満足する電界 $\boldsymbol{E}$ と磁界 $\boldsymbol{H}$ は，あとで説明するように，例えば**図 11·4** に示す波となる．これが**電磁波**だ．そして，この二つの式は**波動方程式**と呼ばれる．とくに媒質が真空の場合，v は

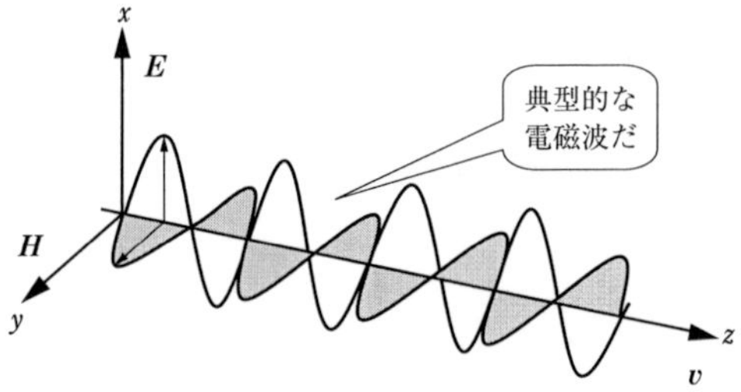

図 11・4　平面電磁波の伝播のようす

$$v=c=\frac{1}{\sqrt{\varepsilon_0\mu_0}}=\frac{1}{\sqrt{8.854\times10^{-12}\times4\pi\times10^{-7}}}=2.998\times10^8\ \mathrm{m/s} \quad (11\cdot20)$$

と真空中の光速度 c と一致する．このことから，光が電磁波の一種ということがわかったんだ．だから，例えば，光ファイバによって導かれる光の性質もこの方程式を解くことによって得られるよ．

例　題

波動方程式，式（11·17）および式（11·18）を導出しなさい．

【解説】 $\rho=0$ および $J_c=0$，また，ε や μ がどこでも一定という条件下において，式（11·5）～(11·8) は

$$\mathrm{rot}\,\boldsymbol{H}=\frac{\partial\boldsymbol{D}}{\partial t}=\varepsilon\frac{\partial\boldsymbol{E}}{\partial t}$$

$$\mathrm{rot}\,\boldsymbol{E}=-\frac{\partial\boldsymbol{B}}{\partial t}$$

$$\mathrm{div}\,\boldsymbol{D}=\varepsilon\,\mathrm{div}\,\boldsymbol{E}=0$$

$$\mathrm{div}\,\boldsymbol{B}=0$$

であり，第 2 式の両辺の回転をとると

$$左辺：\mathrm{rot}(\mathrm{rot}\,\boldsymbol{E})=\mathrm{grad}(\mathrm{div}\,\boldsymbol{E})-\nabla^2\boldsymbol{E}=-\nabla^2\boldsymbol{E}$$

$$右辺：-\mathrm{rot}\frac{\partial\boldsymbol{B}}{\partial t}=-\mu\frac{\partial}{\partial t}\mathrm{rot}\,\boldsymbol{H}=-\mu\frac{\partial}{\partial t}\left(\varepsilon\frac{\partial\boldsymbol{E}}{\partial t}\right)=-\varepsilon\mu\frac{\partial^2\boldsymbol{E}}{\partial t^2}$$

となる．ここで左辺の変形には第 3 式を用いた．したがって

$$\nabla^2\boldsymbol{E}-\varepsilon\mu\frac{\partial^2\boldsymbol{E}}{\partial t^2}=0$$

を得る．

同様にして，第 1 式の両辺の回転をとると，磁界に関しても

$$\nabla^2\boldsymbol{H}-\varepsilon\mu\frac{\partial^2\boldsymbol{H}}{\partial t^2}=0$$

を得ることができる．

$\varepsilon\mu=\dfrac{1}{v^2}$ とおけば，上の二つの式は，式（11·17），(11·18）と一致する．

ベクトル公式 $\mathrm{rot}(\mathrm{rot}\,\boldsymbol{A})=\mathrm{grad}(\mathrm{div}\,\boldsymbol{A})-\nabla^2\boldsymbol{A}$ を用いた．

11 波の式だといわれても…
4 ～波動を表す一般式～

学生 式（11･17）が波動方程式だといわれても，ピンときません．

先生 じゃあ，誰でもわかるように考えてみよう．変な格好だが，**図 11･5** の波が形を変えずに z 方向に伝わってゆくと考えてみよう．この波の高さ y は，場所 z の関数だから $y=f(z)$ と書ける．でも，それだけでは波は動かない．z 方向に伝わっていることを表すためには，式はどのようになればよいのかな？

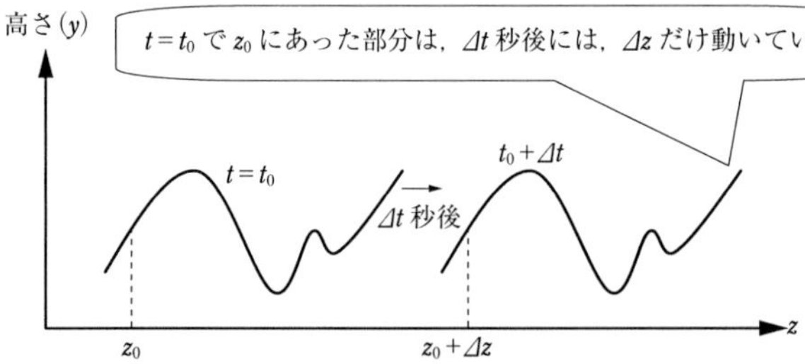

図 11・5 波の移動から波の式を考えよう．

学生 時刻 t_0 で z_0 の位置にあった波は，$t_0+\Delta t$ には $z_0+\Delta z$ に進んでいます．

(1) 波の一般式と波の速度

いま $(z=z_0,\ t=t_0)$ のときと，$(z=z_0+\Delta z,\ t=t_0+\Delta t)$ のときで，$(kz-\omega t)$ の値が等しいとすれば

$$kz_0-\omega t_0=k(z_0+\Delta z)-\omega(t_0+\Delta t) \tag{11・21}$$

だね．そこで

$$y=f(kz-\omega t) \tag{11・22}$$

という式を考えよう．$\Delta z/\Delta t$ は，z 方向への速さ v だ．だから，式（11･21）がどのような z_0，t_0，Δz，Δt に対しても成り立てば，$(kz-\omega t)$ の値で決まる y のすべての値は

$$v=\frac{\Delta z}{\Delta t}=\frac{\omega}{k} \tag{11・23}$$

の速さで z 方向に進む．だから，式（11･22）は z 軸の正方向へ進む波を表すんだ．同じように

$$y = f(kz + \omega t) \tag{11・24}$$

は，z 軸の負方向へ進む波を表すんだ.

〔2〕 屈 折 率

屈折率 n_r とは真空中での光の速度 c と物質中での光の速度 v の比（c/v）だから

$$n_r = c/v = \frac{ck}{\omega} \tag{11・25}$$

だ．式（11·19），（11·25）より，ε_r，μ_r を比誘電率，比透磁率として

$$n_r = (\varepsilon_r \mu_r)^{1/2} \tag{11・26}$$

となるね．光学的周波数では大部分の物質の μ_r はほぼ 1 なので，$n_r{}^2 = \varepsilon_r$ となるよ．

例 題

〔1〕 $y \Rightarrow E$ または H として，式（11·22）が式（11·17），（11·18）を満たすことを確かめよう．

【解説】 $kz - \omega t = A$ とおけば

$$\nabla^2 f = \frac{\partial^2}{\partial z^2} f(kz - \omega t) = k^2 \frac{\partial^2 f}{\partial A^2}, \qquad \frac{\partial^2}{\partial t^2} f(kz - \omega t) = \omega^2 \frac{\partial^2 f}{\partial A^2}$$

したがって，波動関数

$$\nabla^2 f = \frac{k^2}{\omega^2} \cdot \frac{\partial^2 f}{\partial t^2} = \frac{1}{v^2} \cdot \frac{\partial^2 f}{\partial t^2} \tag{11・27}$$

が得られる．ここで $\boldsymbol{E} = \boldsymbol{E}_0 f(kz - \omega t)$，$\boldsymbol{H} = \boldsymbol{H}_0 f(kz - \omega t)$ とおくと，上式から

$$\nabla^2 \boldsymbol{E} - \frac{1}{v^2} \cdot \frac{\partial^2 \boldsymbol{E}}{\partial t^2} = 0, \qquad \nabla^2 \boldsymbol{H} - \frac{1}{v^2} \cdot \frac{\partial^2 \boldsymbol{H}}{\partial t^2} = 0$$

が得られ，式（11·17），（11·18）は満たされる．

〔2〕 高校などで習う正弦波の式 $y = A \sin\left\{2\pi\left(\frac{z}{\lambda} - \frac{t}{T}\right)\right\}$ が，式（11·22）の一種であることを確認しよう．

【解説】 $k = \frac{2\pi}{\lambda}$，$\omega = \frac{2\pi}{T}$ とおけばよい．ここで，λ：波長，k：波数，T：周期，ω：角速度（または角周波数）と呼ばれる．

11-5 平らな波って何でしょうか？
～平面電磁波～

先生 **光は電磁波**だ．太陽はずいぶん遠いところにある巨大な物質だから，そこから出てくる太陽光は平面波だ．

学生 「平らな波」ですか？　何か，想像しにくいな……．

先生 そうかな？　入江などのない大海原であれば，波の面はきれいに揃ってやってくるだろう．電磁波でも同じような波を考えればよいんだ．

(1) 平面電磁波とは？

波動方程式より，最も簡単な波として，平面電磁波が導かれる．**平面電磁波**とは，電磁波の進行方向に垂直な平面上において，電界と磁界の位相がすべて一様で無限に広がっている波のことだ．平面電磁波は横波であり，図11·4に示すように $\boldsymbol{E}$，$\boldsymbol{H}$，$\boldsymbol{v}$ の順で右手系の座標軸と一致する．

(2) 平面電磁波について成り立つ式

上で述べた事柄について説明しよう．まず，電磁波の進行方向を z 軸にとろう．平面電磁波だから，z 軸に垂直な任意の平面上で電界も磁界も一定だ．だから，x，y についての微分は0となる．マクスウェルの電磁方程式より

$$-\frac{\partial H_y}{\partial z}=\varepsilon\frac{\partial E_x}{\partial t},\qquad \frac{\partial H_x}{\partial z}=\varepsilon\frac{\partial E_y}{\partial t},\qquad \frac{\partial E_z}{\partial t}=0 \tag{11・28}$$

$$\frac{\partial E_y}{\partial z}=\mu\frac{\partial H_x}{\partial t},\qquad \frac{\partial E_x}{\partial z}=-\mu\frac{\partial H_y}{\partial t},\qquad \frac{\partial H_z}{\partial t}=0 \tag{11・29}$$

$$\frac{\partial E_z}{\partial z}=0,\qquad \frac{\partial H_z}{\partial z}=0 \tag{11・30}$$

式(11·28)，(11·29)の第3式と式(11·30)より，E_z＝定数，H_z＝定数となるが，これは動かないので，波動とは関係ない．だから，これらは0とおいていい．

$$E_z=0,\qquad H_z=0 \tag{11・31}$$

式(11·28)，(11·29)の第1式と第2式より

$$\frac{\partial^2 H_x}{\partial z^2}=\varepsilon\mu\frac{\partial^2 H_x}{\partial t^2},\qquad \frac{\partial^2 H_y}{\partial z^2}=\varepsilon\mu\frac{\partial^2 H_y}{\partial t^2} \tag{11・32}$$

$$\frac{\partial^2 E_x}{\partial z^2}=\varepsilon\mu\frac{\partial^2 E_x}{\partial t^2},\qquad \frac{\partial^2 E_y}{\partial z^2}=\varepsilon\mu\frac{\partial^2 E_y}{\partial t^2} \tag{11・33}$$

が得られる．式（11·33）の解として，$\boldsymbol{E}$ は z 軸の正方向へ進むとすれば

$$E_x = f(z - vt), \qquad E_y = g(z - vt) \tag{11・34}$$

が得られるね．ただし，v は，式（11·19）で出てきたように $v = \dfrac{1}{\sqrt{\varepsilon\mu}}$ だ．

式（11·34）は，11·4 節の例題で示したように

$$E_x = E_0 \sin\left\{2\pi\left(\frac{z}{\lambda} - \frac{t}{T}\right)\right\} \tag{11・35}$$

も含むし，複素関数を学んだあとならば

$$E_x = E_0 \exp\{i(kz - \omega t)\} \quad (i = \sqrt{-1}) \tag{11・36}$$

といった書き方もできることがわかるはずだ．

式（11·34）を式（11·28）の第 1 式，第 2 式に代入すれば

$$H_y = \varepsilon v f(z - vt) = \sqrt{\frac{\varepsilon}{\mu}} E_x \tag{11・37}$$

$$H_x = -\varepsilon v g(z - vt) = -\sqrt{\frac{\varepsilon}{\mu}} E_y \tag{11・38}$$

となり，やっと，$\boldsymbol{E}$ も $\boldsymbol{H}$ もすべて求まった．ここで式（11·31），（11·34），（11·37），（11·38）より

$$E_x H_x + E_y H_y + E_z H_z = 0 \tag{11・39}$$

となるね．つまり，$\boldsymbol{E} \cdot \boldsymbol{H} = 0$ だから，$\boldsymbol{E} \perp \boldsymbol{H}$ だね．

つまり，$\boldsymbol{E}$ と $\boldsymbol{H}$ は進行方向に垂直な面内において互いに垂直な方向を向いている．しかも E_x，E_y，H_x，H_y の符号を考えれば，$\boldsymbol{E}$，$\boldsymbol{H}$，$\boldsymbol{v}$ の順序で右手系をなす横波であることがわかるよ．また，式（11·37），（11·38）より，$\boldsymbol{E}$ と $\boldsymbol{H}$ の大きさの比は

$$\frac{H}{E} = \sqrt{\frac{\varepsilon}{\mu}} \tag{11・40}$$

であることがわかる．

例 題

〔1〕 電荷のない理想的な真空中の電磁波として

$$\boldsymbol{E} = (E_x, 0, 0) = (E_0 \sin(kz - \omega t), 0, 0)$$

を考える．

（a） $\nabla\times\boldsymbol{E}$ を求めなさい．

（b） (a) より $\boldsymbol{H}$ を求めなさい．

（c） 電磁波の速度を求めなさい．

（d） $t=0$ における $\boldsymbol{E}$，$\boldsymbol{H}$ を三次元座標で表しなさい．

【解説】

（a） $\boldsymbol{E}$ は x 成分 E_x しかもたず，その E_x は空間的には z のみの関数だから，$\nabla\times\boldsymbol{E}$ の各成分のうち，0 でないものは，y 方向のみで

$$\nabla\times\boldsymbol{E}=\left(0, \frac{\partial E_x}{\partial z}, 0\right)=(0, kE_0\cos(kz-\omega t), 0)$$

（b） $\nabla\times\boldsymbol{E}=-\dfrac{\partial \boldsymbol{B}}{\partial t}$ および (a) より

$$-\mu_0\frac{\partial H_y}{\partial t}=kE_0\cos(kz-\omega t)$$

$$\therefore\quad H_y=\frac{kE_0}{\mu_0\omega}\sin(kz-\omega t)$$

ここで，積分で出てくる定数項は波とは無関係なので，0 とした．

（c） 今度は (b) で求めた $\boldsymbol{H}$ を用いて，$\nabla\times\boldsymbol{H}=\varepsilon_0\dfrac{\partial \boldsymbol{E}}{\partial t}$ を使って，$\boldsymbol{E}$ を求める．この $\boldsymbol{E}$ が元の $\boldsymbol{E}$ と一致しなければならない．

$$\nabla\times\boldsymbol{H}=\left(-\frac{\partial H_y}{\partial z}, 0, 0\right)=\left(-\frac{k^2E_0}{\mu_0\omega}\cos(kz-\omega t), 0, 0\right)=\varepsilon_0\frac{\partial \boldsymbol{E}}{\partial t}$$

$$\therefore\quad E_x=\frac{k^2E_0}{\varepsilon_0\mu_0\omega^2}\sin(kz-\omega t)$$

上式と $E_x=E_0\sin(kz-\omega t)$ を比較することにより，電磁波の速度 c は

$$c=\frac{\omega}{k}=\frac{1}{\sqrt{\varepsilon_0\mu_0}} \qquad (11\cdot 20)$$

と得られる．

（d） $t=0$ で $E_x=E_0\sin kz$，$H_y=\sqrt{\dfrac{\varepsilon_0}{\mu_0}}E_0\sin kz$ である．これを図示すれば図 11･4 となる．

〔2〕 電界の強さが $E_x=E_0\sin\omega\left(t-\dfrac{z}{v}\right)$〔V/m〕で表される平面電磁波があ

る．比誘電率 $\varepsilon_r=4$ の誘電体中における磁界の強さを求めなさい．ただし，この誘電体の比透磁率については $\mu_r=1$ としてよい．

【解説】 電磁波は z 方向に進行しており，電波は x 方向に振動しているので，磁波は y 方向に振動する．

$$\mathrm{rot}\,\boldsymbol{E}=-\frac{\partial \boldsymbol{B}}{\partial t} \quad \text{より} \quad \frac{\partial E_x}{\partial z}=-\mu_0\frac{\partial H_y}{\partial t}$$

$$\therefore \quad \frac{\partial H_y}{\partial t}=+\frac{1}{\mu_0}\cdot\frac{\omega}{v}E_0\cos\omega\left(t-\frac{z}{v}\right)$$

これより

$$H_y=\frac{1}{\mu_0 v}E_0\sin\omega\left(t-\frac{z}{v}\right)$$

ところで，$v=\dfrac{1}{\sqrt{\varepsilon\mu}}=\dfrac{1}{\sqrt{\varepsilon_r\varepsilon_0\mu_0}}=\dfrac{c}{\sqrt{\varepsilon_r}}=1.5\times10^8\,\mathrm{m/s}$

ゆえに，$\mu_0=4\pi\times10^{-7}\,\mathrm{H/m}$ を代入して $H_y=5.3\times10^{-3}\times E_0\sin\omega\left(t-\dfrac{z}{v}\right)$〔A/m〕

（別解） 電波と磁波の大きさの比に関しては，式（11·40）に示すように $H_y=\sqrt{\dfrac{\varepsilon}{\mu}}E_x$ の関係が成り立つので

$$H_y=\sqrt{\frac{\varepsilon}{\mu}}E_x=\sqrt{\varepsilon_r}\cdot\sqrt{\frac{\varepsilon_0}{\mu_0}}E_x=\frac{2}{377}E_x$$

$$=5.3\times10^{-3}\times E_0\sin\omega\left(t-\frac{z}{v}\right)\text{〔A/m〕}$$

11 6 光はどうして屈折するのですか？ ～電磁波の境界条件～

学生  光が電磁波の一種ならば，光の屈折や反射もマクスウェルの式から説明できるのですか？

先 生 もちろんだ．

〔1〕 電磁波の境界条件

二つの媒質の境界面において電磁波の境界条件は，5 章や 7 章で述べた関係と同様の関係が成り立つ．

すなわち，マクスウェルの式（11･5）～（11･8）をもとに，媒質 1，2 の両側で，

rot $\boldsymbol{E}=\boldsymbol{0}$ より

$$\boldsymbol{n}\times(\boldsymbol{E}_1-\boldsymbol{E}_2)=\boldsymbol{0} \quad \text{または} \quad E_{1t}=E_{2t} \tag{11・41}$$

rot $\boldsymbol{H}=\boldsymbol{J}_c$ より

$$\boldsymbol{n}\times(\boldsymbol{H}_1-\boldsymbol{H}_2)=\boldsymbol{K} \quad \text{または} \quad H_{1t}-H_{2t}=K \tag{11・42}$$

div $\boldsymbol{D}=\rho$ より

$$\boldsymbol{n}\cdot(\boldsymbol{D}_1-\boldsymbol{D}_2)=\sigma \quad \text{または} \quad D_{1n}-D_{2n}=\sigma \tag{11・43}$$

div $\boldsymbol{B}=0$ より

$$\boldsymbol{n}\cdot(\boldsymbol{B}_1-\boldsymbol{B}_2)=0 \quad \text{または} \quad B_{1n}=B_{2n} \tag{11・44}$$

の関係が成立する．

ここで，$\boldsymbol{K}$〔A/m〕は境界面での伝導電流の表面密度（単位幅当たりの電流），σ〔C/m^2〕は境界面上の真電荷密度だ．また，下つきの添字の t は境界面に接する方向，n は垂直な方向を表すのだったね．式（11･41）および式（11･44）は，電界の接線成分，磁束密度の法線成分が連続である（つまり両側で等しい）ことを意味する．一方，式（11･42）は磁界の接線成分の差が境界面での電流密度 $\boldsymbol{K}$ の絶対値に等しいこと，式（11･43）は，（誘）電束密度の法線成分の差が表面電荷密度 σ に等しいことを意味しているね．これらの式の導出について忘れてしまったならば，5･9 節や 7･2 節を復習してほしい．

〔2〕 光の反射と屈折

光などの電磁波が媒質 1 から，この二つの媒質の境界面に達すると，この境界条件を満足するように，一部は反射され，一部は屈折されて媒質 2 に進行することになる．簡単な例として，誘電率 ε_1，透磁率 μ_1 の理想的な誘電体から，誘電

率 ε_2，透磁率 μ_2 の理想的な誘電体に平面電磁波が境界面に垂直に入射した時の反射率と透過率を求めてみよう．

入射波の電界，磁界の強さを，E_1，H_1，反射波のそれらを E_1'，H_1'，透過波のそれらを E_2，H_2 とおこう．$\boldsymbol{E}$，$\boldsymbol{H}$，$\boldsymbol{v}$ は右手系をなすので，各波の $\boldsymbol{E}$，$\boldsymbol{H}$，$\boldsymbol{v}$ の方向は**図 11･6** に示すよう描けるね．

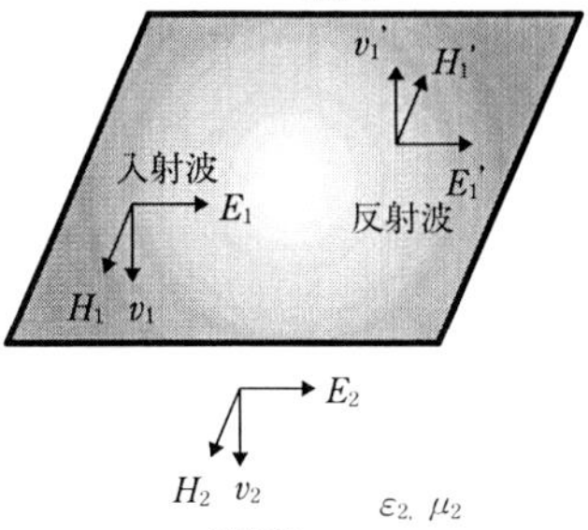

図 11・6

境界面の両側で，$\boldsymbol{E}$，$\boldsymbol{H}$ の接線成分は等しいから

$$E_1+E_1'=E_2 \qquad (11\cdot45)$$

$$H_1-H_1'=H_2 \qquad (11\cdot46)$$

だ．また，各波の E と H の間に，$\dfrac{H}{E}=\sqrt{\dfrac{\varepsilon}{\mu}}$ の関係があるから，式（11･46）は

$$\sqrt{\frac{\varepsilon_1}{\mu_1}}(E_1-E_1')=\sqrt{\frac{\varepsilon_2}{\mu_2}}E_2 \qquad (11\cdot47)$$

となるね．式（11･45），（11･47）より

$$E_1'=\frac{\sqrt{\varepsilon_1/\mu_1}-\sqrt{\varepsilon_2/\mu_2}}{\sqrt{\varepsilon_1/\mu_1}+\sqrt{\varepsilon_2/\mu_2}}E_1 \qquad (11\cdot48)$$

$$H_1'=\sqrt{\frac{\varepsilon_1}{\mu_1}}E_1' \qquad (11\cdot49)$$

$$E_2=\frac{2\sqrt{\varepsilon_1/\mu_1}}{\sqrt{\varepsilon_1/\mu_1}+\sqrt{\varepsilon_2/\mu_2}}E_1 \qquad (11\cdot50)$$

$$H_2=\sqrt{\frac{\varepsilon_2}{\mu_2}}E_2 \qquad (11\cdot51)$$

と求まる．

ここで，普通に**光の反射率あるいは透過率**と呼ばれているものは，光の強さ，すなわち，**入射波と反射波，あるいは入射波と透過波の間の単位時間に単位面積を通るエネルギーの比**のことだ．次の節で勉強するように，エネルギーの流れの密度（**ポインティングベクトル**）$\boldsymbol{S}$ は $\boldsymbol{S}=\boldsymbol{E}\times\boldsymbol{H}$ で与えられるので

$$(\text{反射率})=\frac{E_1'H_1'}{E_1H_1}=\frac{E_1'^2}{E_1^2}=\left(\frac{\sqrt{\varepsilon_1/\mu_1}-\sqrt{\varepsilon_2/\mu_2}}{\sqrt{\varepsilon_1/\mu_1}+\sqrt{\varepsilon_2/\mu_2}}\right)^2 \qquad (11\cdot52)$$

$$(\text{透過率})=\frac{E_2H_2}{E_1H_1}=\frac{\sqrt{\dfrac{\varepsilon_2}{\mu_2}}E_2^2}{\sqrt{\dfrac{\varepsilon_1}{\mu_1}}E_1^2}=\frac{4\sqrt{\varepsilon_1\varepsilon_2/\mu_1\mu_2}}{(\sqrt{\varepsilon_1/\mu_1}+\sqrt{\varepsilon_2/\mu_2})^2} \qquad (11\cdot53)$$

と求まる．なお，エネルギーは常に保存されて一定だから，透過率は，(透過率)＝1−(反射率) の関係から求めることもできるよ．

〔3〕 偏波または偏光

図 11･4 に描いた電磁波の場合，電界 $\boldsymbol{E}$ は常に x 方向に振動しているね．$\boldsymbol{E}$ の振動面が，あらゆる方向に一様に分布しているのではなくて，上のようにどこかの方向に偏っている状態を偏波と呼ぶ．光の場合には偏光だね．

図 11･4 の電磁波では，$\boldsymbol{E}$ は x 方向にのみ振動しながら，z 方向に進む直線偏波だ．この偏波に，同じ周波数の z 方向に進む y 方向の直線偏波を重ねてみよう．ある時刻において，片方の偏波において $\boldsymbol{E}=\boldsymbol{0}$ となる場所でもう一方の波も $\boldsymbol{E}=\boldsymbol{0}$ となっている，という関係が常に満足されている，すなわち，同じ位相であるならば，二つの波の電界のベクトル和は常に，x 軸から y 軸方向へ 45° 回った $x=y$ の直線上にあるでしょう．だから，合成された電磁波は，元の波から 45° 傾いた直線偏波となる．

ところが，二つの波の位相が，$\pi/2$(＝90°) ずれている，すなわち，例えば x 方向直線偏波が $\boldsymbol{E}=\boldsymbol{0}$ となっている地点で y 方向直線偏波の $\boldsymbol{E}$ は最大だったとしよう．二つの波の周波数，すなわち周期 T は同じだから，$T/4$ 秒後には x 方向の偏波の $\boldsymbol{E}$ が最大となり，y 方向偏波は $\boldsymbol{E}=\boldsymbol{0}$ となる．

よって，波がこの紙面の上から下へ向かう方向（**図 11･7** の z 軸方向）へ進んでいるとして，合わさった電界は，図 11･7 に示すように一つの円を描くように回転していくでしょう．こ

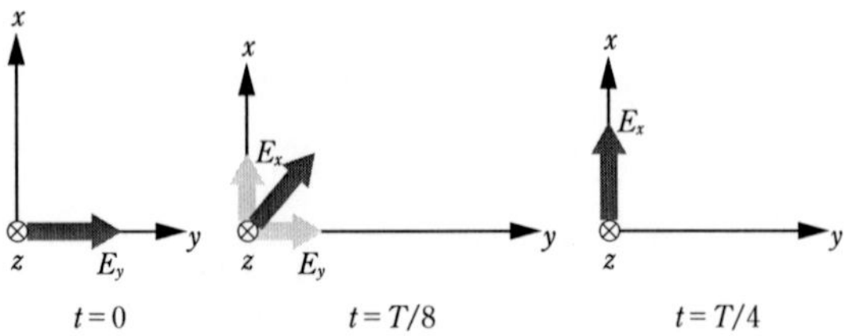

図 11・7 円偏光

の波を**円偏波**と呼ぶんだ．もし，二つの波が任意の位相で合わさると，合成された波が楕円偏波になることは，少し考えればわかるはずだ．

例 題

空気中を伝搬してきた光が，$\varepsilon_r=2$，$\mu_r=1$ の理想的な誘電体に垂直に入射した．この光の電界と磁界の反射係数 r と透過係数 t，光強度の反射率 R，透磁率 T を求めてみよう．

【解説】 電界の反射係数と透過係数は式（11·48），（11·50）より

$$r_E=\frac{E_1'}{E_1}=\frac{1-\sqrt{2}}{1+\sqrt{2}}=-0.17$$

$$t_E=\frac{E_2}{E_1}=\frac{2}{1+\sqrt{2}}=0.83$$

磁界については，図 11·6 で H_1 と H_1' を逆方向にとっているので

$$r_H=\frac{H_1'}{H_1}=-\frac{E_1'}{E_1}=-r_E=0.17$$

$$t_H=\frac{H_2}{H_1}=\sqrt{2}\,t_E=1.17$$

光強度の反射率，透磁率は

$$R=\left|\frac{E_1'H_1'}{E_1H_1}\right|=0.17\times0.17=0.03$$

$$T=\left|\frac{E_2H_2}{E_1H_1}\right|=0.83\times1.17=0.97$$

となる．R と T はもちろん式（11·52），（11·53）から直接求めることもできる．なお，$R+T=1.00$ となることは，エネルギーが保存されているので当然だ．

11 絶縁体がエネルギーを伝えているんだ
7 ～電磁波によって運ばれるエネルギーの流れ～

すべての電気機器は電力というエネルギーを消費して，機能を果たしているね．そのエネルギーって，どうやって運ばれているか考えたことあるかい？

学　生　電力＝電流×電圧です．その電流は導線を流れます．だから，導線がエネルギーを運びます．

先　生　不正解．エネルギーは絶縁体を通って流れてくるんだ．

学　生　そんな馬鹿な．それって本当なんですか？

[**エネルギーの流れ**]

電磁波によって運ばれるエネルギーの密度は，方向も考えて

$$\boldsymbol{S}=\boldsymbol{E}\times\boldsymbol{H}\ \text{〔W/m}^2\text{〕} \qquad (11 \cdot 54)$$

と表される．$\boldsymbol{E}$，$\boldsymbol{H}$，$\boldsymbol{S}$ の順で右手系の座標軸（**図 11・8**）をつくることになる．この $\boldsymbol{S}$ を**ポインティングベクトル**と呼ぶ．理想的な誘電体においては，電磁波のエネルギーは電界と磁界により半分ずつ運ばれる．

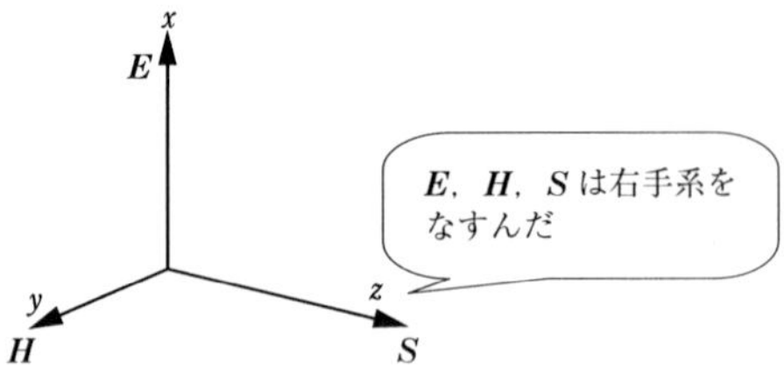

図 11・8　ポインティングベクトルと電磁界ベクトルの関係

このポインティングベクトルに関する式（11・54）の意味を考えていこう．1章でベクトル恒等式（1・38）

$$\mathrm{div}(\boldsymbol{A}\times\boldsymbol{C})=\boldsymbol{C}\cdot\mathrm{rot}\,\boldsymbol{A}-\boldsymbol{A}\cdot\mathrm{rot}\,\boldsymbol{C}$$

が成り立つことを学んだ．これを電界 $\boldsymbol{E}$ と磁界 $\boldsymbol{H}$ に適用し，式（11・5），（11・6）を代入すると

$$\mathrm{div}\,\boldsymbol{S}=\mathrm{div}(\boldsymbol{E}\times\boldsymbol{H})=\boldsymbol{H}\cdot\mathrm{rot}\,\boldsymbol{E}-\boldsymbol{E}\cdot\mathrm{rot}\,\boldsymbol{H}=\boldsymbol{H}\cdot\left(-\frac{\partial\boldsymbol{B}}{\partial t}\right)-\boldsymbol{E}\cdot\left(\boldsymbol{J}_c+\frac{\partial\boldsymbol{D}}{\partial t}\right)$$

$$=-\frac{\partial}{\partial t}\left(\frac{1}{2}\boldsymbol{H}\cdot\boldsymbol{B}+\frac{1}{2}\boldsymbol{E}\cdot\boldsymbol{D}\right)-\boldsymbol{E}\cdot\boldsymbol{J}_c \qquad (11 \cdot 55)$$

となるね．ここで，$\boldsymbol{B}=\mu\boldsymbol{H}$ および $\boldsymbol{D}=\varepsilon\boldsymbol{E}$ などの関係を利用したよ．上式の体積積分をとり，最左辺にガウスの定理を利用すると

$\boldsymbol{H}\cdot\frac{\partial\boldsymbol{B}}{\partial t}=\frac{\partial}{\partial t}\left(\frac{1}{2}\boldsymbol{H}\cdot\boldsymbol{B}\right)$ および $\boldsymbol{E}\cdot\frac{\partial\boldsymbol{D}}{\partial t}=\frac{\partial}{\partial t}\left(\frac{1}{2}\boldsymbol{E}\cdot\boldsymbol{D}\right)$ の $\boldsymbol{B}$ および $\boldsymbol{D}$ に，$\boldsymbol{B}=\mu\boldsymbol{H}$ および $\boldsymbol{D}=\varepsilon\boldsymbol{E}$ の関係を代入すれば上の式変形の正しさがわかる．

$$\text{最左辺} = \iiint \mathrm{div}(\boldsymbol{E}\times\boldsymbol{H})\,dv = \iint (\boldsymbol{E}\times\boldsymbol{H})\cdot d\boldsymbol{a} = \iint \boldsymbol{S}\cdot d\boldsymbol{a} \qquad (11\cdot 56)$$

となる．単位体積当たりの磁気エネルギー w_m および電気エネルギー w_e は

$$w_m = \frac{1}{2}\boldsymbol{H}\cdot\boldsymbol{B}\ \text{〔J/m}^3\text{〕} \qquad (11\cdot 57)$$

$$w_e = \frac{1}{2}\boldsymbol{E}\cdot\boldsymbol{D}\ \text{〔J/m}^3\text{〕} \qquad (11\cdot 58)$$

と表せるので，式（11・55）を体積積分したあとの最右辺については

$$\text{最右辺} = -\iiint_v \left\{\frac{\partial}{\partial t}(w_m + w_e) + \boldsymbol{E}\cdot\boldsymbol{J}_c\right\} dv \qquad (11\cdot 59)$$

となる．一方，最左辺は，ガウスの定理より，$\boldsymbol{S}$ の面積分となる．したがって

$$\iint_s \boldsymbol{S}\cdot d\boldsymbol{a} = -\iiint_v \left\{\frac{\partial}{\partial t}(w_m + w_e) + \boldsymbol{E}\cdot\boldsymbol{J}_c\right\} dv \qquad (11\cdot 60)$$

の関係を得る．

この式の左辺は閉曲面から流出するポインティングベクトル $\boldsymbol{S}$ の総量を表し，右辺の｛　｝内においては第 1 項および第 2 項は閉曲面内での単位体積，単位時間当たりの磁気および電気エネルギーの減少分，第 3 項は単位体積，単位時間当たりのジュール熱によるエネルギー消費を表しているね．だから，このことは，閉曲面内でジュール熱として消費されるか，電磁波によって閉曲面の外部へ運ばれることによって，閉曲面内に蓄積されている磁気および電気エネルギーが減少することを示している．以上より，題意は，証明されたことになるね．

ところで理想的な誘電体では $\boldsymbol{J}_c = \boldsymbol{0}$ だから，電磁波はジュール熱としてエネルギーを消費しないね．だから，理想的な誘電体では，上式は

$$\iint_s \boldsymbol{S}\cdot d\boldsymbol{a} = -\frac{\partial}{\partial t}\iiint_v (w_m + w_e)\,dv \qquad (11\cdot 61)$$

となるよ．

例　題

電源，理想導体（導電率 $\sigma=\infty$）の電線 2 本，および抵抗からなる**図 11・9** の回路について下記の設問について考えていこう．

（a）　半径 a〔m〕の長い理想導体円柱の内外におけるエネルギーの流れを考えよう．この理想導体の電線に直流電流 I〔A〕が流れていて，無限遠を基準

としたときの上側と下側の電線の電位が$\pm 1/2\varphi$〔V〕であるとき，この電線によって送られる電力は，電線のまわりでポインティングベクトルを面積分したものに等しいことを示そう．

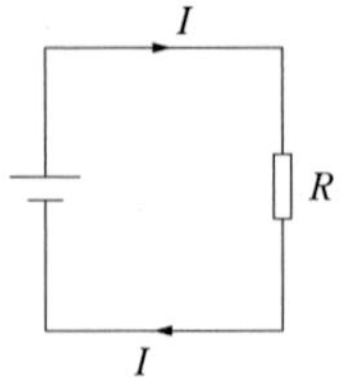

図 11・9

（b） 半径 a〔m〕，長さ l〔m〕，抵抗 R〔Ω〕の円柱状抵抗体におけるエネルギーの流れを考えよう．

（c） (a)，(b) より回路におけるエネルギーの流れを考えよう．

【解説】

（a） 理想導体においては，**図 11・10** (a) のように，表面電流 I が流れ，内部において $\boldsymbol{E}=\boldsymbol{H}=\mathbf{0}$ だ．ゆえにポインティングベクトル $\boldsymbol{S}=\boldsymbol{E}\times\boldsymbol{H}=\mathbf{0}$．したがって，内部を通じてエネルギーの流れはない！

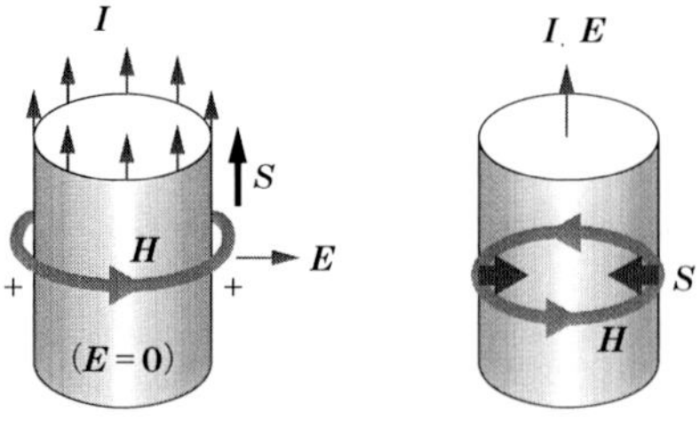

(a) 理想導体　(b) 抵抗体

図 11・10

円柱の外側においては，$\boldsymbol{E}$ は円柱表面に直交する．また $\boldsymbol{H}$ は円柱をとりまく同心円に沿う．したがって $\boldsymbol{S}$ は円柱表面に平行だ．図 11・9 の上側の電線のように導体の電位が$+(1/2)\varphi$ で円柱表面に正電荷の現れているとき，$\boldsymbol{S}$ は電流の方向と一致する．このとき，アンペールの法則より，中心軸から距離 r $(r>a)$ の点での磁界 $\boldsymbol{H}$ は

$$H=|\boldsymbol{H}|=\frac{I}{2\pi r}$$

だ．だから，電線のまわりでポインティングベクトル $\boldsymbol{S}$ を面積分すると

$$\int \boldsymbol{S}\cdot d\boldsymbol{a}=\int_a^\infty EH(2\pi r)\,dr=\int_a^\infty E\frac{I}{2\pi r}2\pi r dr=I\int_a^\infty E dr=I\frac{\varphi}{2}\ \text{〔W〕}$$

となる．

下側の電線のように導体の電位が$-(1/2)\varphi$ のときは，$\boldsymbol{E}$ の向きが逆になるが，それ以外は上と同一だ．だから，$\boldsymbol{S}$ の向きは電流と逆向きとなり回

路の抵抗 R の方へ向かい，$\boldsymbol{S}$ の面積分はやはり

$$\int \boldsymbol{S}\cdot d\boldsymbol{a} = \frac{I\varphi}{2} \text{〔W〕}$$

だね．だから，電線が送る電力の総和は，$I\varphi$ に等しくなる．

（b）　抵抗体の場合，簡単化のために，表皮効果が無視でき，電流分布は円柱断面で一様であると仮定しよう．このとき，$\boldsymbol{E}$ も断面について一様であり，図 11·10(b) のように，円柱の軸方向に向かい，大きさは

$$E = \frac{\varphi}{l} \quad (\varphi \text{ は両端の電位差})$$

だ．$\boldsymbol{H}$ については，円柱表面において，表面にそって断面の円周方向に

$$H = \frac{I}{2\pi a}$$

だね．これより，円柱表面で $\boldsymbol{S}$ を求めると $\boldsymbol{S}$ は表面に垂直に内方向に向かい

$$S = EH = \frac{\varphi I}{2\pi a l} \text{〔W/m}^2\text{〕}$$

となる．ここで，抵抗体円柱の全表面積は $2\pi al$ であるから，全表面を通して，1 秒当たりに入り込むエネルギーは

$$S\cdot 2\pi al = \varphi I = RI^2 \text{〔W〕}$$

と求まるね．

（c）　(a)，(b) の結果から，「電源からのエネルギーは，**図 11·11** のように，理想導体にガイドされて，周辺の空間から抵抗体に伝えられ，抵抗体の円柱表面を通じて内部に入り込み，ジュール熱になる」ということがわかったかい．

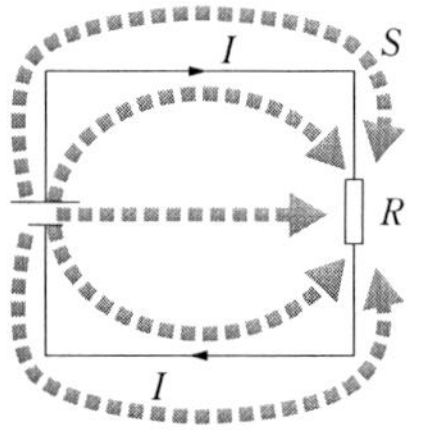

図 11·11

11章 電磁波

ポイント解説

11・1 変位電流

（誘）電束密度が時間的に変化することによる電流を変位電流と呼び，その密度は，$\boldsymbol{J}_d=\dfrac{\partial \boldsymbol{D}}{\partial t}$ である．（真）電荷の移動による伝導電流密度 $\boldsymbol{J}_c$ も同時にある場合の電流密度 $\boldsymbol{J}$ は，$\boldsymbol{J}=\boldsymbol{J}_c+\boldsymbol{J}_d=\boldsymbol{J}_c+\dfrac{\partial \boldsymbol{D}}{\partial t}$ となり，電流はコンデンサなどの内外で連続となる．

11・2 マクスウェルの電磁方程式

電磁気現象は，つぎの四つのマクスウェルの電磁方程式に支配されている．

1）　アンペールの周回積分の法則の微分形の拡張　$\mathrm{rot}\,\boldsymbol{H}=\boldsymbol{J}_c+\dfrac{\partial \boldsymbol{D}}{\partial t}$

2）　電磁誘導の法則　$\mathrm{rot}\,\boldsymbol{E}=-\dfrac{\partial \boldsymbol{B}}{\partial t}$

3）　誘電体内でのガウスの定理　$\mathrm{div}\,\boldsymbol{D}=\rho$

4）　真磁荷の非存在，いいかえれば磁束は必ず閉じることを表す　$\mathrm{div}\,\boldsymbol{B}=0$

11・3 波動方程式

①電磁波を表す式　マクスウェルの電磁方程式より，電界 $\boldsymbol{E}$ について波動方程式 $\nabla^2\boldsymbol{E}-\dfrac{1}{v^2}\dfrac{\partial^2 \boldsymbol{E}}{\partial t^2}=0$ が得られる．$\boldsymbol{H}$ についても同様であり，$\boldsymbol{E}$ や $\boldsymbol{H}$ が波動であることがわかる．

②電磁波の速度　上式で波の伝わる速度は，$v=\dfrac{1}{\sqrt{\varepsilon\mu}}$ で与えられる．媒質が真空の場合，$v=c=\dfrac{1}{\sqrt{\varepsilon_0\mu_0}}=2.998\times10^8\ \mathrm{m/s}$ と真空中の光速度 c と一致する．このことから，光が電磁波の一種ということがわかる．

11・4 波動を表す一般式

①波を表す一般式　$y=f(kz-\omega t)$ は，z 軸の正方向へ進む波を表し，$y=f(kz+\omega t)$ は，z 軸の負方向へ進む波を表す．

②波の速度　上式で表される波は，$v=\dfrac{\Delta z}{\Delta t}=\dfrac{\omega}{k}$ の速さで z 方向に進む．

③屈折率　屈折率 n_r とは真空中での光の速度 c と物質中での光の速度 v の比（c/v）

で，$n_r = c/v = \dfrac{ck}{\omega}$ で与えられる．ε_r，μ_r を比誘電率，比透磁率として，$n_r = (\varepsilon_r \mu_r)^{1/2}$ とも書ける．光学的周波数では大部分の物質の μ_r はほぼ1なので，$n_r{}^2 = \varepsilon_r$ となる．

11・5 平面電磁波

平面電磁波は，$\boldsymbol{E}$，$\boldsymbol{H}$，$\boldsymbol{v}$ の順序で右手系をなす横波であり，$\boldsymbol{E}$ と $\boldsymbol{H}$ の大きさの比は $\dfrac{H}{E} = \sqrt{\dfrac{\varepsilon}{\mu}}$ となる．

11・6 電磁波の境界条件

二つの媒質の境界面における電磁波の境界条件は，$E_{1t} = E_{2t}$，$H_{1t} - H_{2t} = K$，$D_{1n} - D_{2n} = \sigma$，$B_{1n} = B_{2n}$ である．ここで，K は境界面での伝導電流の表面密度（単位幅当たりの電流），σ は境界面上の真電荷密度であり，下つきの添字の t は境界面に接する方向，n は垂直な方向を表す．

11・7 電磁波によって運ばれるエネルギーの流れ

電磁波によって運ばれるエネルギーの密度は，方向も考えて $\boldsymbol{S} = \boldsymbol{E} \times \boldsymbol{H}$ と表され，導線の中ではなく，絶縁体の中を流れている．この $\boldsymbol{S}$ をポインティングベクトルと呼ぶ．理想的な誘電体においては，電磁波のエネルギーは電界の波（電波）と磁界の波（磁波）により半分ずつ運ばれる．

索　引

ア　行

カ　行

サ　行

タ　行

ナ　行

ハ　行

マ　行

ヤ行・ラ行

英　字

〈著者略歴〉

大木義路（おおき　よしみち）
1978年　早稲田大学大学院理工学研究科博士課程修了
1978年　工学博士
現　在　早稲田大学名誉教授

田中康寛（たなか　やすひろ）
1991年　早稲田大学大学院理工学研究科博士課程修了
1991年　工学博士
現　在　東京都市大学理工学部機械システム工学科　教授

若尾真治（わかお　しんじ）
1993年　早稲田大学大学院理工学研究科博士課程修了
1993年　博士（工学）
現　在　早稲田大学理工学術院電気・情報生命　教授

教えて？わかった！
電磁気学

2011年4月25日　第1版第1刷発行
2025年4月20日　第1版第3刷発行

著　者　大木義路
　　　　田中康寛
　　　　若尾真治
発行者　髙田光明
発行所　株式会社オーム社
　　　　郵便番号　101-8460
　　　　東京都千代田区神田錦町3-1
　　　　電 話 03(3233)0641(代表)
　　　　URL https://www.ohmsha.co.jp/

印刷・製本　デジタルパブリッシングサービス
ISBN978-4-274-21008-2　Printed in Japan